U0086348

植 物 生 理 學

——分子、生化和生理學原理——

西德佛萊堡大學博士
西德雷根堡大學教授

Dieter Hess 原著

西德哥丁根大學博士
國立中興大學植物學研究所教授

陳 昇 明 編譯

三 民 書 局 印 行

行政院新聞局登記證局版臺業字第○二○○號

中華民國七十四年八月初版

© 植物生理學

基本定價陸元陸角柒分

原著書名　PLANT PHYSIOLOGY

原著者　Dieter Hess

原著發行日期　西元一九七五年

編譯者　陳　昇　明

發行人　劉　振　強

出版者　三民書局股份有限公司

印刷所　三民書局股份有限公司

臺北市重慶南路一段六十一號

郵撥：○○○九九九八一五號

編 譯 者 序

　　植物生理學為生物科學中重要課程之一。近年來生物科技進步，近代植物生理學討論之內容常涉及生物化學、分子生物學和植物化學等科學之基礎原理。本書除論傳統植物生理學之課題外，特別注重依據分子生物學和生物化學原理討論植物之生理現象。本書編撰精簡，但內容廣泛、論說新穎，可供我國大專院校之植物學系、生物學系、農學院各學系、藥學系、化學系等有關科系同學研習植物生理學之用。本書在西德各大學裡非常暢銷，並且有英文翻譯版在英美發行，頗獲好評。

　　譯者在西德求學期間曾研讀此書受益非淺，故利用教學和研究工作之餘編譯此書，以供國內大專學生研讀參考；疏漏之處尚請讀者賢達指正。本書中文編譯版承國立中興大學植物學系及植物研究所師生鼓勵幫忙，特別是鍾春香、曾振南、吳昭良、陳麗玲、李益雲同學熱心校閱，林存美同學仔細抄錄稿件，以及三民書局劉董事長振強慨允出版；謹此一併致謝。

陳昇明　　中華民國七十三年十一月
於國立中興大學植物學研究所

序　言

近年來，分子生物學已滲入植物學的所有分支內，在植物生理學範圍更是如此。這本書嘗試從分子生物學的觀點來介紹高等植物的代謝和發育的生理。以 DNA 的異體催化功能始，前十章討論代謝作用；後九章談發育，由 DNA 的自動催化功能談起，並包括某些較偏重於代謝生理的主題。植物生理學的這兩個範疇是如此緊密的連結，因此提出一個整合似乎不只是可能的，也是可預期的。

與其他的報告相比較，本書已盡量使代謝和發育的份量相等，尤其是對所謂「二次植物物質」者——它頗使藥劑師、營養技術人員、植物育種者、農藝學者和生物學者感到興趣——討論甚為充分。因此，採用衆多的材料來做為介紹說明的方式。

本書係為初學者而編，所以一部分已簡化了。即使如此，寫此書而不提到預測多於研究的假設是不可能的，所以初學者也應該學習認識假說首先是假定建立在某些事實的基礎上，然後去證明它或駁斥它。

基於這緣故，初學者到底該已懂得多少呢？他必須有一本好的普通植物學的教科書和一本生物化學的入門書；後者更是必要的，因為在每一本生物化學的教科書上談及的內容、材料——如生物氧化作用——在本書中只談到它的基本概念而已。為了彌補這一點，對高等植物而言特殊的代謝過程在此書中就更加以強調。

除了簡要的旁證外，基於此書的份量及價格，方法學的概要不得不省略了。這些自然的知識可在任一本生化教科書中發現，也有較簡短的初步原文，如 E. S. Lenhoff 的「Tools of Biology」。

作者希望本書不僅用於學習生物的學生和相關訓練研究的開始，也及於高級及初級中學水準的教師。他們不僅可使自己得知植物生理學領域最近發展的報告，而且可以此做爲教學之用。

作者感謝他的出版者 Roland Ulmer，及他的同僚的協力合作，還有 Ekkehart Volk 的仔細描繪圖表。也感謝他的妻子和女兒，她們對他因本書而額外負擔的工作時間能給予充分的諒解。

特別要感謝 Dr. Derek Jarvis 的英文翻譯、校稿及完成索引，若本書能在英語系國家被全然的接受，都是因他的興趣和合作所致。

本書的德文版受到 讀者熱烈的歡迎， 作者希望 英文版也 能證明如此。

Stuttgart–Hohenheim   Dieter Hess

植物生理學
—分子、生化和生理學原理—
目　次

編譯者序

序　言

第一章　核酸對特徵形成的控制

第二章　光合作用

第三章　碳水化合物

第四章　生物氧化作用

第五章　脂　　肪

第六章 萜 類

第七章 酚

第十章 紫 質

第十一章 細胞分裂

第十二章 基因活性差異的分化理論

第十三章 調節作用

第十七章 發　芽

第十八章 維管系統

第十九章 花的形成

第一章　核酸對特徵形成的控制

(Control of Character Formation by Nucleic Acids)

植物的發展包括 許多特徵連續 性的形成: 種子萌發, 根與葉的伸出, 莖形成與葉的展開, 開花, 最後是結成果實與種子。（圖 1）各特徵的形成依順序地, 由許多化學反應步驟錯綜複雜相連而成, 所有這些反應步驟以至於特徵的形成全是遺傳性控制。因此, 我們首先探討遺傳物的物質形態, 以及它們如何被涉入特徵的形成。

第一節　核酸的化學結構 (The Chemical Constitution of the Nucleic Acids)

本世紀初三十～四十年間的辛苦實驗工作才有「有核高等生物的遺傳物質主要是存在於細胞核的染色體上」理論的建立。遺傳物質也在細胞質的胞器 (organelle) 內發現, 例如在植物的色素體與粒線體內, 但是它們的量很少。

於是, 我們將注意力集中於存在在細胞核染色體內的遺傳物質。染色體主要由蛋白質 與核酸所組成。 蛋白質可分爲組織蛋白 (histone)——此爲基本蛋白, 與非組 織蛋白 (non-histone), 另外還 有酶蛋白

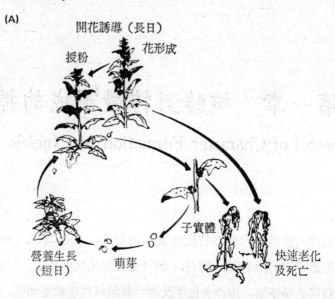

(A)

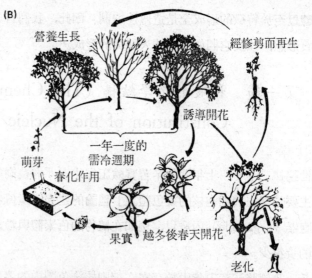

(B)

　　圖1：(A)表示草本植物的發育，(B)表示木本植物。菠菜種子(A)在某光照情況下萌芽，發育成一完整的營養個體，但得等白天變長時才開花，結了果實以後植物即死去。桃種子(B)經春化作用（vernalization）而萌芽，長成一棵樹。經1～3年，營養期達完全，此時植物成熟面臨開花與結果的階段，這兩個階段須經一段時期之寒冬才發生。每年如此週而復始，每次開花前皆有一段寒冷時期。漸漸地，桃樹老了，經一長時間的老化（senescence）即死去，但修剪可使老樹重生。（仿 Janick 等1969）

（enzyme protein），具有特殊的功能。其次爲染色體構成份子中最重要的一群——核酸，是約一百年前由瑞士科學家米歇爾（Miescher）在杜賓根（Tubingen）所發現的，核酸是遺傳訊息的攜帶者。現在我們先不考慮這主張的證據，而只注意於核酸的化學結構。

一、核酸的基本構造 (The Building Blocks of the Nucleic Acids)（圖2，表1）

核酸主要由三類物質所構成：含氮環基(nitrogen-containing cyclic base)，五碳醣（pentose）卽含五個碳原子之醣類，與無機磷酸。核酸可分爲兩大類，去氧核糖核酸（deoxyribonucleic acid）(DNA) 與核糖核酸（ribonucleic acid）(RNA)，是以它們結構中的含氮基和醣的種類來區分，因此，並非只有單單一種 DNA，其種類多得不可計數；同樣地，RNA 也不只一種，其可分爲三小群，每一小群再分出許許多多不同的種類。

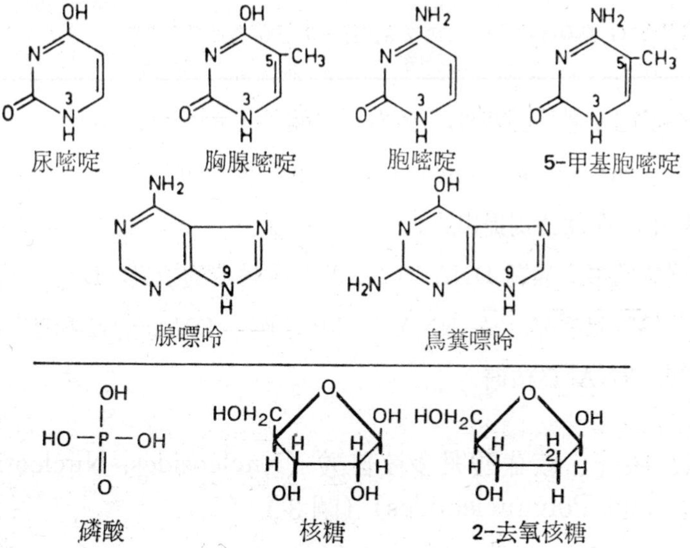

圖2：核酸的基本構造。

存在於 DNA 的鹽基: 嘌呤鹽基 (purine base) 者爲腺嘌呤 (adenine) 與鳥糞嘌呤 (guanine); 嘧啶鹽基 (pyrimidine base) 者爲胞嘧啶 (cytosine) 與胸腺嘧啶 (thymine)。DNA 的糖爲 2－去氧核糖 (2-deoxyribose)。

嘌呤鹽基的腺嘌呤與鳥糞嘌呤，嘧啶鹽基的胞嘧啶亦存在於 RNA 中，但第二種嘧啶鹽基不是胸腺嘧啶而是尿嘧啶 (uracil)，五碳醣也不同，RNA 含的是核糖 (ribose)。

表1：DNA 與 RNA 的核苷及核苷酸的名稱。

鹽 基	縮寫	RNA 核苷	RNA 核苷酸	DNA 核苷	DNA 核苷酸
胸腺嘧啶	T	—	—	去氧胸腺嘧啶核苷	去氧胸腺嘧啶核苷－5－磷酸
胞 嘧 啶	C	胞嘧啶核苷	胞嘧啶核苷－5－磷酸	去氧胞嘧啶核苷	去氧胞嘧啶核苷－5－磷氧
尿 嘧 啶	U	尿嘧啶根苷	尿嘧啶核苷－5－磷酸	去氧尿嘧啶核苷	去氧尿嘧啶核苷－5－磷酸
腺 嘌 呤	A	腺嘌呤核苷	腺嘌呤核苷－5－磷酸	去氧腺嘌呤核苷	去氧腺嘌呤核苷－5－磷酸
鳥糞嘌呤	G	鳥糞嘌呤核苷	鳥糞嘌呤核苷－5－磷酸	去氧鳥糞嘌呤核苷	去氧鳥糞嘌呤核苷－5－磷酸

除了已提過的鹽基外，另有一些較少見的鹽基，其中 5－甲基胞嘧啶 (5-methyl cytosine) 因其爲少見鹽基中較常出現在高等植物的 DNA 中，在此特別提出來。

讓我們再次強調 DNA 與 RNA 基本構造的差異: DNA 含有的嘧啶鹽基爲胸腺嘧啶，在 RNA 則爲尿嘧啶。DNA 的五碳醣爲 2－去氧核糖，RNA 爲核糖。

二、核苷、核苷酸與多核苷酸 (Nucleosides, Nucleotides and Polynucleotides) (圖 3)

三種基本構造前面已提過了，鹽基、五碳醣與磷酸，依著一定的規

則裝配成核酸。鹽基以一個氮原子和五碳醣連接稱之爲核苷 （nucleo-
side）。若無機磷酸連在五碳醣的一個氫氧基上就成爲核苷酸 （nucleo-
tide）。最後，許多個核苷酸可彼此相連成爲多核苷酸(polynucleotide)，
個個核苷酸之間是以它們的磷酸根來連接。

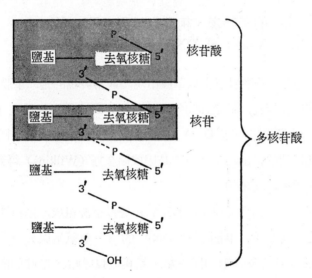

圖 3：核苷、核苷酸與多核苷酸的組成。

我們必須考慮到的是那些官能基與這些化合物的連結有關。在形成
核苷的時候，嘧啶鹽基的第三個氮原子或嘌呤鹽基的第九個氮原子，與
五碳醣的第一個碳原子失去一分子的水而連接，依醣化學的慣例，第一
碳原子爲糖苷碳原子 （glycosidic carbon atom），同樣地，核苷是一種
氮－糖苷 （N-glycoside）。

核苷酸是由五碳醣第五碳上的羥基，磷酸酯化而成。因此核苷酸亦
即爲核苷的磷酸酯化物。現在來談談有關各個核苷酸間之連結情形。核
苷酸間的連接乃藉核苷酸之五碳醣第三個碳上的羥基和另一個核苷酸之
磷酸基反應，釋出一分子水而完成。

多核苷酸為一有方向性的長鏈，此方向性是由於重複的排列而產生，即五碳醣－3′－磷酸－5′－五碳醣－3′，反之亦然，依起點始於何端而定。此長鏈之開端為在核苷酸的第五碳上接有一磷酸根，而末端則在第三碳上有一自由的羥基。

三、DNA 的華特森、柯瑞克模型 (The Watson-Crick Model of DNA)（圖 4 ）

DNA 的多核苷酸股很少以單股出現，通常發現的是二單股 DNA 互相纏繞成雙股螺旋，這是1953年華特森（Watson）與柯瑞克（Crick）所認知的。他們提出一種 DNA 的構造模型，此模型即依他們的名字而命名。此模型的提出，某些方面是因威爾金斯（Wilkins）得到 DNA 之X光照片所激發而來的。

依照華特森、柯瑞克模型，DNA 由雙股螺旋組成，兩極性相反的 DNA 股組成螺旋物，因此一股 DNA 的 3′－氫氧端與另一股 DNA 的 5′－磷酸端排在螺旋形的同一端，這兩股以嘌呤、嘧啶間的氫鍵相結合，而按糖、磷酸之次序排列的鹽基從螺旋形的骨架向內凸出，使兩股的鹽基間有氫鍵形成的機會。這現象即為已知的鹽基配對，這是依一嚴格的規則而來，稱之為鹽基配對規則。譬如一股的胞嘧啶或 5－甲基胞嘧啶總是與另一股的鳥糞嘌呤配對，而胸腺嘧啶總是與腺嘌呤配對。胞嘧啶或5-1甲基胞嘧啶與鳥糞嘌呤間有三個氫鍵形成，而胸腺嘧啶與腺嘌呤間有二個氫鍵。根據鹽基配對規則的結果，兩股 DNA 間的鹽基次序彼此成為互補。

我們可將重點摘記如下：依華特森、柯瑞克模型，DNA 通常由二互補而極性相反的單股 DNA 彼此互相纏繞而組成，並在特定鹽基對間形成氫鍵，如此的雙螺旋稱為 DNA 之雙螺旋 (DNA double helix)。

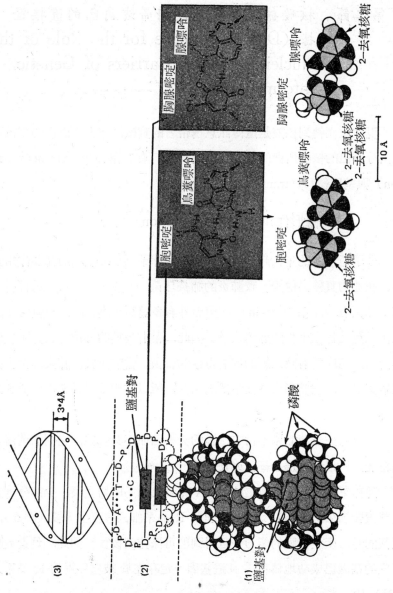

圖 4：DNA 的華特森、柯瑞克模型。P ＝磷酸，　D ＝去氧核糖，
　　　　鹽基的縮寫見表 1 。（仿 Bennett 1970）

第二節 核酸擔當遺傳訊息携帶者角色的直接證據 (Direct Evidence for the Role of the Nucleic Acids as Carriers of Genetic Information)

現在我們轉到核酸是遺傳訊息携帶者的實驗證據上。直接的證據可以由分離出的核酸所做的各種實驗而得到，如轉形作用 (transformation) 與基因轉移 (transfection)。

一、轉形作用 (Transformation)

分子遺傳學的年代起始於 1944 年阿弗萊 (Avery) 的轉形作用實驗。在他的實驗裏他用可致肺炎的肺炎球菌 (pneumococci) 為材料。肺炎球菌有些品系 (strain) 在菌體外有多醣類莢膜包圍，莢膜可保護細菌以免受寄主生物的酵素攻擊。因此，帶有莢膜的細菌可在寄主生物體內繁殖而成為有致病力的或有毒性的細菌。當有莢膜的肺炎球菌生長在培養皿時，它們形成外表平滑的菌落，所以它們被稱為 S 細菌或 S 品系。

別的肺炎球菌品系不帶有保護的莢膜因而不具毒性，它們的菌落表面粗糙，所以稱之為 R 細菌或 R 品系。

阿弗萊將 S 品系分離出的 DNA 移到 R 品系的培養裏，少部分（在這些實驗裡少於 1 %）受此種處理的 R 品系細菌會產生莢膜（圖 5），更甚的是，產生莢膜的能力一旦得到即可保持到後代。如此，負責莢膜形成的基因已成功地轉移，且這基因一定存在於被處理過的 R 品系的 DNA 中。

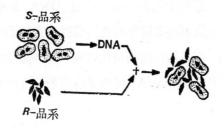

圖5：肺炎球菌的轉形作用。來自S品系的 DNA 轉移到少數
　　　R品系的細菌中，其結果是後者形成像S品系細菌的莢膜。
　　　(仿 Kaudewitz 1958)

這實驗清楚地指出 DNA 的作用似一遺傳物質，此種利用分離出
的 DNA 所做的基因移植稱之為轉形作用（transformation）。而經過基
因改變的細菌或生物稱為形轉換者（transformant）。在近二十五年裏，
轉形作用已變化多端地在別種細菌中完成。除了形成莢膜的能力外，許
多其他特性已能成功地被轉移，例如合成某胺基酸或者是對不同抗生素
的抵抗力。

對於較高等生物的轉形作用也努力做過，在原則上，實驗過程與用
細菌時相同。對一特殊性質採用完全不同的二純族系：一系具有某特性
與表現此特性的基因，另一系則不具有這些。DNA 從前者分離出，前
者即為 DNA 供給者，用此分離出之 DNA 處理後者，後者即為 DNA
接受者。

直到現在轉形作用已成功地施用在培養中的動物、人與植物細胞，
並有一些可施行於整個生物體（果蠅（*Drosophila*），蠶類（*Bombyx*），
蛾類（*Ephestia*）和植物中的矮牽牛（*Petunia*）及十字花科植物的白
犬薺屬（*Arabidopsis*））。讓我們簡略地介紹一下重覆用矮牽牛所做的實
驗。DNA 的接受者為純系矮牽牛雜交種，此品系由於突變而失去合成
紅色色素（花青素 anthocyanin）的能力，因此開白花。白花突變種的

幼苗用開紅花——卽携帶花青素系——的 DNA 來處理，一些經過處理的植株可長出淡紅色或深紅色的花。值得注意的是：一旦獲得合成花青素的能力卽能一直連續保留到後代（圖6）。顯然地，擔任花青素合成的基因已從紅花系的 DNA 轉移到白花系。這個解釋可由其他實驗來支持。

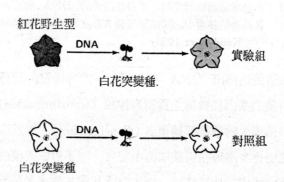

紅花野生型

白花突變種

白花突變種

實驗組

對照組

圖6：矮牽牛的轉形作用。白花突變種的幼苗用紅花野生型的 DNA 處理，許多被處理的突變種因而開紅花。這種形成花青素的能力在後來的有性生殖與營養生長中都一直保持著。在對照組中，白花突變種用自己的 DNA 處理，繼續開白花。只有少數會因不是實驗控制的外界因素而導致一些花青素的合成，但這種花青素的合成能力並不能保持到後代。

用分離出的原生質體（易於取得DNA），或用組織培養，較之用幼苗更可以做這方面的實驗。用游離基因(episome)或噬菌體做實驗比用生物的整個 DNA 更爲方便，因爲前者的遺傳物質相當豐富且有趣味。噬菌體有具保護作用的蛋白質外鞘，使其有具體之外形。近來的研究，對於那些能利用乳糖與半乳糖的遺傳物質，可藉噬菌體而導入不具此等基因之人類纖維細胞（human fibroblast）、白犬薺屬、番茄與山楓等的組織培養裡。噬菌體則由轉導(transduction)的過程而從細菌得到此類遺傳物質。

雖然 DNA 在高等生物，包括高等植物，擔當遺傳物質角色之直

接證據還不很多， 但由病毒與微 生物及其大量 間接證據的 被發現使得
「DNA 在高等植物中也具有遺傳物質的功能」是不必置疑的。

二、基因轉移 (Transfection)

用分離出來的病毒核酸完成病毒性傳染即所謂的「基因轉移」 (tr-
ansfection)。從某些細菌噬菌體與其他傳染高等生物的病毒核酸得到的
DNA 可完成基因轉移的現象。現在以煙草鑲嵌病毒 RNA 的基因轉移
為例來說明：煙草鑲嵌病毒由 RNA 外包一蛋白質外殼而組成，感染病
毒的煙草葉不再呈正常的綠色而變成淡綠色－綠色鑲嵌，此病毒即因此
而得名。小心處理分離出的煙草鑲嵌病毒可得到病毒RNA，用這RNA
擦在煙草葉時，RNA 從受傷的組織部位，可能是從破損的葉毛 (leaf
hair) 穿入。在細胞裏，病毒 RNA 不僅複製自己，還誘導了病毒特定
外殼蛋白質的合成，最後完整的新病毒由 RNA 與蛋白質外殼組成，且
能感染隣近的細胞，然後鑲嵌的病徵即可在植物葉上發展開來。因此，
煙草鑲嵌病毒的 RNA 含有其自身複製以及病毒特定蛋白質合成的遺傳
訊息。

這樣的基因 轉移實驗， 首先提供了個別 病毒之遺 傳物質——核酸
——的直接證據。尤其是這些外來的核酸，或為 DNA 或為 RNA，代
替了細胞本身代謝作用的核酸，而透過細胞原來執行的機構，表現出病
毒核酸的遺傳特性。細胞能完全利用外界移入的核酸而間接地證明，在
正常細胞代謝作用中，核酸是遺傳訊息的攜帶者。

第三節 DNA 的異體催化功能：轉錄與轉譯 (The Hetro-catalytic Function of DNA: Transcription and Translation)

若 DNA 真是遺傳物質，那它必須在某一點能引發它自己的複製。只有站在完全相同的複製基礎上我們才可能了解遺傳物質是如何能毫不改變地由一細胞傳到另一細胞，由一生物傳到另一生物。因此我們聯想到一種 DNA 的自動催化功能 (autocatalytic function of DNA)，以後我們討論細胞分裂時將會提到這個題目。

目前較重要的目的是討論 DNA 的另一重要性質。若 DNA 是遺傳物質，則它在特徵的形成上必擔任一個支配的角色，DNA 的異體催化作用即其例證。雖然一些肉眼可見的特徵都各有它們自己的起源，但最後都是在一些特定的化學性上相互轉變，我們可以推測是 DNA 在控制著這些化學反應。我們已知生物的化學轉變是受酵素的催化，因而 DNA 的一重要功能是：DNA 可誘發酵素的形成。我們將在後面看到，酵素的誘導並不是遺傳物質從事於特徵形成的唯一方式。既然下面幾章裏我們會談到植物的代謝作用，現在就應該考慮 DNA 與酵素合成之間的問題。

一、分子遺傳學的觀念(The Concept of Molecular Genetics)

分子遺傳學的觀念可摘要如下（圖7）：每一基因 (gene) 是DNA的一個特殊片段，在高等生物，DNA 是存在細胞核內的染色體上，如此的一段 DNA 可誘導一段專一的 RNA 產生。DNA 之每一段，或是每一基因均有與之配合而十分專一的RNA 片段。這 RNA 從核移到

細胞質的核糖體 (ribosome)，在那裡它做爲合成多胜肽鏈 (polypeptide) 的模版，因而對應每一 RNA 片段就有一相對特定的多胜肽鏈。

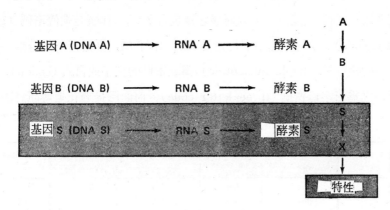

圖7：分子遺傳學的觀念。

換句話說，DNA 所含的遺傳訊息首先被抄印在 RNA 上，這種由 DNA 到 RNA 的步驟稱爲「轉錄」(transcription)。然後，RNA 像個傳信者，將遺傳訊息帶到細胞質的核糖體上，這 RNA 稱爲 mRNA (訊息 RNA, messenger RNA)。藏在 mRNA 的遺傳訊息即在細胞質核糖體上讀出來，用以合成多胜肽鏈。第二步驟，由 mRNA 到多胜肽鏈稱之爲「轉譯」(translation)。經過轉錄與轉譯的過程才使每一基因最後有一特性相符的多胜肽鏈產生。這多胜肽鏈可能是，但不一定是，一個催化特殊代謝反應的酵素蛋白或酵素蛋白的一部分。通常，許多像這樣由 DNA 控制的酵素蛋白均有助於最後特定性質的表現。遺傳訊息即如此地由 DNA 經 RNA 再到蛋白質。在科學範圍裡，若以這種訊息在大分子間的流動做主題者稱之爲分子遺傳學 (Molecular genetics)。

二、遺傳密碼 (The Genetic Code)

我們前面談到遺傳訊息在大分子間的流動，現在卽有一個問題：在這些大分子裡，遺傳訊息以何形態被包含？又，什麼是遺傳密碼 (genetic code)？遺傳密碼的字母是些個別的核苷酸，任意三個核苷酸 (三元組的核苷酸，triple nucleotide) 構成密碼的文字或密碼 (codon)，我們稱之爲三字母密碼 (three-letter code)。前面已提過在遺傳訊息表現

1. Base	2. Base				3. Base
	A	G	T	C	
A	Phe	Ser	Tyr	Cys	A
	Phe	Ser	Tyr	Cys	G
	Leu	Ser	(PP-End)	—	T
	Leu	Ser	(PP-End)	Tyr	C
G	Leu	Pro	His	Arg	A
	Leu	Pro	His	Arg	G
	Leu	Pro	GluN	Arg	T
	Leu	Pro	GluN	Arg	C
T	Ileu	Thr	AspN	Ser	A
	Ileu	Thr	AspN	Ser	G
	Ileu	Thr	Lys	Arg	T
	Met (PP-Start)	Thr	Lys	Arg	C
C	Val	Ala	Asp	Gly	A
	Val	Ala	Asp	Gly	G
	Val	Ala	Glu	Gly	T
	Val (PP-Start)	Ala	Glu	Gly	C

圖 8：遺傳密碼 (genetic code)。利用實驗的方法，mRNA密碼首次被闡明，而此圖上的 DNA 密碼是由 mRNA 上推論出來的。每一個密碼包含三個鹽基，例如 AGC 意卽引導絲胺酸 (serine) 倂入正在生長的多胜肽鏈之適當位置。密碼已退化，對同一種胺基酸不只存在一個密碼。特殊的密碼字元標識多胜肽鏈的開始 (PP-start) 和結束 (PP-end)。(仿Lynen 1969)

方面有二種核酸─ DNA 與 mRNA，那麼什麼是字碼，卽 DNA 或 mRNA 三元組的核苷酸是什麼？用合成性核糖核酸做實驗釋明了部分的遺傳密碼。由此，可清楚地看出在 mRNA 上的字碼是設計成三元組的核苷酸，這三元組的核苷酸負責使一特殊胺基酸併入一多胜肽鏈中。最初的實驗是倪侖保（Nirenberg）與馬玆耶（Matthaei）所做，將一完全由尿嘧啶核苷酸所組成的合成性mRNA引用到一無細胞（cell-free）系統裡，但此系統裡含有合成多胜肽鏈需要的分子，在聚－尿嘧啶(poly-U)存在的條件下，一個幾乎完全由苯丙胺酸（phenylalanine)組成的多胜肽鏈被合成了。基於三字母密碼的原則，使苯丙胺酸併入一多胜肽鏈的密碼文字必定是 UUU。柯拉納(Khorana)用無細胞系統從事更精確的實驗，他終於將所有蛋白質的胺基酸所需要的密碼文字說明清楚了。以這方式釋明了 RNA 的密碼,同時也釋明了 DNA 的密碼,如圖 8 所見。

三、轉錄（Transcription）

我們將 DNA、RNA 與多胜肽鏈間的關係說詳細一點，但這需要先精鍊我們對轉錄與轉譯的粗放觀念。

在細胞內（*in vivo*），DNA雙螺旋中只有一股被「讀」出來，至於如何在兩股中做選擇尚不知曉。遺傳訊息的轉錄方式是以 DNA 股做為合成互補性 RNA──卽 mRNA──的模版。探鹽基配對做決定次序的原則，合成 RNA 時，mRNA 的尿嘧啶與 DNA 的腺嘌呤配合，mRNA 的胞嘧啶與 DNA 的鳥糞嘌呤配合，反之亦然。這意思卽是，我們發現 DNA 與 mRNA 的鹽基配對就像 DNA 雙螺旋的兩股一樣，不同的是 mRNA 以尿嘧啶代替了胸腺嘧啶。

三元組的核苷酸也是 DNA 重要的作用單元（圖 9），對於 mRNA 的字碼，在 DNA 上一定有與之互補的密碼原（codogen）來配合，唯

尿嘧啶與胸腺嘧啶互相更換，因此 RNA 密碼的釋明同時說明了 DNA 密碼。我們仔細考慮一下 mRNA 合成的機制，一開始的物質並不是核苷酸而是鹽基單獨存在，即核苷 -5′- 三磷酸 (nucleoside-5′-tri-

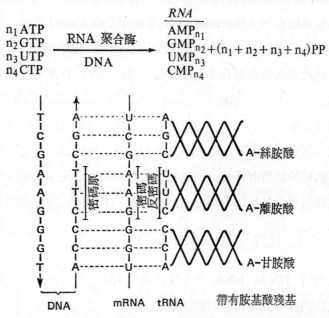

圖 9：DNA 上之密碼原 (codogen)、mRNA 上之密碼 (codon) 與 tRNA 上之反密碼 (anticodon) 間之關係。（仿 Hess 1968）

phosphate)，它們依鹽基配對法則沿著 DNA 母體排列。一種特殊的酵素叫做「依賴 DNA 的 RNA 聚合酶」(DNA-dependent RNA polymerse) 從每個三磷酸 (triphosphate) 中分割出焦磷酸 (pyrophosphate)，同時使產物核苷 -5′- 單磷酸 - 核苷酸 (nucleoside-5′-monophosphate-nucleotide) 連到 RNA 上。從大腸桿菌 *E. coli* 得到的 RNA 聚合酶 (RNA polymerase) 已被仔細的研究過；在高等植物如從豌豆與玉米幼苗得到的依賴 DNA 的 RNA 聚合酶則多少已仔細

研究過。轉錄並非一定直接的傳到有功能的 RNA 上，在某些情形下，常先形成較大的 RNA 轉錄單元。植物方面對於含有 tRNA 與 rRNA 之轉錄單位的存在已得到明確的證據。在這種單位裡，tRNA 或某些種類的 rRNA 與 RNA 相結合，而這 RNA 與 tRNA 或 rRNA 都沒有關係，只有當這伴隨的 RNA 被分割了，有功能的 tRNA 和 rRNA 才被釋放出來。這種從轉錄單位釋放 tRNA、rRNA 或其他有功能的 RNA 的過程稱爲製造過程（processing）。

四、轉譯（Translation）

現在我們討論一下轉譯，卽從 mRNA 到完成的多胜肽鏈的途徑。轉譯較轉錄之過程複雜，在轉譯系統裡最重要的元素如下：

核糖體＋mRNA或聚核糖體（polyribosome）

胺醯基－tRNA合成酶（amino-acyl-tRNA synthetase）

胺基酸

ATP

tRNA

各種轉譯之起始，延伸與結尾的元素

（一）　核糖體與聚核糖體（Ribosomes and polyribosomes）

核糖體是近圓形的胞器，可在細胞質、色素體與粒線體內發現，大約含有60%的 RNA 與40%的蛋白質。已研究很多的豌豆幼苗核糖體是軸 250Å，長 160Å 之橢圓球形，其沈澱係數爲 80S，這比大腸桿菌的核糖體（70S）大一點。假若將核糖體的懸浮液移去鎂離子（Mg^{++}），則每個核糖體分解爲60S及40S兩個次單位（subunit）（在大腸桿菌則爲50S與30S）。核糖體的 RNA 稱爲 rRNA（卽核糖體 RNA, ribosomal

RNA)，其成分佔細胞所有 RNA 的90%以上，但是對於它的功能却知道的很少。

到目前為止我們只提到得自植物細胞質的核糖體，有趣的是色素體與粒線體的核糖體和細菌的核糖體非常相似，這些胞器的核糖體就像大腸桿菌的一樣為 70S，每個可被分解成50S 及 30S 之次單位。這個發現增加了有關色素體與粒線體來源之所謂內共生假說 （endosymbiotic hypothesis) 的支持，依照這假說認為這兩種胞器是由細菌及藍綠藻在細胞內共同生活而來，後來因演化的結果它們就完全合而為一成為色素體或粒線體的形態。

聚核糖體是 mRNA 與不同數目的核糖體 間的結合。 核糖體在 mRNA 上排起來就像用線串珠子，通常只含有六個核糖體。聚核糖體之電子光學顯微圖顯示呈螺旋的構造，是多胜肽鏈合成的場所；在生物體內，幾乎多胜肽鏈的合成主要在聚核糖體上完成，而較少在單獨的核糖體上.

(二)　胺基酸的活化與轉運至 tRNA (Activation and transfer of amino acids to tRNA)

胺基酸在被用於多胜肽鏈合成之前必須先經過活化，這活化的發生就像活細胞內的一般情形，是靠著 ATP 能源的幫助。在一個利用ATP的反應裡，胺基酸被轉運到第三類的 RNA 分子 （我們已見過 mRNA 與 rRNA) ──稱之為 tRNA (轉運RNA transfer RNA)，現在將詳細地談論tRNA，首先，將活化與轉運反應摘記下來:

(1)活化 (Activation):

　　　胺基酸＋ATP＋酵素⇌胺醯基－AMP－酵素＋焦磷酸

(2)轉運 (Transfer):

　　　胺醯基－AMP－酵素＋tRNA⇌胺醯基－ tRNA ＋AMP ＋

酵素

活化包括胺基酸之單腺核苷酯（monoadenylate）的形成且結合著酵素而釋放出焦磷酸（pyrophosphate）。第二反應中，已活化的胺基酸被轉運到 tRNA，且 AMP 與酵素被釋放出來，兩反應都由一複合酵素來催化，此酵素有一令人印象深刻的名稱：　胺醯基 -tRNA 合成酶（amino acyl tRNA synthetase），因為這反應的最終產物是胺醯基 - tRNA。

（三）　tRNA

我們知道 對於每個 蛋白質 胺基酸 與相 配合的 合成酶 並不只 一種 tRNA，而是至少有一種以上的 tRNA，此時情況就變得複雜了，現在讓我們更詳細地看看這些 tRNA。

它們是相當小的分子，約含80個核苷酸，一些比較少見的嘌呤、嘧啶鹽基常出現於其中，但在此我們不必去為它們的分子式煩惱。 RNA 股之某些部分盡可能地彼此配對，形成一個假想的苜蓿葉構造。所有知道的 tRNA 分子，其一端都以 CCA 的核苷酸順序結束。在1965年，赫雷（Holley）與他的同事成功地證實了屬於胺基酸中丙胺酸（alanine）之 tRNA 上核苷酸的順序。從那時起，其他種類的 tRNA 核苷酸的順序也逐漸被人知曉了（圖10）。

每一個 tRNA 均擁有三個重要的功能部位：

(1)辨認適合的胺醯基 - tRNA 合成酶的部位。

(2)胺基酸附著的部位。

(3)辨認模版的部位，或稱為反密碼（anticodon）。

由於認知胺醯基 -tRNA 合成酶部位的存在，tRNA 能從不同的混合胺基酸中選擇正確的一個。例如携帶絲胺酸（serine）的 tRNA，以

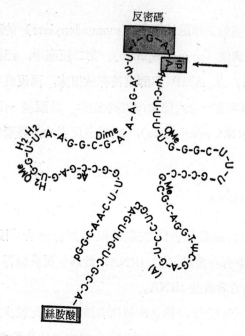

圖10: 絲胺酸（serine）的 tRNA 構造模型。許多少見的鹽基在苜蓿葉構造裡顯出來，例如 I ＝次嘌呤核苷（inosine）或 IPA（圖169），直接地毗鄰於反密碼。（仿 Zachau 等1966）

一合成酶在這部位和絲胺酸作用，而此合成酶連在絲胺酸分子上並活化絲胺酸分子；這辨認部位的詳細構造及其作用情形尚在推測階段，但無論如何，一旦辨認正確，胺基酸即被轉運到胺基酸附著區域（amino acid attachment region）。tRNA 分子的胺基酸附著部位在每一種情形下都以前面曾提到過的 CCA 爲其末端。

（四）　在核糖體上之轉譯（Translation on the ribosome）

現在我們特別討論轉譯或多胜肽鏈合成的過程，我們首先討論如何在單一的核糖體進行轉譯，然後再擴展到聚核糖體的情形。

如上述，mRNA 最先與核糖體結合，這轉譯的起始是個複雜的過程，在這過程裏 mRNA 先結合甲醯基－甲硫胺基 -tRNA （formyl-methionyl-tRNA）於其開頭的字碼 （AUG），並同時由一些起始因子 （initiation factor）與小的核糖體次單位形成一複合體，然後大的次單位再連接到此複合體上並轉化此複合體爲有功能性的核糖體。增長階段 （elongation）這時候開始，在這過程 裏我們假設 一給予的核糖體上其 mRNA 每一次只有一個字碼露出來，這樣才能被讀出。所謂讀出是由帶有互補性反密碼的胺醯基 -tRNA 來辨認這字碼而完成 （圖11）。由此，tRNA 第三個作用上重要的地方——模版辨認部位或反密碼才參與了作用。又，胺醯基－tRNA 排列成隊，此卽意謂著被牽涉的胺基酸是由 tRNA 帶到位置上去的。下一個步驟在原則上是 mRNA 往一個方向移動一個字碼，而事實上 mRNA 往一個方向移動或是核糖體向另一方向移動兩者的結果都一樣：使一新字碼能被讀出，而有另一個胺醯基－tRNA 帶著它的胺基酸到這位置上。第一與第二胺基酸靠酵素作用連在胜肽鏈裡，此作用有增長因子參與其中，第一個用過的 tRNA 被釋放到細胞中，在那裡它可以再携帶它的胺基酸。胺基酸這種排成行與連接的方式一再重覆直到所有遺傳訊息從 mRNA 轉譯出來爲止。由終止字碼給予一個停止的信號，在終止 （termination）過程中，由於終止因子 （termination factor），多胜肽鏈才從最後的 tRNA 與核糖體釋放出來，核糖體分解成它的次單位，次單位可再用於一新合成週期。

在生長多胜肽鏈時，密碼字的次序因此被譯到一相關次序的胺基酸上，當多胜肽鏈已經完成時，才從核糖體上放出來。

（五）在聚核糖體上之轉譯(Translation on the polyribosome)

在聚核糖體上之轉譯現在簡單地說明。在一條假想的直線上，每個

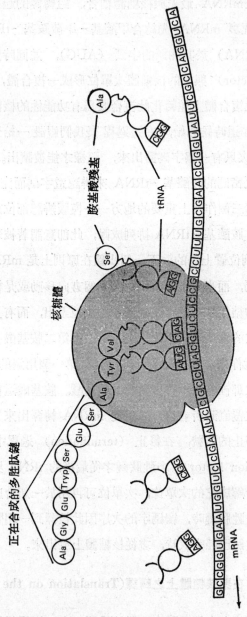

圖11: 核糖體上的轉譯。(仿 Kimball 1970)

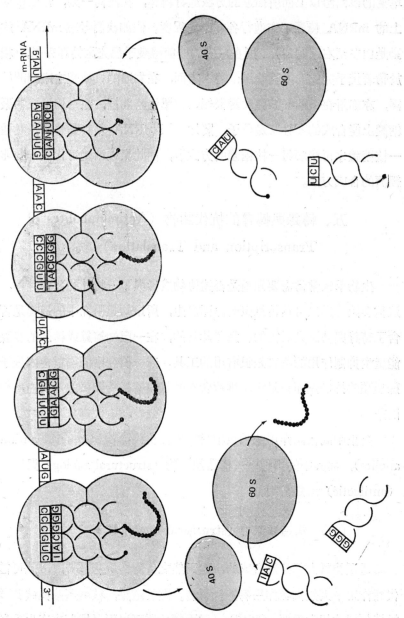

圖12: 聚核糖體上的轉譯。(仿Bennett 1970)

單獨的核糖體以上面所描述的方法進行轉譯，在任何一刻，每個核糖體上的 mRNA 轉譯工作進行各有不同程度。假如我們考慮 mRNA 的移動是由左至右（圖12），則在左邊的核糖體幾乎已完全轉譯完畢，相當於帶著幾乎完成的多胜肽鏈；另一方面，在右邊的核糖體才剛剛開始轉譯，亦即附在上面的多胜肽鏈很短。每單位時間裡，在一個這樣的聚核糖體上能合成的多胜肽鏈分子，將比一條 mRNA 須移動整個長度通過一核糖體才再接觸另一核糖體的方式多，因此聚核糖體可代表一種非常經濟的合成方法。

五、轉錄與轉譯的抗代謝物 (Antimetabolites of Transcription and Translation)

生物學家常常需要知道是否遺傳物質參與了一特殊的發育過程，而這種參與行為只可藉轉錄與轉譯而發生，所以知道研究中的過程是否包含了轉錄與轉譯是必需的。為達此目的，在一已知轉錄或轉譯的步驟中能產生抑制作用的物質是很有用的工具。若一研究中的過程會因施予特殊種類的抑制劑而被阻止，則蘊含在轉錄與轉譯的關係即可明白地顯示出來。

阻止中間代謝作用的物質稱為一般性抗代謝物 (general antimetabolite)，而其中的兩種——構造類似物 (structural analog) 與抗生素 (antibiotic) 最為有趣。

（一） 構造類似物 (structural analogs)

這類物質大部分為合成的，與天然之代謝作用物類似，因此可當作代謝作用中天然代謝作用物的代替者。關於這點，核酸鹽基與胺基酸的構造類似物相當重要 （圖13），這兩類物質可以兩種機制來產生抑制作

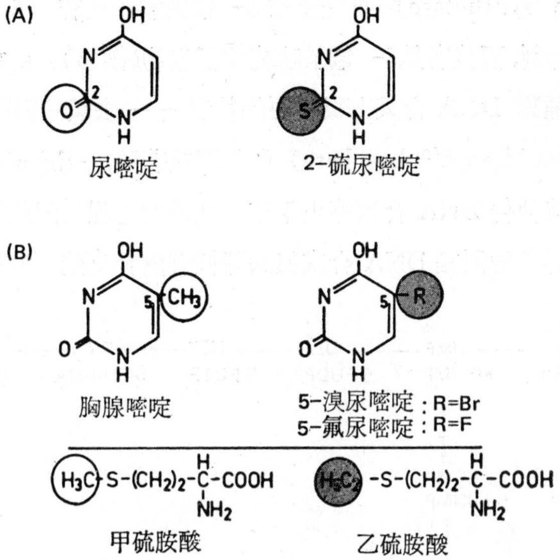

圖13：(A)核酸鹽基與(B)胺基酸之構造類似物。

用。

(1)併入 (incorporation)

構造類似物可代替正常的基本構造而併入核酸或蛋白質中，屬於此種情形的有 2－硫尿嘧啶 (2-thiouracil) 與5－ 氟尿嘧啶 (5-fluoruracil)， 代替尿嘧啶併入 RNA 中, 5-溴尿嘧啶 (5-bromouracil) 代替胸腺 嘧啶 併入 DNA, 還有乙 硫胺酸 (ethionine) 代替 甲硫 胺酸 (methionine) 併入蛋白質。這些代替作用使得核酸或蛋白質不能進行其功能或者不能充分進行其功能， 因此我們有時稱之為「詐欺的」核酸或蛋白質。

(2)酵素的競爭性抑制作用 (competition inhibition of enzyme)

競爭性抑制是構造類似物與正常受質競爭酵素上的活化位置。核酸

與蛋白質的合成酵素也可以此種方式被抑制下來，故胸腺核苷酸合成酶（thymidilate synthetase）可完全被 5- 氟去氧尿核苷（5-fluorodeo-xyuridine）抑制，而後者是5- 氟尿嘧啶的衍生物（圖14）。胸腺核苷酸合成酶供給一種對 DNA 合成上很重要的物質 —— 去氧 - 胸腺核苷 -5′-磷酸（d-thymidine-5′-phosphate）（-胸腺核苷酸，-thymidilate），這酵素被抑制時使得 DNA 合成停止下來，其後的過程也因此停止。我們以後將會更詳細地討論 DNA 合成與胸腺核苷酸合成酶（216頁）。

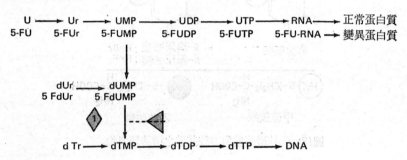

圖14：5 - 氟尿嘧啶（5-fluorouracil）（5-FU）與 5 - 氟去氧尿核苷（5-fluorodeoxyuridine）（5-FdUMP）對 RNA 與 DNA 合成的影響。5 - FU併入 RNA 而 5 - FdUMP 以競爭方式抑制胸腺核苷酸合成酶（thymidilate synthe--tase）且阻礙 DNA 的合成。胸腺核苷（thymidine）（dTr）藉著胸腺核苷酸激酶（thymidilate kinase）轉變為胸腺核苷磷酸，這對後者是唯一的附屬例事，在某些情況下，例如在發育花粉的時候是重要的（242頁）。U＝尿核苷三磷酸（uridine triphosphate），Tr＝胸腺核苷（thymidine），TMP＝胸腺核苷單磷酸（thymidine monophosphate）＝胸腺核苷磷酸（thymidilate），TDP＝胸腺核苷二磷酸（thymidine diphosphate），TTP＝胸腺核苷三磷酸（thymidine triphosphate），5 - F＝5 - 氟（5-fluoro），d＝去氧（deoxy），1＝胸腺核苷酸激酶（thymidine kinase），2＝胸腺核苷酸合成酶（thymidilate synthtase）。

不論上述何種機制皆會干擾轉錄或轉譯，但當用到抗代謝物（anti-metabolite）時有一點必須銘記在心：我們討論的構造類似物與抗生素在用量高時皆會產生與轉錄或轉譯無關的側反應，它們也像他種化學物

般產生非專一性的毒性。因此，當我們從事抗代謝物實驗時必須小心控
制。例如當構造類似物用於控制實驗時應證明下列各項：

(a)類似物併入適合之構造的證據，例如RNA、DNA或蛋白質。

(b)抑制作用可因加入對應的正常基本構造而中止，正常代謝物過量
時應可將類似物從它的作用位置替換出來。

(c)沒有產生非專一性毒性效應的證據。這種效應不僅可由構造類似
物產生，亦可由抗生素產生，因此前兩種控制特別適用於構造類似物的
實驗。

上述的最後一點，理論上僅適合於觀察轉錄與轉譯過程中的步驟受
抑制。若可能的話，其他依賴轉錄與轉譯過程者應該不受損害。換言
之，應該試著盡可能選擇觀察下的過程去干擾。這種「選擇性的抑制」
並不是不簡單，不過也不一定能成功。後面我們將詳細討論幾個例子。

（二） 抗生素（Antibiotics）

這是些自然發生的物質，不像構造類似物常是化學合成的，雖然它
們本身不是酵素，但低濃度時即會抑制生長與發育。與一般被人接受的
觀念相反的是——有人發現抗生素不僅存在於微生物，也存在於動物及
高等植物。近來發現有許多古代藥學著作中與中古時代植物誌裡提到的
藥草含有抗生素。

在這裡我們只對目前已知的一小群數量及變異大的抗生素有興趣，
就是那些會干擾 DNA 異體催化功能 （heterocatalytic function of
DNA）的抗生素。在此可列出幾個例子：放線菌素 C_1(actinomycin
C_1) 是轉錄作用的抑制劑，濃性黴素 （puromycin）、氯黴素 （chlora-
mphenicol）、鏈黴素 （streptomycin）與放線菌酮 （actidione）是轉譯
作用的抑制劑。它們都一再被用來區別一生化反應過程究竟是對轉錄作

用還是轉譯作用具有依賴性。

● 放線菌素C₁(actinomycin C₁)（圖15）

它是由帶著兩個相同的環五胜肽（cyclic pentapeptide）分子的發色基組成，已知的幾個放線菌素它們之間的不同在於它們的胜肽組成。生理上有活性的胜肽常常以不常見的胺基酸如甲甘胺酸（sarcosine）作爲構造分子。不常見胺基酸的存在和它們的環狀化所形成環形之構造能保護生理活性胜肽免受生物產生的解蛋白酶（proteolytic enzyme）攻擊。放線菌素與鳥糞嘌呤之第七個氮原子連合在一起，由此 DNA 被掩飾起來且使 RNA 聚合酶的功能中止，mRNA 因此不能再被形成。

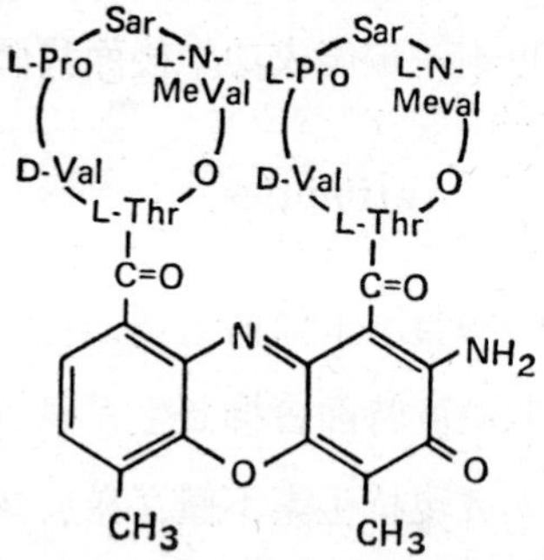

圖15：放線菌素 C₁(actinomycin C₁) ＝ D。兩多胜肽環的胺基酸皆以其開頭的字母表示。Sar＝甲甘胺酸(sarcosine)，MeVal＝甲基纈胺酸 (methylvaline)。

● 濃性黴素（puromycin）（圖16）

這種抗生素是一種自然發生的胺醯基－tRNA 的類似物，尤其是帶有苯丙胺酸（phenylalanine）或酪胺酸（tyrosine）的 tRNA。濃性黴素經由它的胺基連結到正在生長且已存在核糖體上的多胜肽鏈上，因爲濃性黴素不像 tRNA，不能把自己從多胜肽鏈上分離出來，因此多胜肽

鏈的生長就停止了。又由於濃性黴素也不具反密碼，所以不能和mRNA配對。結果一端含有附著濃性黴素之不完全的多胜肽鏈就從核糖體釋放出來。

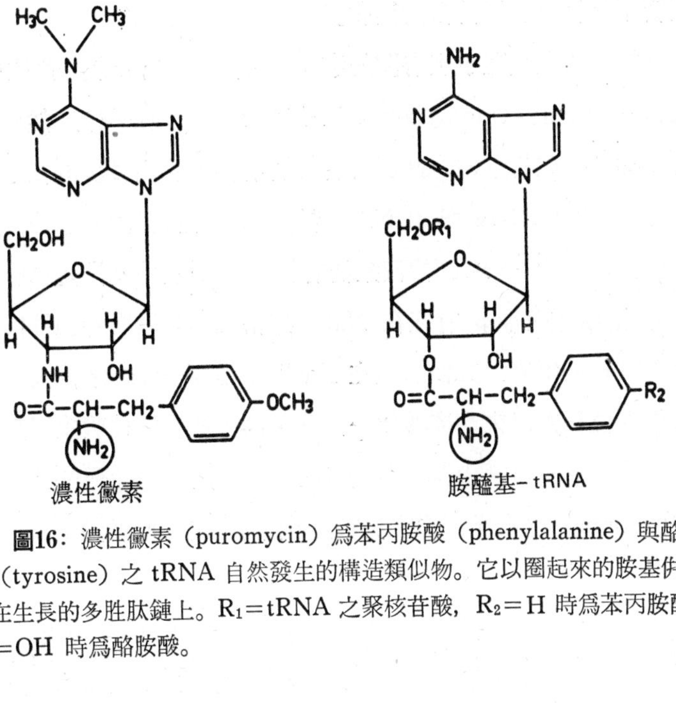

圖16：濃性黴素（puromycin）為苯丙胺酸（phenylalanine）與酪胺酸（tyrosine）之 tRNA 自然發生的構造類似物。它以圈起來的胺基併到正在生長的多胜肽鏈上。R_1＝tRNA 之聚核苷酸，R_2＝H 時為苯丙胺酸，R_2＝OH 時為酪胺酸。

六、高等植物之 mRNA 的證據 (Evidence for mRNA in Higher Plants)

轉錄與轉譯的中心觀點是 mRNA 的存在，為此理由，我們將檢驗高等植物 mRNA 的幾個片斷證據，這樣也使我們剛得之有關抗代謝物的知識有其用處。

(一) 大豆胚軸的mRNA (mRNA in hypocotyls of the soya bean)

從大豆胚軸分離出的節段在被切下來後繼續伸長，若此等由胚軸分離的節段用 5 - 氟尿嘧啶處理，其伸長會不間斷的進行；若放線菌素C_1加於胚軸，則伸長受抑制。有關它們之核酸的較詳細分析指出，在抗代謝物影響下胚軸發生了許多的變化。

首先提一個與實驗手續有關的字「管柱」(column)。管柱盛滿甲基卵蛋白 - 矽藻土 (methylalbumin-kieselgur) (MAK)，然後將核酸之混合物加到這些管柱內，此混合物含所有植物體內發現的核酸，亦即 DNA、mRNA、rRNA 與 tRNA。當核酸混合物已滲入管柱後，用莫耳濃度逐漸增加的 NaCl 溶液來洗管柱。吸附於甲基卵蛋白的核酸被 NaCl 洗出的難易不同，有些在 NaCl 非常低莫耳濃度時即洗出而能很快地從管柱移換出來，其他的只在 NaCl 高莫耳濃度時才被洗出，因此最後才從管柱移換出來。核酸便一部分一部分地從管柱收集下來，每一部分所含的核酸量可經由測量其對 260nm 波長 (嘌呤與嘧啶之最大吸光度為 260nm) 之吸光情形來決定，若有需要，可以測量放射性來決定。

若大豆胚軸的核酸按這種方法來分離時則得下列各分離部分的次序 (圖17)：tRNA, DNA, rRNA 與一些額外的 RNA 部分，這額外的部分推測是 mRNA。若我們切下的胚軸節段的核酸經過 5 - 氟尿嘧啶處理後分析時，其 tRNA 與 rRNA 之合成很明顯地受到強烈的抑制；相反的，推測 mRNA 之合成仍保持而不受傷害。但用放線菌素 C_1 處理就不是這樣子，這個例證我們已提過且知道生長會被抑制，而所推測的 mRNA，其合成也很嚴重地遭受損害，由生長與 mRNA 之合成受放線菌素 C_1 的抑制關係顯示，在 RNA 之分離部分中，mRNA 事實

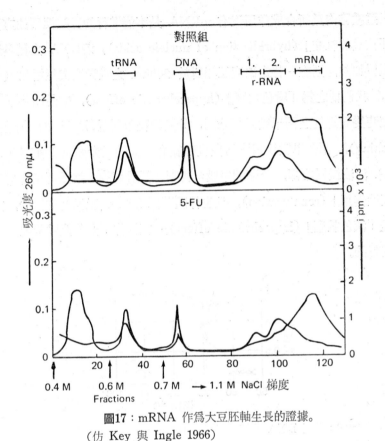

圖17：mRNA 作爲大豆胚軸生長的證據。
(仿 Key 與 Ingle 1966)

上是負責生長的。

(二)　落花生的 mRNA (mRNA in the ground nut)

我們談另一種植物以證明 mRNA 的存在，這同時可使我們熟悉一個新方法，這是落花生 (*Arachis hypogaea*) 子葉 mRNA 的證據。在萌芽時，子葉中貯藏物質移動所需酶系之活性有相當之增加，而這種活性的增加似乎是，至少大部分是因爲酶的胞內重新合成作用。無論如

何，這種胞內重新合成作用沒有 mRNA 是不能進行的。這裡用的方法是「核酸的雜交」(hybridization of nucleic acids)。若DNA 之雙股螺旋慢慢加熱，則在一特定溫度區間對於 260nm 之吸光度突然增加（圖18），我們稱之為「增色效應」(hyperchromic effect)，這是因為增加溫度時雙股螺旋之兩單股互相分開，分開的現象稱為 DNA 的「熔解」(melting)，兩個單股比相連的雙股螺旋有較高的吸光度。熔解以後，DNA 溶液慢慢冷卻，分開的單股又再形成雙股螺旋，這種再結合稱為「復性作用」(renaturation)，且也伴隨著對 260nm 吸光度的減少，亦即是「減色效應」(hypochromic effect)。復性作用是依照鹽基配對原理進行的。

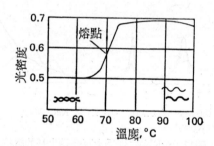

圖18：豌豆 DNA 的熔解圖（仿 Bonner 與 Varner 1965）

我們將這方法擴展一下。前面已介紹過一給定 DNA 製備物的熔解與其慢慢冷卻的復性，我們也可將不同來源的二 DNA 製備物熔解，混合這兩個 DNA 製備物然後進行復性。如上述，復性作用是依鹽基配對原理進行的，若二 DNA 含有互補的鹽基次序，則它們可彼此在有互補性的區域配對起來，而沒有互補鹽基次序者則保留不配對。這種不同來源 DNA 的配對稱為 DNA 的雜交 (hybridization of DNA)，雜交的程度為 DNA 製備物來源之生物親緣關係遠近的測量方法。親緣關係愈近的，其鹽基次序符合的就愈多，且形成雜交的量也成比例地增高。

在化學系統分類學 (chemosystematics) 上，　DNA 雜交事實上被用來
設計於種 (species) 在分子範圍內之親緣程度的試驗。

現在改變大一點，即將 mRNA 帶入這方法。單股的 DNA 不僅
能與別的 DNA 單股雜交，亦能與 RNA 雜交，形成 DNA－RNA 雜
種 (DNA-RNA hybrid)。DNA 與 RNA 之間能發生雜交是十分明顯
的。由鑄造 RNA 的密碼存在於 DNA 中的事實，便說明了互補鹽基
次序的存在。用 DNA-RNA 雜種於其他技術中即可測定落花生子葉
的 mRNA。

核酸首先用 MAK 管柱分離，在前面我們已大致提過，每個 RNA
的分液部分 (fraction) 再與落花生 DNA 雜交。為了解這些實驗的結
果，我們必須記住，每個細胞的 RNA 均由 DNA 的密碼控制。對於
tRNA 與較相似之 rRNA 的形成所需要的 DNA 片段較少，但 mRNA
則需要大量的 DNA 片段來做其密碼。mRNA 是大量基因與細胞質
中所存在一切活動之間的媒介，就雜交實驗而言，這意思即對一給定的
DNA 製備物，tRNA 及 rRNA 的互補區較少，而 mRNA 則發現較
多。因此，若我們發現一種 RNA 與 DNA 雜交得相當好，則此 RNA
很可能就是 mRNA。

用落花生做的雜交實驗裡，RNA 與 DNA 的雜交效果很好（表
2）。這 RNA 用逐漸增濃的 NaCl 從 MAK 管柱洗出時，與前述大
豆胚軸之 mRNA 所在位置一樣；另外從細菌核酸分離出之 mRNA 也
在同一位置洗出。因此，對落花生的RNA而言，毫無疑問就是mRNA
了。

表2: 從落花生 (子葉) 得到之各個 RNA 部分與
相同來源之 DNA 的混成情形。

RNA 分液	DNA-RNA- 雜種 %
1. tRNA 分液	3.9
2. tRNA 分液	2.4
輕 rRNA	3.5
重 rRNA	1.7
假想的 mRNA	11.4
再次以層析法純化後	15.4

（三） 高等植物體內持久之 mRNA（Long-lived mRNA in higher plants）

落花生子葉內貯藏物質的轉變引導出一個新的問題，即在一段時間內，約數天的光景，皆需要酵素的參與，這類酵素均具有轉變某些貯藏物質之功能。從細菌得到的 mRNA 壽命很短，其 mRNA 分子在合成後幾秒鐘即衰退掉，細菌的 mRNA 這麼短命，使得細菌能很快地隨外界環境的改變而調整自己。這種迅速的調整，例如在不利的環境下孢子的形成，對細菌的存活非常重要。高等植物則對於較長期間的生活系統也有同樣的要求，例如爲了轉變貯藏物質，則需要供給酵素，在這種情形下，有持久的 mRNA 會比較經濟，因爲這持久的 mRNA 可一再地被用來當做合成這些必要酵素之母體，因此不必爲了保持轉錄機構而不停地供應新的 mRNA。

在高等生物中，植物與動物確實都有持久的 mRNA，它的一個證明是棉花幼苗 (Gossypium hirsutum)，此幼苗用放線菌素 C₁ 處理，放線菌素 C₁ 如我們所知是抑制轉錄的，但幼苗經處理後仍可形成蛋白質並持續了16小時之久。蛋白質的合成需要 mRNA 的參與，這即表示幼苗細胞體內 mRNA 的合成停止以後 16 小時內仍有 mRNA 存在；

且在超高速離心實驗指出，當幼苗放線菌素 C_1 處理後16小時，聚核糖體仍存在於幼苗內（圖19）。聚核糖體當然就是由許多核糖體與 mRNA 結合而成的。

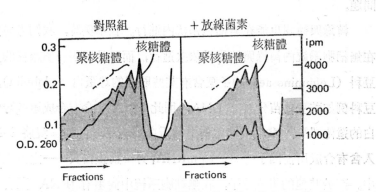

圖19：棉花幼苗中持久的 mRNA 的證據。幼苗在 p^{32}（對照組）或 p^{32} 加放線菌素（actinomycin）中培養12小時，然後用蔗糖密度梯度（sucrose density gradient）分離出核糖體與聚核糖體。圖形中的高峯代表單體的核糖體，而其左邊是低聚核糖體（oligoribosome）至聚核糖體的組合。核糖體－聚核糖體的圖形經用放線菌素處理後的實驗組與對照組並沒有強烈的不同，雖然此時 RNA 的合成已被強烈的抑制著。（仿 Dure 與 Waters 1965）

然後我們注意到 mRNA 也可在高等植物被檢驗出來，而這發現幫助支持分子遺傳學的觀點。部分 mRNA 的壽命很短，部分則爲持久的。

七、無細胞系統內之轉錄與轉譯 (Transcription and Translation in a Cell-free System)

最後需要證明的是我們所假定的生化反應確實是在進行，如果可能的話，以無細胞系統做實驗來證明。雖然這樣的一個無細胞系統不含完

整的細胞內容物，但在許多情形下含有某些胞器，例如葉綠體或核糖體；此外所有需要的酵素及輔助因子（cofactor）也都存在。與活細胞比較時，含有胞器的無細胞系統很簡單且適合於說明一些仍未被解答的問題。

轉錄與轉譯也能在無細胞系統內進行。在舉例時，我們考慮實驗是在無細胞系統內轉錄與轉譯爲依次進行，而不是單獨一個過程的實驗。豆科（Leguminosae）的子葉含有某些貯藏的球蛋白（globulin），若從豆科例如豌豆幼苗分離出 DNA，則此 DNA 必含有合成這些貯藏球蛋白的遺傳訊息，我們簡略地稱這球蛋白爲豌豆球蛋白。現將 DNA 加入含有合成所需因子——一爲 mRNA，另一爲蛋白質——之無細胞系統中。至於其他的組成分子，在無細胞系統中尚須有 [RNA 聚合酶（合成 mRNA 所需）與核糖體（轉譯的胞器）。大腸桿菌可爲這兩種組成分子的來源，因爲大腸桿菌的 RNA 聚合酶與核糖體在無細胞系統裡工作得特別好。除了一般的蛋白質胺基酸外，系統裡還含有用 C^{14} 標識了的胺基酸——白胺酸（leucine）C^{14}。

經過一段時間的培養後，檢查無細胞系統以確定蛋白質是否被製好了（表3）。在所有蛋白質中發現均具有放射性，這是由於新合成的蛋白質有白胺酸 C^{14} 的併入，因此證明了合成蛋白質的事實。而這些新蛋白質的一小部分確實是豌豆球蛋白，在無細胞系統中，合成豌豆球蛋白的 mRNA 首先在加入的 DNA 基質上形成，然後才在核糖體上轉譯成豌豆球蛋白。這實驗指示我們，高等植物的轉錄與轉譯可在無細胞系統內進行——縱使只有很低的效率。甚至由很不相同的生物來源之因子間的合作（DNA 來自豌豆＋RNA 聚合酶與核糖體來自大腸桿菌）證明了分子生物資料的普遍確實性。

表3： 豌豆幼苗與 *E. coli* 所組成之無細胞系統的轉錄與轉譯。
染色質或 DNA 來自豌豆幼苗。此實驗的結果也證明了
莖芽之染色質所含的組織蛋白抑制了豌豆球蛋白的合成。
（與246頁比較）

基　　質 （來自豌豆）	加入含C^{14}的白胺酸(ipm)		總可溶性蛋白減去 空白的0.13後豌豆 球蛋白之%
	總可溶性蛋白	豌豆球蛋白	
芽及莖之染色質	41200	54	0
子葉染色質	8650	623	7.07
芽及莖之 DNA	15200	60	0.27
子葉之 DNA	5600	22	0.26

八、一基因一多胜肽 (One Gene-One Polypeptide)

1940年畢鐸（Beadle）與達頓（Tatum）提出一基因一酵素假說
(one gene-one enzyme hypothsis)，主要基於他們所做有關子囊真菌
類（ascomycetous fungus）的紅黴菌（*Neurospora crassa*）變種的實
驗。根據這個假說，一個基因誘導一特定酵素的合成，並由此酵素從事
特性的形成。

我們必須使這描述更正確些，在前面幾節已學過，一基因誘導一多
胜肽的合成，一單獨的多胜肽可能自身即為酵素蛋白。但無論如何，在
許多情形下，適當而有功能的酵素蛋白只有當幾個相同或不同類的多胜
肽結合以後才形成。總之，我們要記得多胜肽並非只有構成酵素蛋白而
已，也可形成構造蛋白（structural protein），因此用一基因一多胜肽
來代替一基因一酵素的說法：每一基因乃是經由基因特屬的多胜肽的誘
導來從事特性的形成。

（一） 蛋白質的構造 （The structure of proteins）

在詳細考慮一基因一多胜肽間的關係之前，我們必須先熟悉某些有關蛋白質 構造的原則。 其構造原則有一完 整的階級組織，分為第一級，第二級，第三級及第四級構造 （圖20）。 第一級表示單獨的胺基酸在多胜肽鏈上的次序，如前所述，胺基酸的次序是在轉錄與轉譯時就決

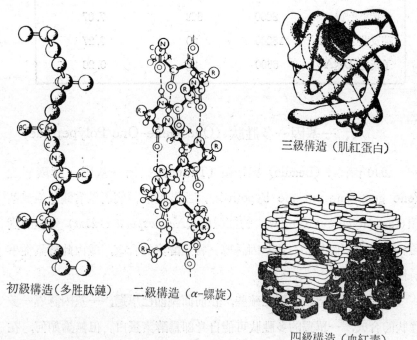

初級構造(多胜肽鏈)　　二級構造（α-螺旋）

三級構造（肌紅蛋白）

四級構造（血紅素）

圖20: 蛋白質的第一級、第二級、第三級和第四級的構造。在第二級構造裡，未標字母 的小圓圈表 示氫原子， R表示胺基酸的側鏈。 第三級構造裡黑色的圓盤表示氯化血紅素 （hemin group）。 第四級構造裡兩個血球蛋白的 α - 鏈為白色， 兩個 β - 鏈為黑色。其中的一個可很容易地從 α - 鏈的白色襯底區分出來。（仿Sund 1969）

定下來的，而決定一級構造的鍵是介於不同胺基酸殘基（residue）的胜
肽鍵（peptide bond）。

在自然情況下，每單獨多胜肽鏈可探取一特殊三度空間的構造，此
即為一原始構造，主要是由胜肽鍵結的氧與氮原子間形成的氫鍵支持，
這種由於多胜肽群間 鍵結所影響之多 胜肽鏈的三度空 間構造 稱為第二
級。廣被人知的第二級構造是鮑林（Pauling）分析出來的 α－螺旋體。

直到目前我們只談到一多胜肽鏈中胜肽鍵間的結合，多胜肽鏈的側
鏈也能彼此相連接。包括在這種結合的第一種仍是氫鍵，其次為疏水鍵
（hydrophobic bond），最後是雙硫鍵（disulphide bridge），這是由兩
個SH－基群所形成的（圖21）。若三度空間的構造是由多胜肽側鏈間之
相互作用而形成則稱之為第三級， 它是比第二級構造高的階級， 即像
α－螺旋體的第二級構造，可被折疊成一特殊的三級構造。

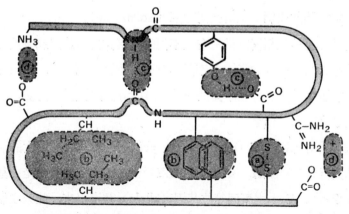

圖21：構造蛋白質第二級與第三級構造的鍵型。a ＝雙硫鍵
（disulphide bridge），b ＝疏水鍵（hydrophobic bond），c ＝
氫鍵，d ＝靜電鍵（electrostatic bond），靜電鍵常包含在氫鍵
裡面。（仿 Lynen 1969）

現在我們必須注意一個相當複雜的情形，就是我們沒有將一級、二級與三級的構造限定於一單獨的多胜肽鏈，而是二或更多的多胜肽鏈也可引用。許多不同的多胜肽的側鏈可像在一個多胜肽中的側鏈一樣彼此結合在一起，它們鍵結的種類與三級構造中所含的一樣：氫鍵、疏水鍵與雙硫鍵，嚴格地說來，胜肽鍵並不包括在內。由於多胜肽鏈側鏈間的相互作用使幾個多胜肽鏈結合在一起的構造——這不是胜肽鍵的結果——稱之爲第四級構造。

（二）　同功酶（Isoenzymes）

具備了蛋白質一級、二級、三級與四級構造的常識後，讓我們回到關於一基因一多胜肽的問題。此刻我們將不注意於一基因一酵素關係例子的列舉（高等植物顯著的例子裏是有變異的），而是查證是否眞能一基因誘導一多胜肽，這多胜肽會與相同或稍微不同種的多胜肽結合成第四級構造，因此我們必須研究同功酶（isoenzyme）。

同功酶是功能相同，構造有些不同的酵素。同功酶，或多重形式酶的存在已知道一段時間了，並不是等到帶狀電泳法（zone electrophoresis）有了相當的支持後才提供一個分離的方法，然而此方法可顯示同功酶幾乎是到處散佈著。

玉蜀黍有一種酯酶（esterase）在 pH 值爲 7.5 時有最大的活性，因而稱爲 pH7.5 酯酶，組成此酶第四級構造的二多胜肽鏈是由基因座（gene locus）E 上之不同等位基因（allele）誘導出來，此刻我們注意這些等位基因中的兩個：E_1^F 與 E_1^S。

植物帶有同型結合子（homozygote）$E_1^F E_1^F$ 在帶狀電泳表現出一單獨移動迅速的帶狀（圖22），這酵素的每個構成分子由兩相同的多胜肽組成，是爲 F - 多胜肽。植物含另一種同型結合子等位基因 （$E_1^S E_1^S$）在

帶狀電泳中產生一移動緩慢的酵素帶，這酵素的每一分子由兩個 S－多
胜肽組成。

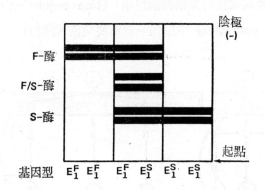

圖22: 玉蜀黍的 pH7.5 酯酶 (esterase) 的同功酶
(isoenzyme)，採用帶狀電泳法 (zone electrophoresis)
來分離。F/S 酶是一「雜交酶」(hybrid enzyme)。

現在準備含有兩種等位基因($E_1^F E_1^S$)的異型結合子(heterozygote)，
此異型結合子是由兩種不同類的多胜肽， F－多胜肽與 S－多胜肽彼此
結合。所以這二條多胜肽鏈共有三種可能的結合方法——即 F－多胜肽
與 S－多胜肽產生之功能性酯酶——FF，FS與SS。

因此在帶狀電泳分離時可發現酯酶活性之三個不同帶，其中兩帶應
表現與原同型結合子（homozygotes）有相同之移動性， 而第三帶則表
現介於這兩者間的移動性；這是因為此區帶的組成酵素分子其第四級構
造是由一F－多胜肽及一S－多胜肽結合造成的， 所觀察到之居中移動
性即是這兩多胜肽不同移動性的結果。

這些 pH7.5 酯酶的實驗證明了一基因一多胜肽的關係在高等植物
也成立，從基因轉變而來的多胜肽鏈能結合成較高級的第四級構造。

現有一段有關同功酶的文字， 說明各種同功酶在不同組織內適應各

種生理狀況，例如：感染疾病以後，會有新的過氧化酶的同功酶的形成，它似乎表現著一種保護作用。或許另一種觀念是很重要的：同功酶在分支性生合成途徑的微細調節作用 (fine regulation of branched biosynthesis pathways) 中擔任一個重要角色 (圖23)。

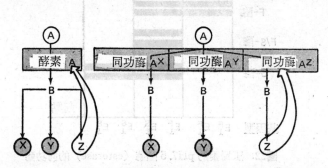

圖23: 同功酶廻饋抑制的細微調節作用。

在這樣的分支系統，不同的合成途徑需要某種酵素來分送其共同的中間物 (在這例子是酵素A)。生物對物質Z可能已有充足的供應，如同以後會看到的，廻饋 (feedback) 機構確保不再送出更多共同的中間物，這可用抑制酵素的合成或抑制酵素的活性來做。在例子中，這種抑制作用停止了物質X與Y繼續生產，此情形是酵素A亦處於它們個別合成途徑的開端。

除去此左右爲難的方法就是酵素A不只一種而是有三種同功酶A，全部能供應物質B，每種同功酶及物質B皆處於生物合成系統分支的開端，當發生廻饋抑制時只有處於個別分支開端的同功酶會受影響。因此，若從Z產生的廻饋抑制只會表現在同功酶 A^z，其他兩種 A^x 與 A^y 則不受影響，物質X與Y仍然能够被製造出來。當我們討論苯基丙烷 (phenylpropane) 的代謝與胺基酸的生物合成時，我們就會熟悉這種對同功酶的微細調節相當頻繁的例子。

第二章 光合作用

(Photosynthesis)

在前一章裡，我們知道基因如何供應酵素與構造蛋白質。酵素是活細胞中最重要的催化劑。若我們要看活生物體內受酵素控制的種種過程，我們可以從光合作用開始。這過程在根本上是所有陸地生命的起源。在光合作用裡，光能被轉變成化學能，藉著這化學能將大氣中的 CO_2 與水合併成有機化合物；將外來物質轉變成身體的結構成分，此稱之為同化作用 (assimilation)，故有時稱光合作用為 CO_2 的同化作用。但無論如何，光合作用並非 CO_2 被同化的唯一方法，亦即結合 CO_2 進入有機接受分子 (organic acceptor molecular) 的方法不止一種，而且在這過程裡光能的利用是個極顯著的因素，故「光合作用」的說法較為盛行。

光合作用不僅是在質方面非常重要的過程，每年大約有二至五千億噸的碳經由光合作用而變換，故光合作用也是量的決定性過程。事實上，光合作用中從固定 CO_2 開始的碳循環，在量的方面是地球上所有循環過程中第二重要的，它僅次於水循環。

第一節　光合作用的初級與次級過程
(Division of Photosynthesis into Primary and Secondary Processes)

在光合作用，空氣中的 CO_2 與 H_2O 轉變成碳水化合物（carbohydrate）。碳水化合物除了碳外，所含有的氫氧元素比與其在水中的比一樣，因此，最簡單的碳水化合物其分子式應為 CH_2O，可用反應方程式表示如下：

$$CO_2 + H_2O \longrightarrow (CH_2O) + O_2$$

有一種化合物符合最簡單的碳水化合物的分子式，卽甲醛（formaldehyde），曾經有一度假定甲醛是光合作用中最初合成的碳水化合物，但這假定已被證明是不正確的。

雖然如此，讓我們考慮一下供給最簡單碳水化合物原子的兩個起始物質，CO_2 與 H_2O；不容置疑地，碳是來自 CO_2，而氫來自 H_2O，問題是碳水化合物的氧究竟是來自水或來自 CO_2。反之，有人會問，依據全反應式顯示，被釋放出來的氧到底是由那一個起始物質來供給？這問題用含有重水 H_2O^{18}（heavy water）的系統做實驗來研究，發現 O_2^{18} 被釋放出來，因此證明了氧氣是來自水；相反地，形成的碳水化合物不含重氧（heavy oxygen），故它的氧來自 CO_2：

$$CO_2 + H_2O^{18} \longrightarrow (CH_2O) + O_2^{18}$$

依此反應方程式，O_2^{18} 被釋放出來，這暗示我們必須修訂全反應方程式，以 $2H_2O$ 來代替 H_2O 或 H_2O^{18}，因而得到下面的全反應方程式：

$$CO_2 + H_2O^{18} + H_2O^{18} \longrightarrow (CH_2O) + O_2^{18} + H_2O$$

我們還須考慮光合作用最後產生的重要產物——含六個碳原子的碳水化

合物，六碳醣 (hexose)，這使全反應方程式須做更多的修訂:

$$6CO_2+12H_2O \xrightarrow{\text{675Kcal}} C_6H_{12}O_6+6H_2O+6O_2$$

從這全反應方程式，我們可得下面兩個重要結論 (圖24):

(1)光合作用時水被裂解，所有關於水光解(water-photolyse)的裂解過程稱爲光合作用的初級過程 (primary processes of photosynthesis)。屬於這過程的不僅有光解作用 (photolysis)，還有緊跟著發生的非循環性電子傳遞 (noncyclic electron transport) 與循環性電子傳遞 (cyclic electron transport)。

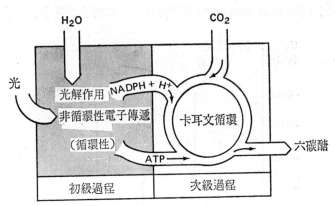

圖24: 光合作用初級及次級過程之圖解。

(2) CO_2 被光解作用釋放之氫還原爲碳水化合物，這還原作用僅在 CO_2 結合於一有機接受者之後才發生， CO_2 的結合與還原稱爲光合作用的次級過程 (secondary processes of photosynthesis)。

第二節 光合作用之初級過程 (Primary Processes of Photosynthesis)

一、電子傳遞鏈 (Electron Transport Chains)

首先我們簡要地討論一下電子傳遞鏈，這將會在光合作用初級過程及稍後的呼吸作用中提到（圖25）。

電子傳遞鏈開始時須先有電子供給者 (electron donor)，即具高「電子壓」(electron pressure) 的物質；一個電子從電子供給者傳到電

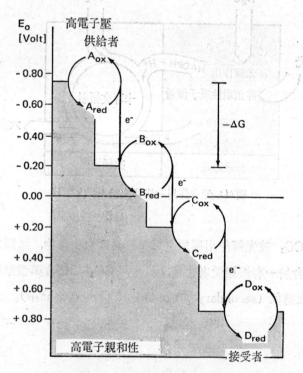

圖25：電子傳遞鏈之圖解。

子接受者（electron acceptor），即低電子壓的物質。電子接受者比電子供給者有較高的「電子親和力」(electron affinity)。第一個接受者可將電子傳到第二個接受者，如此一來，第一個接受者對第二個接受者而言就變成了電子供給者，這種電子傳遞方式可一直重覆下去。

電子壓與電子親和力是一系統中電位的描述，我們可以改用正負氧化還原電位（redox potential）來表示。物質帶有高電子壓即具高的負氧化還原電位；物質帶高電子親和力者即具高的正氧化還原電位。因此，我們的電子傳遞鏈是一系列的氧化還原系統（redox system），且是按其氧化還原電位的增加而排成一縱列。電子沿著這鏈而傳遞，它一級一級像下坡似的下降，每個單獨的階梯均增加其氧化還原系的正電位。從一階降至另一階，電子達愈來愈低的能階（energy level），對轉移到次一氧化還原系而言，電子可說是失去一部分它原有的能量，能量被釋放出來再以 ATP 之化學結合形式貯藏起來。相反地，電子也可上坡似的傳遞，在這種情形下必須耗費能量，例如消耗 ATP。

二、光合作用初級過程中的氧化還原系統
　　(Redox System in the Primary Processes of Photosynthesis)

（一）　葉綠素（Chlorophylls）

太陽的電磁射線只有一小部分可達地球成為可見光，而可見光中只有某些特定光譜區域用於光合作用，所以當光合作用之光的作用光譜（action spectrum）或效率光譜（efficiency spectrum）建立了以後就清楚了。將一定強度而不同波長的光照在一綠色植物上，並檢查其在光合作用範圍內的效果，其結果是在光譜的紅光與藍光區域作用光譜顯出

最大作用。 換句話說， 光譜的 中間部分——亦卽屬於綠光 波長的地方——不被光合作用所利用。能行光合作用的植物其獨特的綠顏色將綠光反射回去， 因此， 光合作用的作用光譜使我們推測反射綠光而吸收其他波長的光——如紅光與藍光——的綠色素在光合作用中可能相當重要。葉綠素就是這種綠色色素， 例如葉綠素 a 表現的吸收光譜幾乎完全與光合作用中光的作用光譜一致 （圖26）， 這間接表明了葉綠素可能是光合作用的作用色素；這種推測已被證實了。

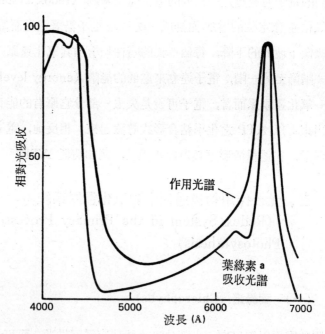

圖26：葉綠素 a 之吸收光譜與光合作用特殊波長之光的作用光譜。 （仿Lehninger 1969）

不同葉綠素的系列已經知道了， 稱爲葉綠素 a、b、c 等等。所有這些葉綠素的基本構造是紫質 （porphyrin） 系統，這紫質系統是由四個

吡咯環（pyrrole ring） 形成，它們以甲烯基 （methylene group） 鍵結成一環狀系，而以負責表現此等分子顏色的共軛雙鍵 （conjugated double bond） 貫穿這環狀系。在紫質系統的中央是一個多價金屬，此金屬在維他命 B_{12} 裡是鈷，在血紅素 （hemoglobin） 中為二價鐵，而在葉綠素中是鎂。二價鎂（Mg^{++}）與四個吡咯環的氮原子複合。紫質骨架帶著表現此化合物特性的取代物 （substituent），葉綠素之特性取代

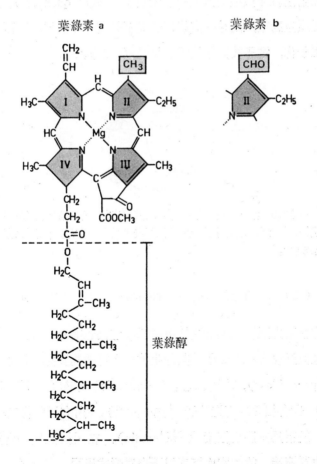

圖27：葉綠素 a 與 b。

物是一個二十個碳原子的醇類，卽葉綠醇 (phytol)，它與吡咯環Ⅳ用
酯鍵 (ester linkage) 連接。按其來源而論，葉綠醇類屬於萜類 (terp-
enoid)，它造成葉綠素脂溶性的特性。每種葉綠素彼此不同是由於另外
的取代物，簡單地描述一下，時常出現的葉綠素 b，其吡咯環Ⅱ的位置
帶著醛類官能基 (aldehyde group)，而葉綠素 a 則帶甲基 (methyl
group) (圖27)。

從光譜之紅光與藍光區域吸收光量子 (light quantum) 使葉綠素
分子轉變成激動態，同時一高能電子從葉綠素分子放出，因而葉綠素分
子成為離子化，電子被某些接受者接受 (圖28)。

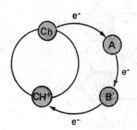

圖28: 葉綠素的離子化作用，其射出的電子經過幾個氧化還
原系後回到葉綠素分子。這種循環發現於光合作用之循環性電子
傳遞中。

(二) 細胞色素 (Cytochromes)

細胞色素之形式與葉綠素極有關係，它們也有紫質骨架，但紫質與
鐵而不是與鎂複合 (圖29)。其他生物學上重要物質之整個系列如過氧
化酶 (peroxidase)，過氧化氫酶 (catalase) 和紅色血液色素血紅素
(hemin) 也含相同的構造分子 (鐵＋紫質)。所有這些物質，包括細
胞色素，統稱為細胞血紅素 (cell hemin)。在活細胞裏，含鐵之紫質
系與蛋白質連接，故細胞血紅素以蛋白質形式出現。

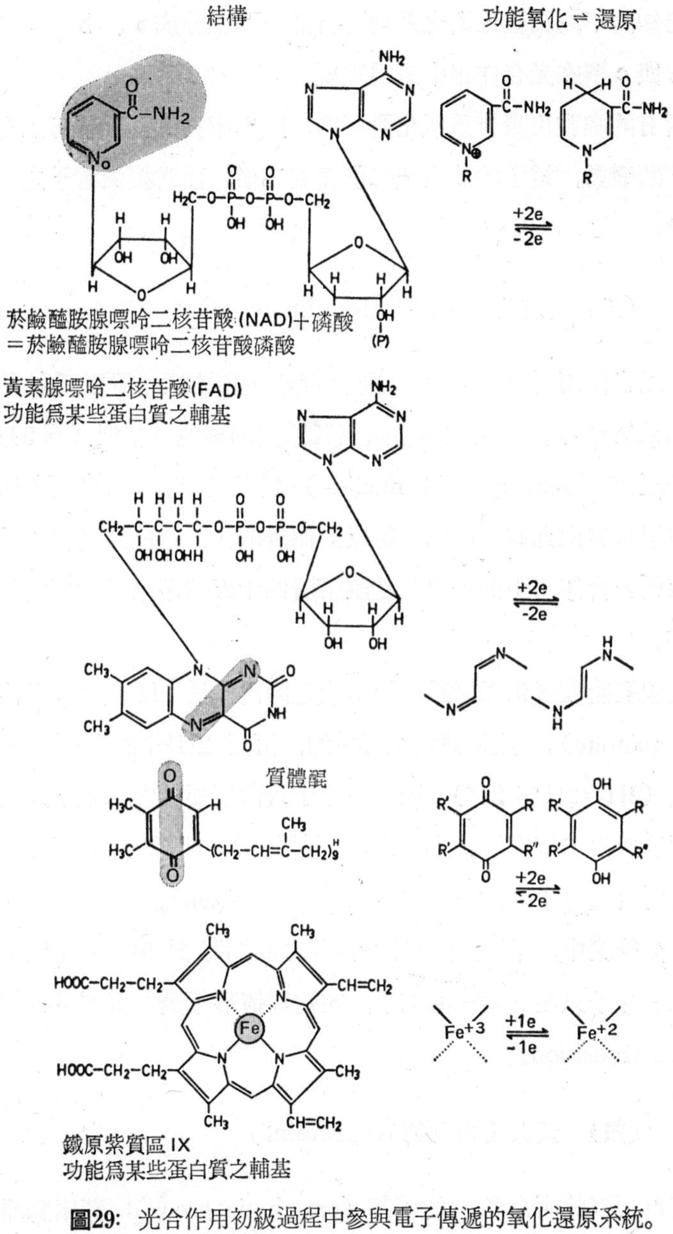

結構　　　　　　　　　　　功能氧化 ⇌ 還原

菸鹼醯胺腺嘌呤二核苷酸 (NAD)＋磷酸
＝菸鹼醯胺腺嘌呤二核苷酸磷酸

黃素腺嘌呤二核苷酸(FAD)
功能爲某些蛋白質之輔基

質體醌

鐵原紫質區 IX
功能爲某些蛋白質之輔基

圖29: 光合作用初級過程中參與電子傳遞的氧化還原系統。
（仿 Goldsby 1968）

　　已知的不同細胞色素之系列可再進一步細分成 a、b、c 群，細胞色素 b 與 c 型在光合作用中最爲重要。

　　所有的細胞色素皆爲氧化還原系，因爲中央的鐵原子可以在二價與三價態間變動，電子的放出使二價轉爲三價，而當接受電子之後則反方向變換。

（三）　質體醌45（Plastoquinone 45）

　　在光合作用中擔任電子傳遞者的另一重要氧化還原系統是質體醌（plastoquinone），它的化學構造與 K 系列的維他命相似（圖29），同樣以類苯醌核（benzoquinoid nucleus）爲其特徵。在質體醌中，這核被二個甲基與由九個五碳單位組成的側鏈取代，這側鏈表現了萜類的特性。因爲光合作用中的重要質體醌帶著四十五個碳原子的側鏈故稱爲質體醌45。

　　質體醌能有氧化還原系統的功能是因爲接受 2H 使它轉變爲氫化醌（hydroquinone），這種轉變是可逆的，可用 $2H^+ + 2e^-$ 代替 2H 表示於公式（$2H = 2H^+ + 2e^-$）。因此一分子質體醌能接受二電子，且一分子氫化醌能放出二個電子。每兩個電子被傳遞時即附帶有兩個 H^+ 的位移，這稱爲二電子的轉移（2 electron transition）。

　　在葉綠素中，細胞色素與一小部分我們將討論的其他氧化還原系統，每個分子只能交換一個電子，在這種情形下是一個電子的轉移（1 electron transition）。

（四）　黃素蛋白（Flavoproteins）

　　黃色（因此而命名）的輔基（prosthetic group）：黃素腺嘌呤二核苷酸（flavin adenine dinucleotide）（FAD）與較不普遍的黃素單核苷

酸（flavin mononucletide）（FMN）在黃素蛋白（flavoprotein）裡與蛋白質連結（圖29）。這命名並不很正確，因為負責顏色表現的6、7－二甲基－異四氧嘧啶嗪（6、7-dimethyl-isoalloxazine）並不像在核苷酸時是與核糖連結，而是與核糖醇（ribitol）連結。FAD 與 FMN 兩者的6、7－二甲基－異四氧嘧啶嗪構成分子形成氧化還原系統，接受 2H 它即可逆地還原；故而這情形也是有二個電子轉移，因為$2e^- + 2H^+$ 能寫成 2H，就像質體醌 45 所表現的一樣。高等植物的鐵還原氧化素 － $NADP^+$ 還原酶（ferredoxin $NADP^+$ reductase）即帶有 FAD。

（五）NAD^+, $NADP^+$ 吡啶核苷酸（Pyridine Nucleotides）

菸鹼醯胺腺嘌呤二核苷酸（nicotinamide adenine dinucleotide）（NAD^+）與菸鹼醯胺腺嘌呤二核苷酸磷酸（nicotinamide adenine dinucleotide phosphate）（$NADP^+$）在構造上是二核苷酸（圖29），兩物質不同的地方在於一磷酸殘基，它是存在於 $NADP^+$，附著在一個核糖殘基的 $2'$ 氫氧基上。真正的氧化還原系統是菸鹼醯胺（nicotinamide），它也可以二個電子的轉移可逆地還原。黃素蛋白經常與 NAD^+ 或 $NADP^+$ 在一起，在光合作用裡，還原態的 FAD 能將 2H（$= 2e^- + 2H^+$）轉移到 $NADP^+$ 以產生 $NADPH + H^+$。

（六）鐵還原氧化素（Ferredoxin）

鐵還原氧化素是一含鐵的蛋白質，每一蛋白質分子含二個鐵原子，它的氧化還原特性即是由於鐵在二價與三價態間的移動。

（七）質體氰藍（Plastocyanin）

質體氰藍是一含銅的蛋白質，銅在一價與二價間可逆的轉移擔當了

它的還原與氧化特性。

（八）鐵還原氧化素之還原物質 (Ferredoxin reducing substance, FRS)

鐵還原氧化素之還原物質是為尚未確定的氧化還原系統。

（九）Y

Y是另一種尚未確定的氧化還原系統。

三、光合作用的色素系統 I 與 II (Pigment System I and II of Photosynthesis)

討論葉綠素時，我們已經提過一些用於光合作用中重要的色素，另外一些與它們在一起的色素其真正功能還不知道，例如各種類胡蘿蔔素 (carotenoids) 即屬於此。所有這些色素合併成二個色素系統，這些色素系統依順序負責光合作用中所謂的第一與第二光反應，色素系統 I 負責第一光反應，色素系統 II 負責第二光反應。

（一）愛默森效應 (The Emerson effect)

參與光合作用的兩個色素系統及兩個光反應的最初證據是愛默森 (Emerson) 用藻類做實驗時得到的，類似的實驗也能在高等植物進行。舉個例說，若藻類置於波長大於 680mμ 的光下可得到一定速率的光合作用；以同樣的方法，置於波長小於680mμ的光下，光合作用亦有一定的結果，這兩個數值相加得一總值。若藻類同時置於上述二種波長的光下，不像前面分開來做，觀察得到光合作用的效應超過分開實驗時的數值總和。這表示兩色素系統是互相合作的，只有這種協助作用才能解釋光合作用增加的速率何以超過由分開實驗所得的總和（圖30）。

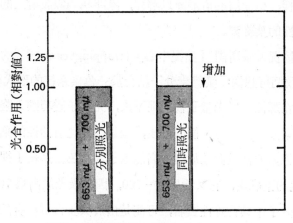

圖30: 愛默森效應。(仿Goldsby 1968)

(二) 光合作用的兩個色素系統 (The two pigment systems of photosynthesis)

　　兩個色素系統或集合，一般而言是由許多葉綠素分子與附屬色素結合而形成的一個單位。現已明確地知道色素Ⅰ的許多葉綠素分子中只有一個能被入射光的量子所激發，而色素Ⅱ也可能是如此。

　　色素系統Ⅰ：在色素系統Ⅰ中，許多個葉綠素分子裡只有一個能被激發，卽只能轉送一高能電子而已。有關這方面的證據是得自強光與弱光閃光所做的實驗。我們照射一強烈閃光且此光足以激發所有存在於色素集合裡的葉綠素分子，但是實際上光合作用的效應却比所有葉綠素分子皆激發時光合作用之期望值小很多，這可由 O_2 的釋放量測得。經由計算得知，大約五百個葉綠素分子中才有一個分子被一光量子激發。這發現可用弱光閃光的實驗來做更進一步的證據。因經弱光閃光後 O_2 之產量與用強光閃光一樣。因此我們建立一個觀念：約五百個葉綠素分子中只有一個被活化。經過一弱閃光後，只供給一小部分的光量子，要碰撞這有活性葉綠素的機會相當小，但如前述，其所得到的 O_2 量却與強

烈閃光後一樣，這矛盾的情形難以解釋，除非我們假設射入的光量子可傳送到有活性的葉綠素。

上面的情況導致所謂「捕捉中心」(trapping center) 的假想觀念 (圖 31)。我們可想像：葉綠素分子結合於一色素系統的形式裡，就像一個陷穽，在那裡入射光量子被捕捉下來，光量子碰巧跌入陷穽內，然後從一葉綠素分子傳到另一個，最後，光量子到達有活性的葉綠素，這有活性的葉綠素即被激發並放出一高能電子。在色素系統 I 裡，葉綠素 a_I 為有活性的葉綠素，它又稱做 P-700，因其吸光最高為 700mμ，它是葉綠素 a 分子中具特殊性質者，可能是由於與蛋白質結合的結果，因此，這葉綠素並不是在化學上的不同種類，而只是以不同的方式結合而已。

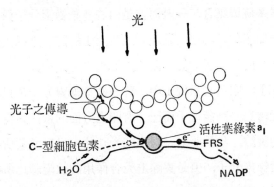

圖31：「捕捉中心」之模型。(仿 Kok 1969)

色素系統 II：我們知道的色素系統 II 比色素系統 I 少很多，在此，其有活性的葉綠素我們仍不明白，而捕捉中心的原理仍可假定適用於色素系統 II，其有活性的葉綠素稱為葉綠素 a_{II}，它的吸光最高極限為 680mμ，故又稱為 P-680。這裡再次談到葉綠素 a 分子，其特殊的性

質我們假定是由於與蛋白質結合而來的。我們擇要來說，在光合作用中兩個色素系統的葉綠素 a 為電子供給者，而葉綠素 b 的角色現仍是爭論中的問題，因它不像是光合作用中不可缺少的，在所有分類學上，藻類與藍綠藻及已知大多數不同種高等植物的突變種都不含葉綠素 b，但仍能正常地進行光合作用。

四、光合作用的初級過程 (Primary Processes of Photosynthesis)

我們已經熟悉參與光合作用初級過程的氧化還原系統，也學過包含於初級過程的兩個色素集合和在這兩種情形下其活性的分子是以一明顯的形式存在的葉綠素 a。現在留下來的問題是解釋這些分子在水的光解

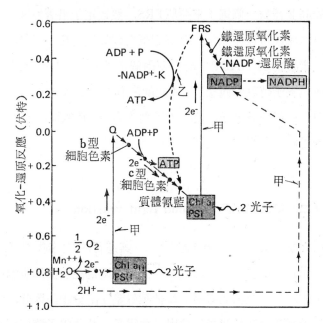

圖32：光合作用初級過程中的電子傳遞。甲線表示非循環式，乙點線表循環式。(仿 Levine 1969)

作用與接下去的非循環及循環電子傳遞中的相互作用。爲此我們草擬了一個能量圖，圖中將各種分子依其氧化還原電位排成一個正確的次序（圖32）。這聽起來似乎比實行起來容易，許多著名的科學家，包括亞儂（Arnon）、戴威特（Dewit）、戴生（Duysens）、伽夫隆（Gaffron）、凱斯勒（Kessler）、柯克（Kok）、皮爾森（Pirson）、崔柏斯特（Trebst）與聖彼得（San Pietro）均曾致力於這問題的解決，但仍有很多問題無法解答。

（一）第一光反應（First light reaction）

我們從第一光反應開始。被吸收的每一光量子可將一分子葉綠素 a_I 激發，如此使氧化還原電位變成還原態（從 $+0.46$ 到 $-0.44V$），其電子壓因而提高並釋放一個電子來還原FRS，然後電子沿著坡度下降從FRS氧化還原系統經鐵還原氧化素與黃素蛋白到最後的接受者 $NADP^+$。當要還原黃素蛋白及 $NADP^+$ 時需要兩個電子與兩個質子（$2H^+$）（我們可以回憶二電子轉移的觀念）。如此就沒有太大的困難了：一開始用二量子入射光代替一個量子，使二分子葉綠素 a_I 被激發，而兩個 H^+ 則是從水的光解作用得來。我們馬上回到該注意的這點上，此刻已經到達電子傳遞鏈的一端，即 $NADPH + H^+$。

（二）第二光反應（Second light reaction）

關於此反應仍有些地方不能確定，其進行的次序我們可以如此猜測：每一光量子激發一個葉綠素 a_{II} 分子，因爲在前面的步驟中曾提過是二電子的轉移，故我們考慮成二個葉綠素 a_{II} 分子。因此，當二葉綠素 a_{II} 分子適當地被激發後，放出二個電子，然後電子流傳到物質Q，可能是質體醌，質體醌的還原即發生二個電子的轉移。

其次的步驟知道得並不詳細，可能是電子先傳送到細胞色素 b，從這裡經過一未知的氧化還原系到細胞色素 c，質體氰藍，最後到葉綠素 a_I，這樣就與第一光反應連接起來了。第一光反應時二個葉綠素 a_I 分子失去二電子，現在從第二光反應又重得二個電子。

在質體醌與細胞色素 c 間的一個步驟中，自由能因用於轉變 ADP 為ATP 而減少，物理能由此轉變成化學能，以供植物體利用，這情形稱為光磷酸化作用（photophosphorylation）

（三）光解作用（Photolysis）

到目前為止我們尚未討論到真正的光解作用，這裡也一樣，有些基本問題仍未有答案。一個較通行的觀念是：葉綠素 a_{II} 因放出電子而氧化，並從一假定的氧化還原系統Y取得其不足的電子，這也是二電子轉移，所以需考慮到二個離子化葉綠素 a_{II} 分子從Y吸取二個電子，而Y從水的光解得到電子。光解作用的詳情不知，已經知道的是 Mn^{++} 是必需的，但其功用為何並不明白。光解作用可摘要如下：

$$2H_2O \longrightarrow 2H^+ + 2OH^-$$
$$2OH^- \longrightarrow 2(OH) + 2e^-$$
$$2(OH) \longrightarrow H_2O + \tfrac{1}{2}O_2$$

$$\text{總和：} \quad 2H_2O \longrightarrow 2H^+ + 2e^- + H_2O + \tfrac{1}{2}O_2 \quad \text{或}$$
$$H_2O \longrightarrow 2H^+ + 2e^- + \tfrac{1}{2}O_2$$

水的光解作用將我們帶到電子傳遞鏈的另一端，現在可摘要所有事件的發生次序了。從水的光解作用而貯積的電子經電子傳遞鏈至 $NADP^+$，藉著同由光解作用而來的二個電子與二個 H^+，$NADP^+$ 被還原成 $NADPH + H^+$。有兩種動力在維持這種傳遞：第一光反應中葉

綠素 a_I 的激發及第二光反應中葉綠素 a_{II} 的激發，葉綠素 a_I 與 a_{II} 間電子下坡的傳遞產生了 ATP。

因此，電子從鏈的一端傳到另一端，從電子供給者——水，到最後的電子接受者——NADP$^+$，這種方式稱為非循環式電子傳遞(noncyclic electron transport)，除了氧（從水的光解作用得來）外，它的產物還有 NADPH+H$^+$ 與ATP。

有另一種可能性，即放出的電子經過幾個其他的氧化還原系統而能回到原來的電子供給者，在光合作用中類似這種情形而跟著第一光反應發生的稱為循環式電子傳遞 (cyclic electron transport)。電子因為光量子而從葉綠素 a_I 釋放出來，但不傳送到 FRS 氧化還原系及鐵還原氧化素而是經過一未知的氧化還原系回到葉綠素 a_I，在此循環式電子傳遞中產生 ATP。第二光反應及水的光解作用不包括在這過程中，且此一過程也不產生 NADPH+H$^+$ 和 O_2。因此循環式電子傳遞其產物獨有ATP 而已。循環式電子傳遞對高等植物之重要程度仍在爭論中。

五、光合作用的量子產額 (Quantum Yield of Photosynthesis)

這裡的問題是形成一分子 O_2 需要多少的光量子。從非循環式電子傳遞圖上推知傳導二電子通過氧化還原系統鏈需要四個光量子，且伴隨著釋放出 $\frac{1}{2}O_2$——每一電子需二個光量子，即表示放出一分子 O_2 時需要八個光量子。許多有關量子需要的決定實驗與我們的計算一致。

第三節　光合作用的次級過程（Secondary Processes of Photosynthesis）

非循環式電子傳遞的產物為 O_2、ATP 與 $NADPH+H^+$，我們不再談 O_2 了，換言之，ATP 與 NADPH 是連接初級過程及次級過程的物質，它們在初級過程中產生，然後在次級過程中用來固定和還原 CO_2。

一、CO_2 的接受者（The CO_2 Acceptor）

CO_2 結合於那個物質？什麼物質為 CO_2 的接受者？卡耳文(Calvin) 解答了一些伴隨次級過程而發生的問題。連營藻屬 (*Scenedesmus*) 經過一段時間的光合作用活動後之萃取物用二度空間的濾紙色層分析方法 (paper chromatography) 檢視，發現含有五碳醣的衍生物核酮糖 -1, 5- 二磷酸 (ribulose-1,5-diphosphate) 及3- 磷酸甘油酸 (3-phosphoglyceric acid) 夾雜在其他化合物中。若移去綠藻光合作用所需的 CO_2，則核酮糖 -1, 5- 二磷酸的量急速增加，而 3- 磷酸甘油酸卻減少了 (圖33)。因此，可以下個結論，核酮糖 -1, 5- 二磷酸為 CO_2 之接受者，若不再供給 CO_2，則核酮糖 -1, 5- 二磷酸，就無法被利用而堆積起來；進一步來看，磷酸甘油酸似乎就是核酮糖 -1, 5- 二磷酸與 CO_2 在隨後的反應裡轉變成的產物。這些原始推論被後來的實驗確立下來，例如：我們發現增加核酮糖 -1, 5- 二磷酸可促進與 CO_2 的結合並有助於磷酸甘油酸的形成。

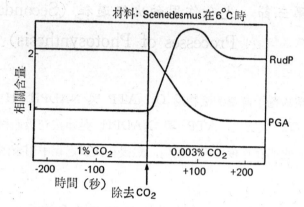

圖33：決定 CO_2 接受者的實驗。除去 CO_2 會使核酮糖-1，5-二磷酸（ribulose-1, 5-diphosphate）（RudP）的濃度增加，而使3-磷酸甘油酸（3-phosphoglyceric acid）（PGA）的濃度減少。（仿 Baron 1967）

二、與初級過程的連接 (The Connection with the Primary Processes)

　　光合作用的初級過程生成 ATP 及 NADPH+H$^+$（還有 O_2 放出，事實上在此我們已經對 O_2 沒興趣了）。在次級過程的那個化學反應會用到這兩種物質呢？經實驗研究，牽涉到的反應必定是間接地依賴光，這間接的意思是說光在第一及第二光反應中直接激發了葉綠素，這是前面已經討論過的。

　　若植物照光一特定的時間後將其放置於黑暗中，很奇怪地，大多數物質的含量在這裡都減少了，只有 3-磷酸甘油酸（3-phosphoglyceric acid）卻反而顯著地增加　（圖34）。植物對 3-磷酸甘油酸的利用明顯地是依賴光的，它在依賴光的反應中消失了，但在反應裡又轉變成什麼

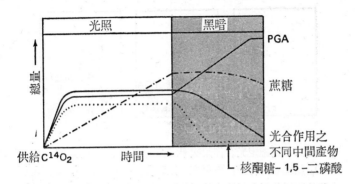

圖34：本實驗決定那個反應在光合作用次級過程中是間接依賴光的。當黑暗時 3- 磷酸甘油酸 (PGA) 的量增加，恰與其他構造分子相反。(仿 Baron 1967)

物質呢？在此放射線自動顯影術（autoradiography）幫了個忙；卡耳文供給藻類（綠藻屬（*Chlorella*）或連營藻屬）含 $C^{14}O_2$ 的懸浮液，一部分經過非常短的幾秒鐘的間隔，其餘的以愈來愈長的間隔之後殺死並萃取藻類，例如在熱的80％乙醇內殺死，萃取物用二度空間的濾紙色層分析法分離並經放射線自動顯影術處理，此方法顯示，卽使只經過很短時間的光合作用，3- 磷酸甘油醛（3-phosphoglyceraldehyde）和 3- 磷酸甘油酸一樣被放射性地標識出來（圖35）。後來的研究確定了 3- 磷酸甘油醛是依賴光的反應產生的產物。

我們因而可確定地說，在光合作用的次級過程裡 3- 磷酸甘油酸轉變成 3- 磷酸甘油醛，初級過程中形成的 ATP 和 NADPH+H$^+$ 也在此反應中被利用，藉著這依賴光的反應連接了光合作用的初級與次級過程。

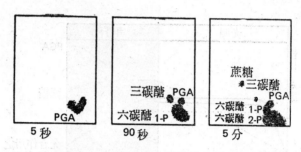

圖35：為確定光合作用次級過程中碳之途徑的實驗。供給 $C^{14}O_2$ 給藻類懸浮液，然後在一定時間內將藻類殺死，並用二度空間的濾紙色層分析法來分離其萃取物。PGA＝3- 磷酸甘油酸 (3-phosphoglyceric acid)，三碳糖＝3- 磷酸甘油醛 (3-phosphoglyceraldehyde) ＋二羥基丙酮磷酸 (dihydroxyacetone phosphate)。從色層分析圖上複印出來的黑點表示各個化合物之 C^{14} 的存在。(仿 Baron 1967)

三、卡耳文循環 (The Calvin Cycle)

我們已熟悉 CO_2 的固定和還原的第一個步驟，其次的反應步驟亦由卡耳文等一群人用上述連接 3- 磷酸甘油醛的方法發現出來，下面我們要討論整個的反應步驟，並會再次提到第一個步驟 (圖36)。

CO_2 以 HCO_3^- 的形式存在，藉羥基歧化酶 (carboxydismutase) 固定於接受者——核酮糖 -1,5- 二磷酸，生成一個六碳的中間產物，其真正的結構我們仍不知道。這物質不穩定，會分解成兩分子的 3 - 磷酸甘油酸，它藉著初級過程中形成的 ATP 與 NADPH＋H^+ 再還原為 3- 磷酸甘油醛，後者與其異構物(isomer)二羥基丙酮磷酸(dihydroxyacetone phosphate) 平衡地存在，此平衡態由三碳醣磷酸異構酶 (triose phosphate isomerase) 所控制。3- 磷酸甘油醛和二羥基丙酮磷酸統稱為三碳醣磷酸 (triose phosphate)。

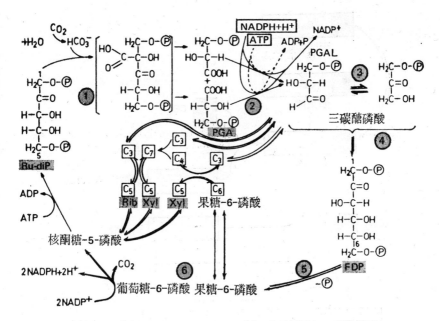

圖36：卡耳文循環 (Calvin cycle)（黑線）與五碳糖磷酸循環 (pentose phosphate cycle)（紅線）。PGA＝3-磷酸甘油酸 (3-phosphoglyceric acid), PGAL＝3-磷酸甘油醛 (3-phosphoglyceraldehyde), Rib＝核糖-5-磷酸 (ribose-5-phosphate), Xyl＝木質酮糖-5-磷酸 (xylulose-5-phosphate), Ru-diP＝核酮糖-1,5-二磷酸 (ribulose-1,5-diphosphate), C_4＝原藻醛糖-4-磷酸 (erythrose-4-phosphate), FDP＝果糖-1,6-二磷酸 (fructose 1,6 diphosphate); 幾個參與反應的酶標上了號碼：1＝羥基歧化酶 (carboxydismutase), 2＝三碳糖磷酸去氫酶 (triose phosphate dehydrogenase), 3＝三碳糖磷酸異構酶 (triose phosphate isomerase), 4＝縮醛酶 (aldolaase), 5＝磷酸酯酶 (phosphatase), 6＝葡萄糖磷酸異構酶 (phosphoglucoisomerase)。關於葡萄-6-磷酸轉變爲核酮糖-5-磷酸之詳情在圖43表明之。應該指出的是五碳醣磷酸循環在此僅是以卡耳文循環的相反方向存在，在許多步驟中其反應機制與酵素是不相同的。

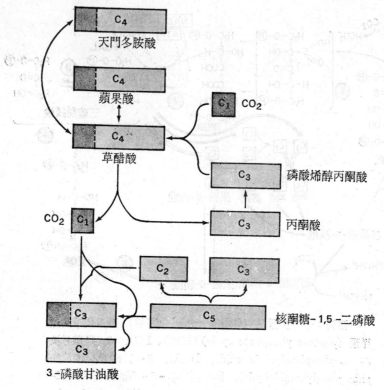

圖36(A)：　C₄ 雙羥酸途徑之概要。

三碳醣磷酸的途徑 (pathway) 有二分支：其中一個方向是兩分子三碳醣磷酸 (一個是 3- 磷酸甘油醛，一個是二羥基丙酮磷酸) 結合形成果糖－1,6－二磷酸 (fructose-1,6-diphosphate)，其反應機制卽所謂的醇醛縮合 (aldol condensation)，控制這步驟的酶稱爲縮醛酶 (aldolase)。然後磷酸酶 (phosphatase) 可從果糖－1,6－二磷酸割開一個磷酸殘基，形成的果糖－6－磷酸 (fructose-6-phosphate) 能轉變爲其他醣類。空氣中的 CO₂ 卽以這種方法用於碳水化合物的合成。

在另一個方向，三碳醣磷酸參與了 CO₂ 接受者核酮糖－1,5－二磷

酸的再生產的工作。下面的描述存有一個平衡態，在此不詳加討論；在一互相轉變的複雜步驟裡，三分子的三碳醣磷酸與一分子果糖－6－磷酸，總共15個碳原子被加進去，然後三個分子核酮糖－5－磷酸，也是15個碳原子被放出來。核酮糖－5－磷酸藉著 ATP 轉變為核酮糖－1,5－二磷酸，就這樣，CO_2 的接受者就可再產生出來。上述的步驟中有一部分能逆向進行，使葡萄糖－6－磷酸（glucose-6-phosphate）氧化為6－磷酸葡萄糖酸（6-phosphogluconic acid），這種逆反應相當重要，它提供了一個以五碳醣磷酸物來補充五碳醣的方法，因此又稱為五碳醣磷酸循環（pentose phosphate cycle）（80頁）。

現在回到卡耳文的實驗，從核酮糖－1,5－二磷酸開始及又回到核酮糖－1,5－二磷酸，我們發現這循環提供了補充(a)碳水化合物，如果糖－6－磷酸，與(b) CO_2 接受者──核酮糖－1,5－二磷酸──的方法。這循環稱之為卡耳文循環（Calvin cycle）。

四、C_4 的雙羧酸途徑（The C_4 Dicarboxylic Acid Pathway）

卡耳文循環曾被假定為唯一而廣泛合宜的 CO_2 固定途徑，雖然玉米與甘蔗的數據並不完全符合這觀點。1966年，哈曲（Hatch）與史雷克（Slack）證實在高等植物有另一個 CO_2 的固定途徑。它最先在禾本科植物得到證明，後來也在別的單子葉及雙子葉植物得到證實。許多表現這種新光合作用途徑的植物顯露一個解剖上的特色：含有葉綠素之光合活性細胞以放射狀排列於維管束組織的周圍。

同時，我們已經能對這反應的過程有了相當的認識。下面我們將了解多肉植物如何將CO_2固定到C_3的結構中，最後形成蘋果酸（malate）

（ 355 頁）。由各種可能性顯示，CO_2 最初是固定於磷酸烯醇丙酮酸 (phosphoenol pyruvate)，形成草醋酸 (oxalacetate)，草醋酸再轉變成蘋果酸，或者變爲天門多胺酸 (aspartate)。在「哈曲與史雷克途徑」(Hatch and Slack pathway) 之 CO_2 固定中，磷酸烯醇丙酮酸也羧化成草醋酸，然後轉變成蘋果酸或天門多胺酸。這些 C_4 雙羧酸 (C_4 dicarboxylic acid) 中的一個——可能是草醋酸——能將新固定的 CO_2 轉送到另一個接受者，另一接受者可能是一個由核酮糖 -1,5- 二磷酸裂解而來的 C_2 單位，或者是核酮糖 1,5- 二磷酸本身的 C_5 單位。若 CO_2 是轉送到 C_5 單位，則先形成 C_6 物體再分裂成二分子的 3- 磷酸甘油酸。形成 3- 磷酸甘油酸 就可連接於卡耳文 循環之已知反應 （比較圖 36)。

這個路線與卡耳文循環不同的地方是在 CO_2 不固定於核酮糖 -1,5- 二磷酸，而是固定在磷酸烯醇丙酮酸，並在中途形成 C_4 雙羧酸，故因此而命名爲 C_4 雙羧酸途徑 (C_4 dicarboxylic acid pathway)。C_4 雙羧酸中的某一個用來傳送 CO_2 使最後形成 3 - 磷酸甘油酸。

C_4 雙羧酸途徑在生理生態學上的 (ecophysiological) 正確意義仍是一件有待討論的事，令人震驚的是在許多鹽生植物上也發現了此途徑，因此我們假定經由哈曲-史雷克途徑形成的 C_4 雙羧酸可能在這些種類裏擔當一個滲透調節 (osmoregulation) 的角色，無論如何，這只是一些可能性中的一個。

第四節　葉綠體：光合作用之場所 (The Chloroplast: Site of Photosynthesis)

高等植物的光合作用場所是葉綠體，通常是像透鏡形狀的胞器，直

徑相當大，約爲 5－10mμ，在好的光學顯微鏡下可看清其內部構造:
盤狀的葉綠餅（grana）埋在一種基本物質裡，卽基質（stroma），葉綠
餅因大量附著葉綠素而帶強烈的綠色。

電子顯微鏡可促使做進一步的分析，整個葉綠體內由其內含的膜狀
物系統交織著，此膜狀物經門柯（Menke）建議稱爲葉綠囊(thylacoid)
——囊狀物（"sack-like"）。葉綠餅由葉綠囊排列組成，一個個重疊，
如此成列的每個葉綠囊也穿過葉綠餅的外面區域，卽稱基質的地方，現
在常用下用的名辭: 葉綠體由膜狀系統組成，卽葉綠囊，而葉綠囊埋在
一種基本組織裡，卽基質（matrix）。在葉綠餅外面之葉綠囊是否會有
葉綠素仍是個爭論中的問題（圖37）。

關於這一點，每個用電子顯微鏡觀察葉綠體構造的科學家的意見大
致上是相同的，縱然他們對葉綠囊之超顯微構造的意見有很大的分歧，
這裡有個解釋是由克洛依茲（kreutz）所支持的（圖37）。依據他的觀
點，膜狀物是由外面一層含蛋白質層與裡面一層脂肪層組成，含蛋白質
層由兩種不同的「結晶物」（crystallite）構成，一種是只由構造性蛋白
質組成; 另一種可能除了構造性蛋白質外還含葉綠素。此外，在介於
含蛋白質層與脂肪層間的區域也發現葉綠素，葉綠素的紫質環對著蛋白
質，其葉綠醇鏈對著脂肪。

依據克洛依茲的觀點，酵素是位於結晶物之間，米雷塔勒（Mühl-
ethaler）與其他科學家已能證明其他的酵素系統，羧基歧化酶與一種腺
核苷三磷酸酶（ATPase，控制 $ATP+HOH \rightleftharpoons ADP+P$ 平衡的酵素，
可能在光合磷酸化作用中擔任一個角色）是位在葉綠囊膜狀物的外面。

依目前適用之所有數據，光合作用之初級過程發生在膜狀構造的裡
面，而次級過程發生在膜狀物的邊緣及基質裡。不管所有有關葉綠體之
超顯微構造與功能間的關係之假說本意如何，我們能寫出二個中心原

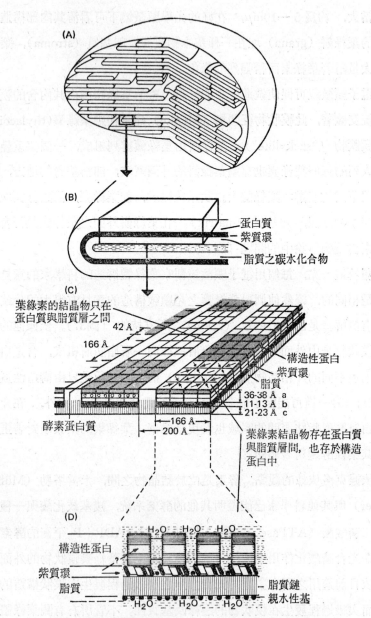

圖37: 葉綠體構造之模型。(仿 Kreutz 1966 與 1969)

則: (1)表面的擴大，所有代謝活性構造都朝這方面努力，在這裡是藉膜狀系統的排列，如葉綠囊，而達此目的。(2)分室作用（compartmentalization），分室即反應區域的分隔，這使不同過程能以最高效率來進行且能彼此緊緊相靠近而不互相干擾。光合作用初級過程位於葉綠囊內與次級過程在相鄰的基質裡使其得到一個這樣的區域劃分。

第三章　碳水化合物

(Carbohydrates)

卡耳文循環 (Calvin cycle) 完成後第一個產物為碳水化合物 (carbohydrate)，它們可經一連串的反應再轉變為其他的碳水化合物，其中一些是聚合物 (polymer)。這一群全部對植物非常重要（對動物也一樣），因為碳水化合物

(1)為能的貯藏處。

(2)構成植物體或動物體內所能發現的其他有機物質合成時的起始物。

碳水化合物就是每個碳原子所帶的氫、氧比例和水一樣的物質，即每一個碳原子就有二個氫原子與一個氧原子。最重要的碳水化合物是「醣類」(sugar)，醣類帶著醛或酮之官能基，而產生醛醣 (aldose)，如葡萄糖 (glucose)；或酮醣 (Ketose)，如果糖 (fructose)。醣類能單獨或連結著出現，簡單的醣稱為單醣類 (monosaccharide)，連結的醣是單醣以糖苷鍵 (glycosidic bond) 互相連接起來，下面將會更詳細地討論糖苷 (glycoside) 的形成。依照以糖苷鍵彼此連結在一起之單醣的數目可區分為雙醣類 (disaccharide)、寡醣類 (oligosaccharide)、多醣類 (polysaccharide)。

第一節 單醣類 (Monosaccharides)

單醣類可依其碳原子數目分爲三碳醣 (3C)、四碳醣 (4C)、五碳醣 (5C) 與六碳醣 (6C)，醣類中高碳數的，如 7C 的七碳醣很少見，但在代謝作用中是重要的中間產物。少數單醣的分子式列於圖38。摘要植物代謝作用中單醣的改變會使我們更熟悉其中的一部分。

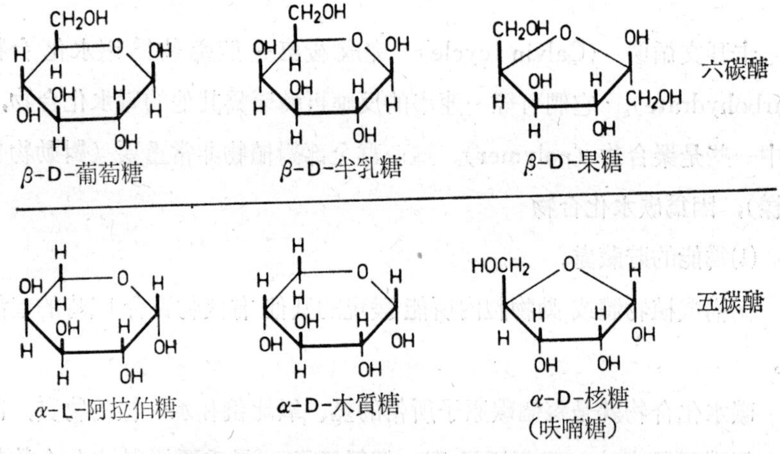

CH₂OH ... 六碳醣

β-D-葡萄糖　　　β-D-半乳糖　　　β-D-果糖

α-L-阿拉伯糖　　α-D-木質糖　　　α-D-核糖 五碳醣
（呋喃糖）

圖38: 幾個單醣類（六碳醣及五碳醣）。

一、磷酸化作用（磷酸激酶）(Phosphorylation (Kinases))

醣類常以磷酸化（phosphorylation）的形式參與代謝作用，我們已在卡耳文循環裡認識了一個實例。藉著ATP，便可以產生磷酸化作用。從 ATP 移一個磷酸殘基到醣類的酵素稱爲磷酸激酶 (Kinase)，醣磷酸鍵是具有相當高能量的，因此醣類才被活化以應付更進一步的代謝反

應。磷酸激酶的一個例子是六碳醣磷酸激酶 (hexokinase)，它催化葡萄糖轉變為葡萄糖 – 6 – 磷酸，此反應中平衡趨向葡萄糖 -6- 磷酸這邊 (圖39)。

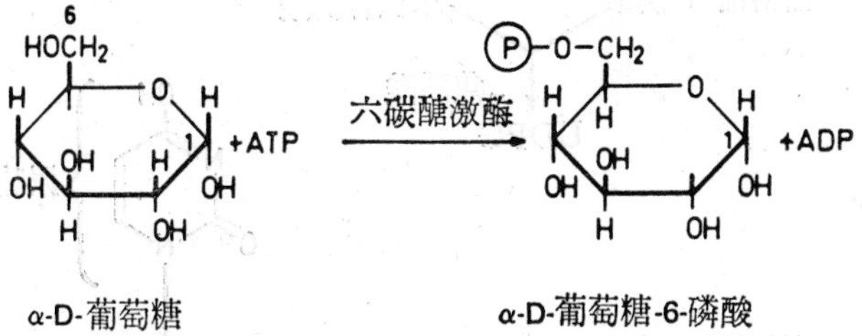

圖39：六碳醣激酶 (hexokinase) 之功能。

二、磷酸在分子內的轉移 (變位酶) (Intramolecular Migration of Phosphate (Mutases))

變位酶 (mutase) 的最終功能是在醣類分子內轉移磷酸殘基，事實上在許多反應裡皆有磷酸變位酶的參與，例如葡萄糖磷酸變位酶 (phosphoglucomutase) 藉一磷酸的移動將葡萄糖 – 6- 磷酸轉變成葡萄糖 -1- 磷酸。植物體內尚未證明此酵素之存在，但由某些觀察過的反應中皆可假定它的存在。

三、醣類核苷酸 (UDPG) (Sugar Nucleotides)

在高等植物中，葡萄糖一個重要的活化態是尿核苷二磷酸葡萄糖 (uridine diphosphate glucose) (UDPG)，UDPG 常簡稱為「活性葡萄糖」 (active glucose)。它是由葡萄糖 -1- 磷酸與尿核苷三磷酸 (uridine triphosphate) 伴隨著釋放焦磷酸 (pyrophosphate) 而形成 (圖40)，UDPG 毫無疑問的是最重要的醣類核苷酸的一種，尚有很多

其他醣類核苷酸，例如ADP、GDP、CDP與 TDP，已知它們是用於一些特殊反應。

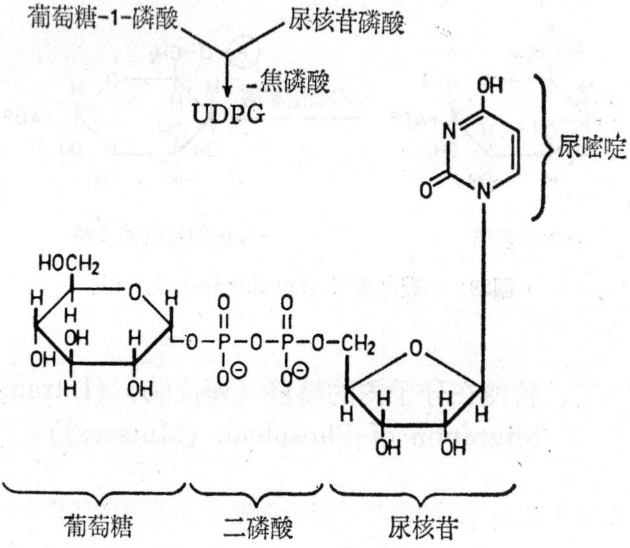

圖40：UDPG 之形成與構造。

四、OH 基的轉化（差向異構酶）(Inversion of an OH group(Epimerases))

差向異構化作用（epimerization）意指碳原子在空間方向的一個改變，這是由一個附在其上的 OH 基發生轉位所致，而碳骨架自己保持不變；催化這種反應的酵素稱為差向異構酶（epimerase）（圖41）。

有個例子是 4- 差向異構酶（4-epimerase），藉第四個碳原子上的 OH基反轉而將 UDPG 轉變為 UDP 半乳糖（UDP galactose）。接下來的反應是葡萄糖轉變為半乳糖（galactose），並以半乳糖 -1- 磷酸的

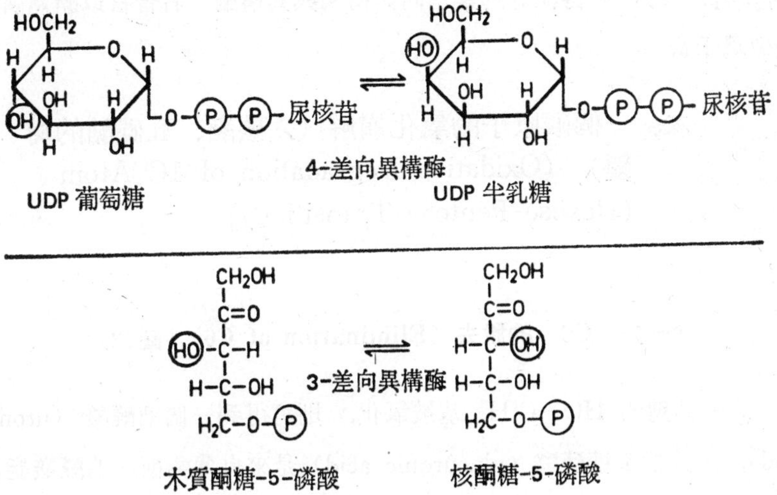

UDP 葡萄糖　　　4-差向異構酶　　UDP 半乳糖

木質酮糖-5-磷酸　　　3-差向異構酶　　核酮糖-5-磷酸

圖41: 差向異構酶 (epimerase) 之功能。

形式釋放。另一個例子是核酮糖-3-差向異構酶 (ribulose-3-epimerase)，此酵素以第三個碳原子上 OH 基之反轉控制著核酮糖 (ribulose) 磷酸與木酮糖 (xylulose) 磷酸之間的平衡。

五、醛醣與酮醣間平衡的控制（異構酶）(Control of the Equilibrium Between Aldoses and Ketoses (Isomerases))

在異構化作用 (isomerization) 裡，碳骨架亦保持不變，我們已學過單醣類可以醛醣或酮醣的形式出現，這兩者間的轉變是由異構酶 (isomerase) 所調節。其中一個例子是葡萄糖磷酸異構酶 (phosphoglucoisomerase)，此酵素控制葡萄糖-6-磷酸與果糖-6-磷酸間的平衡。第二個例子是磷酸核酮糖異構酶 (phosphoriboisomerase)，它可逆地將核糖-5-磷酸 (ribose-5-phosphate) 轉變為核酮糖-5-磷酸 (ribulose-

5-phosphate）。值得注意的是差向異構酶與異構酶二者皆喜以醣類磷酸物做爲受質。

六、一個碳原子的氧化崩解（六碳醣、五碳醣的轉變）（Oxidative Degradation of 1C Atom (Hexose-Pentose Transition)）

（一） C6 的脫去 （Elimination of C6） （圖42）

若一個醣的 $HO-C^6H_2$ 基被氧化， 則可得到一個糖醛酸 （uronic acid）， 因此葡萄糖醛酸 （glucuronic acid） 是來自葡萄糖。糖醛酸能被去羧 （decarboxylated）， 我們現在就以UDP木質糖 （UDP xylose） 的形成爲例說明之。UDPG 藉著 NAD^+ 轉變成 UDP 葡萄糖醛酸 （UDP glucuronic acid）， 後者去羧卽形成 UDP-木質糖，用此法可將六碳醣變成五碳醣。 在別的情況下， UDP-木質糖能用來合成高聚合物的衍生物， 卽木質聚醣 （xylan）。 我們現在談到 UDP-葡萄糖醛酸的進一步利用，4-差向異構酶能把第四碳原子之 OH 基反轉使 UDP-葡葡糖醛酸轉變爲UDP-半乳糖醛酸 （UDP-galacturonic acid）， 半乳糖醛酸具重要性是因爲它是果膠 （pectin） 物質的構成要素， 在高等植物， 原則上它是以這種方式產生的。

（二） C1 的脫去 （Elimination of C1） （圖43）

若醣類的醛基代替其 $HO-C^6H_2$ 基被氧化， 則首先得到的是內酯 （lactone）， 內酯能水解而轉變爲一種酸類 （onic acid）。因此葡萄糖-6-磷酸經過第一次去氫後成爲葡萄糖酸內酯-6-磷酸 （gluconolactone-6-phosphate）， 內酯環能水解成爲 6-磷酸葡萄糖酸 （gluconic acid-6-

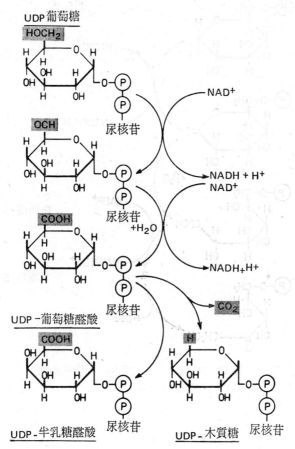

圖42: 1C 原子的氧化崩解: UDP 木質糖 (UDP xylose)、UDP 葡萄糖醛酸 (UDP glucuronic acid) 與UDP半乳糖醛酸 (galacturonic acid) 的形成。

phosphate), 這化合物經第二次去氫便產生一個中間產物, 其構造我們仍不清楚, 然而這中間產物去羧後可生成核酮糖 -5- 磷酸, 氧化之後 CO_2 脫去, 在這反應步驟裡也使六碳醣轉變為五碳醣。

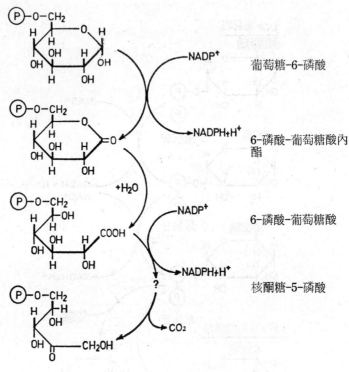

圖43: 1C 原子的氧化崩解: 形成核酮糖
-5-磷酸＝五碳醣磷酸循環的開始。

這個轉變伴隨著 NADPH＋H⁺ 的形成, NADPH＋H⁺ 可在細胞進行合成反應時利用。這並不是我們對葡萄糖-6-磷酸轉變為核酮糖-5-磷酸有興趣的主要原因, 而是因為它是五碳醣磷酸循環的開始。

七、五碳醣磷酸循環 (The Pentose Phosphate Cycle)(圖36)

這是葡萄糖直接裂解而產生五碳醣磷酸的途徑, 若我們忽略某些對生化學家是重要的細節, 則其反應步驟是不需要太多記憶的。循環的開始是剛討論過的葡萄糖-6-磷酸轉變為核酮糖-5-磷酸, 從核酮糖 -5- 磷

酸往後的步驟是我們所熟悉的: 只需考慮一部分卡耳文循環的逆向反應就可。 從核酮糖 -5- 磷酸首先得到的產物是核糖 -5- 磷酸 (ribose -5-phosphate) 與木酮糖-5-磷酸 (xylulose-5-phosphate), 這是另 兩種五碳醣磷酸, 也因此符合了這循環的名稱; 最後五碳醣磷酸能被轉變成三碳醣磷酸 (triose phosphate) 與果糖-6-磷酸 (fructose-6-phosph-ate)。 要完成 這循環須由已提過的 6-葡萄糖磷酸異構酶來執行, 將果糖-6-磷酸轉變爲葡萄糖-6-磷酸。

五碳醣磷酸循環只是葡萄糖裂解的一個附帶途徑, 在高等植物其重要性主要在供給 NADPH+H⁺, 因爲在有光合作 用活性 的綠色 植物中, 從葡萄糖 -6- 磷酸形成五碳醣所受的限制較少, 經過光合作用次級過程後可得充分的三碳醣磷酸, 這就是五碳醣磷酸在卡耳文循環內的後面幾個反應裡形成的來源。

第二節 寡醣類與多醣類 (Oligosaccharides and Polysaccharides)

一、糖苷 (Glycosides)

寡醣類與多醣類屬 於醣苷的一群, 這是化學 上物質的 一個龐雜集合, 它們有共同的性質, 分子間連結在一起, 且至少含有一個醣單位, 有些則完全是由醣單位組成, 每個醣藉著糖苷鍵 (glycosidic bond) 與一非醣分子 (aglycone)或另一個醣連結。這些糖苷鍵是如何鍵結的呢?

(一) 半縮醛 (Hemiacetal)

我們首先熟悉一下半縮醛的表示法, 半縮醛是一個醇分子加到羰基

官能基（C＝O）（carbonyl function）上而形成的（圖44）。

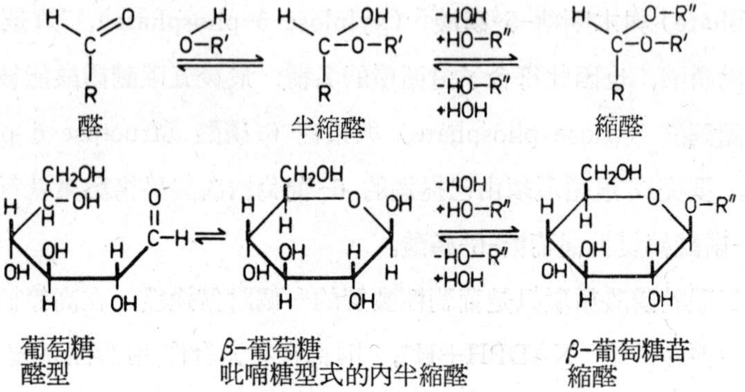

圖44：半縮醛、內在半縮醛和縮醛。

（二） 內在半縮醛（Internal hemiacetal）

參加半縮醛形成的醇分子不必一定是個外來分子，它可以是同一分子的一部分，如羰基，這種情形稱之爲內在半縮醛。醣類可形成內在半縮醛，卽存在於一環狀構造內（圖44）。

（三） 縮醛（Acetal）

一個半縮醛，甚至一個內在半縮醛能與加入的醇分子作用，我們必須强調「作用」，因爲這不是一個簡單的加成；它必須釋出水才使得鍵形成，而生成糖苷。介於醇分子及醣之間的鍵卽爲一糖苷鍵（圖44）。

（四） 糖苷的類型（Types of glycosides）

前面說過糖苷構成一群化學上很龐雜的物質，爲了編目的緣故，至少分成兩大群，O-糖苷（O-glycoside）與N-糖苷（N-glycoside）。

O-糖苷：醇分子透過 HO 基與醣作用，除了眞正的醇外，有機酸、酚和醣皆可充當醇分子的功能。的確，最富有變化的酚類常以非醣分子出現於植物體內。若以醣來做醇分子，則兩醣藉著糖苷鍵而連結，如此，寡醣類與多醣類就形成了。

N-糖苷：醇分子透過 NH 基與醣作用，N-糖苷鍵結可在核苷、核苷酸和多核苷酸中發現。

（五）　糖苷酶　（Glycosidases）

糖苷鍵能被酵素水解而放出醣，這些酵素稱爲糖苷酶(glycosidase)，它們可分成不同的幾群，因此，β-糖苷酶攻擊 β-糖苷鍵；其逆反應，醣藉著糖苷酶以合成糖苷，亦能發生。一般而言，利用糖核苷酸或醣磷酸之其他種類的酶在合成作用上較爲重要。

二、寡醣類（Oligosaccharides）

（一）　雙醣類（Disaccharides）

在植物界中雙醣類廣泛地單獨存在或與非醣類相連結。讓我們看看幾個雙醣類的分子式（圖45），麥芽糖(maltose)、纖維二糖(cellobiose)與龍膽二糖（gentiobiose）都是由兩個葡萄糖分子組成，但其參與糖苷鍵結的羥基屬於不同碳原子（1-4 或 1-6 鍵結），或者碳原子相同但空間方位不同（羥基在C原子之 α-或 β-方位）。高等植物最重要的雙醣是蔗糖（sucrose），由葡萄糖和果糖組成，兩個糖的糖苷羥基共同參與糖苷鍵的形成，這羥基在葡萄糖的第一碳原子，在果糖的第二碳原子上。因兩個糖苷羥基共同參與鍵結的結果，使蔗糖成爲一個「非還原糖」(nonreducing sugar)，這與上述其他雙醣類之兩糖中的一糖苷羥基

仍自由的情形相反。

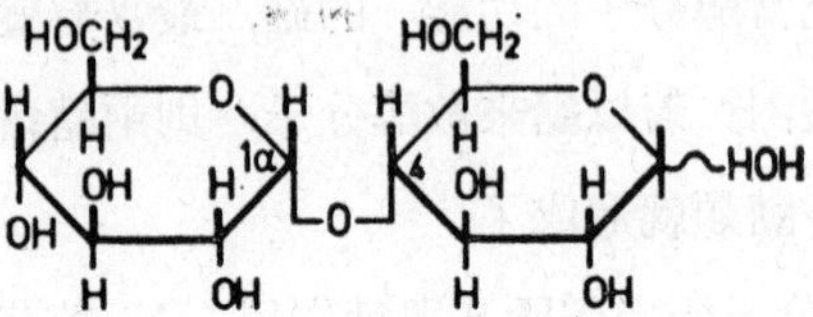

麥芽糖

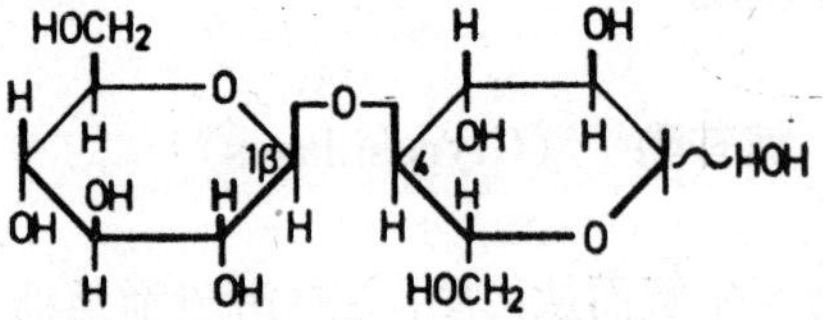

纖維二糖

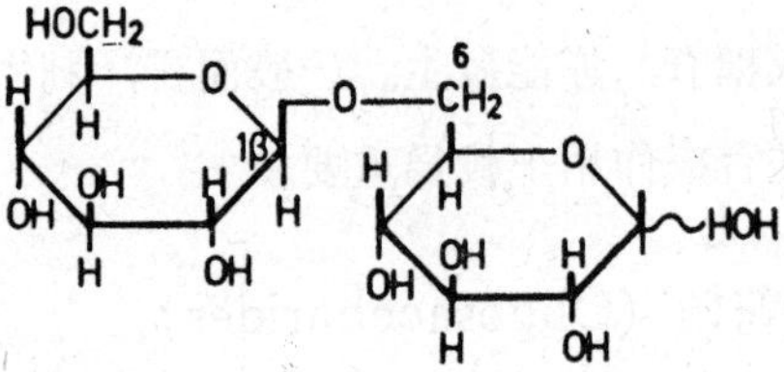

龍膽二糖

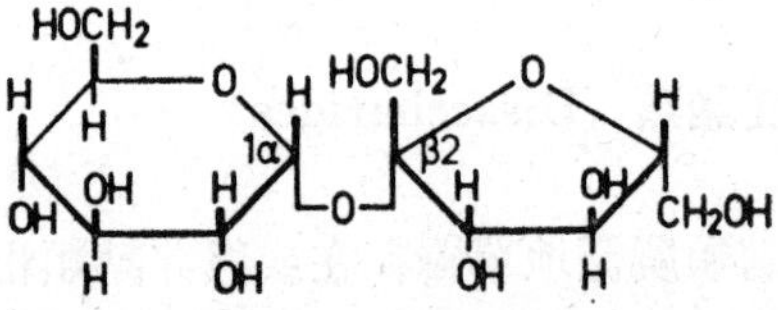

蔗糖

圖45：幾個雙醣類。

蔗糖能由(a)UDPG 與果糖，或(b)UDPG 與果糖-6-磷酸合成，後者的產物爲蔗糖磷酸，這可藉磷酸酯酶（phosphatase）割開成蔗糖及磷酸。催化蔗糖合成的酶稱爲蔗糖合成酶(1)與蔗糖磷酸合成酶(2)，依產物而定。

(a)UDPG＋果糖————(1)————→UDP＋蔗糖

(b)UDPG＋果糖-6-磷酸————(2)————→UDP＋蔗糖磷酸

↓

蔗糖＋磷酸

蔗糖能被一稱做糖酶（saccharase）或轉化酶（invertase）的糖苷酶水解而分開。轉化酶是由於其對偏折光之偏光面的作用是「倒轉的」而命名：在此蔗糖是右旋性的（dextrorotatory)(+)。在水解化合物（hydrolysate）中高度左旋性的（laevorotatory)(−)果糖勝過較弱的右旋性葡萄糖，因此得到左旋的結果。進一步的化學方法顯示，轉化酶是 β -果呋喃糖苷酯酶（β-fructofuranosidase），因爲它在果糖參與蔗糖糖苷鍵時呈 β -果呋喃糖（β-fructofuranose）形式，且酶切割此鍵時是在果糖這邊。

（二）　三醣類（Trisaccharides）

三醣類在此將只提棉子糖（raffinose），它是僅次於蔗糖最常出現於高等植物體中的寡醣類。其構造在此只以醣的名稱與其連結模型表示：

半乳糖 1 − 6 葡萄糖 1 − 2 果糖

主要的是

半乳糖 1 − 6 蔗糖

我們不難想見植物可能如何來合成棉子糖：從 UDP−半乳糖＋蔗糖，類似於從 UDPG＋果糖（或果糖 -6- 磷酸）形成蔗糖，事實上從寬豆（蠶豆 Vicia faba）可分離出一種酵素以下面方式來催化棉子糖的合成：

$$\text{UDP}-\text{半乳糖}+\text{蔗糖}\xrightarrow{\text{酵素}}\text{UDP}+\underline{\text{半乳糖}1-6\text{蔗糖}}$$

棉 子 糖

（三） 四醣類 （Tetrasaccharides）

我們將選水蘇糖 （stachyose） 做爲四醣類的例子，在豆目 （Leguminosae） 中這種醣經常出現，它的構造如下：

半乳糖 1 － 6 半乳糖 1 － 6 葡萄糖 1 － 2 果糖

或　半乳糖 1 － 6 半乳糖 1 － 6 蔗糖

或　半乳糖 1 － 6 棉子糖

基於剛才學過之蔗糖及棉子糖的合成觀點，植物從 UDP－半乳糖＋棉子糖形成水蘇糖似乎是可能的；但對於植物而言我們不能確定，且根據坦納 （Tanner） 與康得勒 （Kandler） 之發現，豆類 （菜豆 *Phaseolus vulgaris*） 釋放半乳糖的不是 UDP-半乳糖，而是肌醇 （myoinositol） 與半乳糖的一個糖苷，稱爲糖醇 （galactinol） 者：

$$\underline{\text{肌醇}1-1\text{半乳糖}}^{\text{糖　醇}}+\text{棉子糖}$$

$$\downarrow \text{酵素}$$

$$\text{肌醇}+\underline{\underset{\text{(galactinose)}}{\text{糖醇糖}1-6\text{棉子糖}}}$$

水　蘇　糖

三、多醣類 （Polysaccharides）

我們以一些需要蔗糖爲起始者來合成的化合物開始，就像前面所提之寡醣類一樣，然後也將討論其他不是以蔗糖爲起始合成的多醣類。無論如何，對於這些物質我們會再遇到一些熟悉的原理，例如從一個醣類核苷酸轉移一醣到一特殊的起始者。

（一）　果聚糖（Fructosans）

果聚糖主要由，但非全由，果糖組成，它們依照類似我們所見過的原理而合成出來，例如棉子糖，其半乳糖連於起始的蔗糖分子上。檢視果聚糖的構造，顯示出有一大數目的果糖單位連於一蔗糖分子的果糖部分。我們將立刻看到蔗糖分子作爲生化合成的起始者，果糖單位彼此以不同方式連接，由此可區分爲菊糖型（inulin type）和草糖型（phlein type）

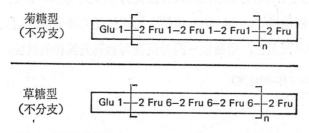

菊糖型
（不分支）　Glu 1—2 Fru 1—2 Fru 1—2 Fru 1—2 Fru ⌋$_n$

草糖型
（不分支）　Glu 1—2 Fru 6—2 Fru 6—2 Fru 6—2 Fru ⌋$_n$

圖46：果聚糖（fructosan）：菊糖型（包括菊糖本身）和草糖型。只顯示不分支的鏈。

菊糖型（圖46）：菊糖型的連結是從 C1 到 C2，若存有側鏈，則側鏈以 6-2 連結方式連接於主鏈，菊糖本身卽爲其原型。

草糖型（圖46）：果糖單位彼此以 6-2 連結，側鏈經由 1-2 方式與主鏈相連。

最重要的化合物是菊糖，它以貯存性物質出現，特別是在菊科植物（*Compositae*）。它包含 32-34 個果糖單位以 β-糖苷 1-2 鍵結而成的一個鏈，果糖以果呋喃糖（fructofuranose）形式出現；其分子的一端是蔗糖單位，菊糖的生化合成是由果糖單位一個接一個地連接於蔗糖分子。果糖供給者可能是－醣類核苷酸，如 UDP-果糖，在含有菊糖

的大利花（dahlias）球莖裡存有 UDP-果糖，符合了這種猜想。因此，我們對於多果聚糖（polyfructosan）的構造之圖解敍述（蔗糖加上一些至許多的果糖單位）符合了生化合成方式。

（二）　澱粉（Starch）

澱粉是植物最重要的貯藏性碳水化合物。其成分可依它們的構造區分為兩種，顆粒澱粉（amylose）與膠澱粉（amylopectin），兩者的基本構造均是 α-葡萄糖。顆粒澱粉（圖47）：由許多 α-葡萄糖單位以1-4糖苷鏈連結成列，葡萄糖單位的數目能從約 200 到 1,000 不等。顆粒澱粉之鏈呈一螺旋構造，碘（I_2）能結合於螺旋體的轉彎處，而致使該部位的化合物呈藍黑色，這種碘-澱粉反應可做為對澱粉的試驗。

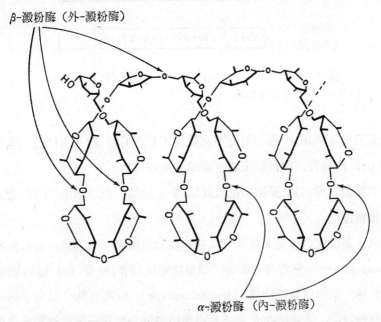

圖47：顆粒澱粉（amylose）的構造和 α-，β-澱粉酶（amylase）攻擊的部位。（仿 Karlson 1970）

　　膠澱粉　（圖48）：亦由 α-葡萄糖單位彼此以1-4糖苷鏈連結成鏈組成，然而它與顆粒澱粉相反，膠澱粉是分支的，側鏈經由 α-糖苷1-6鏈結而附於主鏈，因爲缺少較長的螺旋狀葡萄糖鏈，膠澱粉對碘只呈現淡紅色。

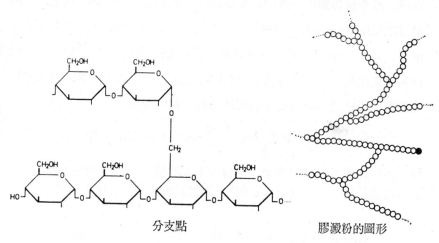

分支點　　　　　　　　膠澱粉的圖形

圖48：膠澱粉（amylopectin）的構造。（仿 Karlson 1970）

　　澱粉如何形成？卽顆粒澱粉和膠澱粉在植物體內是如何形成的？我們預知有兩種酵素是必需的：卽形成 α-糖苷1-4鏈結與形成 α-糖苷1-6鏈結者。這些預期的酵素系統實際上已被發現了。ADPG- 與 UDPG-澱粉葡萄糖轉化酶 （ADPG-and UDPG-starch transglucosylase），這些酶形成 α-糖苷1-4鏈，它們由 ADPG 或 UDPG 作爲葡萄糖的供給者，將葡萄糖移到起始者，最小的葡萄糖接受者可能是麥芽糖。在原則上，生化合成的機制是一樣的，就像前面討論過的碳水化合物：欲加添的糖單位先轉移到一起始分子。

$$\text{ADPG(UDPG)} + G1-4G \xrightarrow[\text{接受者}]{\text{澱粉葡萄糖轉化酶}} G1-4G1-4G + \text{ADP(UDP)}$$

尚未能解決的一個問題是，在植物體內是 ADPG 或者是 UDPG 較適宜於做葡萄糖的供給者？葡萄糖轉化酶轉變 ADPG 較轉變 UDPG 爲迅速，但在植物體內後者的濃度竟高出前者 10 倍。P-酶：這是一個澱粉磷酸化酶 (phosphorylase)，它可催化 1-4 鍵結的形成，至少在試管中可成功，一個起始者必至少含有三個葡萄糖單位。 P-酶對於植物體內澱粉之生化合成是否擔當了一個角色仍是一件爭論中的事，它可能只使葡萄糖單位連結於伸長中的膠澱粉而非顆粒澱粉。

$$G1-P + G1-4G1-4G \xrightarrow[\text{接受者}]{\text{P-酶}} P + G1-4G1-4G-4G$$

Q-酶：此酶可形成發生於膠澱粉的 1-6 鍵結，它能使葡萄糖鏈經 1-6 鍵結而連於另一葡萄糖鏈，1-6分支的膠澱粉系即以這種方式產生。

$$G1-4G1-4G-\text{酶} + G1-4G1-4G-4G1-4G1-4G-$$
$$\longrightarrow G1-4G1-4G1$$
$$|$$
$$6$$
$$G1-4G1-4G1-4G1-4G1-4G- + \text{酶}$$

如已敍述過的，澱粉是植物最重要的貯藏碳水化合物，這樣的貯藏物質當需要時必須能到處流通，就須將它們依次分解爲較小單位才能運到需要的部位。澱粉藉磷酸酶與水解酶來裂解。

已提過的 P-酶的磷酸酶的一種，它藉磷酸的併入而分割 α-糖苷 1-4 鍵結，分割出來的產物是葡萄糖 -1- 磷酸，可很快地應用於代謝作用。

水解酶 (hydrolase) 是藉水的併入而分解鍵的酵素，在某些情形下

也能催化鍵的形成。分解澱粉成葡萄糖時需要大量的水解酶，它們屬於糖苷酶的子群 (subgroup)。

α-澱粉酶 (α-amylase)：此酶分割 α-糖苷 1-4 鍵結，這些鍵結必須將 6 至 7 個葡萄糖單位從鏈的一端移走，因此，連接酶的部位在澱粉分子的內部，意即 α-澱粉酶是一種內澱粉酶 (endoamylase) (圖47)。1-6鍵結是不被水解的，但它也不抑制 α-澱粉酶的作用，α-澱粉酶只是「繞過」(by-passes) 它。

β-澱粉酶 (β-amylase)：這酶也是分割 α-糖苷1-4鍵結，與 α-澱粉酶相反的，β-澱粉酶從鏈端開始作用，每次切斷一個麥芽糖分子(圖47)，因此 β-澱粉酶也稱外澱粉酶 (exoamylase)。1-6鍵結不被分割，也不是繞過去。所以若膠澱粉用 β-澱粉酶處理，則其分支核心保持完整。其不完全水解的產物即為極限糊精 (limit dextrin)。

異澱粉酶 (isoamylase)：前面一直未提及能分解 α-糖苷 1—6 鍵結的酵素，這些酵素即是異澱粉酶，在高等植物中已多次被發現。

麥芽糖酶 (maltase)：直到現在，我們已見過能分割 α-糖苷1-4及1-6 鍵結的酶，其分割所得的最小產物是異麥芽糖 (isomaltose) (一種雙醣類，含有二個以 α-糖苷1-6鍵結的葡萄糖單位，即相當於膠澱粉的分支點) 和麥芽糖，當然以麥芽糖為主。麥芽糖可因 α-糖苷 1-4 鍵結的斷裂而成為兩個葡萄糖分子。擔任此工作的酶依其受質而稱為麥芽糖酶。

（三）纖維素 (Cellulose)

纖維素是由 β-葡萄糖單位所組成，互相以 1-4 鍵結而連結。這些葡萄糖分子在每種系列之連接數目各異，很可能 一大分子包含了 3000 至 10000 個葡萄糖單位。與顆粒澱粉之螺旋體相反，纖維素分子以一種

延伸的形式存在, 許多纖維素鏈平行排列, 從頭到尾依鏈的長度形成結晶狀的區域, 稱之為膠粒 (micelles) 或元素纖維 (elementary fibrils) (圖49)。較無次序的纖維素鏈夾在膠粒之間, 或在膠粒周圍形成側結晶區 (paracrystalline region)。 至少約100個纖維素鏈參與一個膠粒的形成, 膠粒的直徑約 5 mμ, 許多的膠粒或元素纖維能聚集而形成顯微纖維 (microfibril), 其直徑可達 30mμ。 在這些顯微纖維的周圍, 它與非纖維的物質形成交叉鍵結, 顯維纖維埋在基本物質——即基質——裡面, 在細胞壁或在這種基質裡, 發現了別種碳水化合物的聚合物, 例

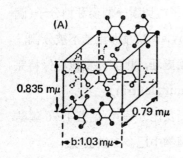

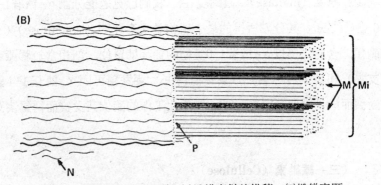

圖49: 纖維素的構造模型。(A)纖維素鏈的堆積。(B)纖維素顯微纖維 (microfibril) 的結構。至少 100 條纖維素鏈以(A)的方式堆積在一起形成膠粒(micelles)或稱元素纖維(elementary fibril) (M)。許多膠粒聚集形成顯微纖維 (Mi), 它包含側結晶纖維的區域 (P), N=非纖維素的碳水化合物。(仿 Clowes 1968)

如主要由木質糖 （xylose）組成的木質聚糖 （xylan）與主要由甘露糖 （mannose）組成的甘露聚糖 （mannase）；其他尚有因鑑別困難而統稱為半纖維素 （hemicellulose）的碳水化合物和果膠物質 （pectin subst-ance）。最後已證明細胞壁亦含蛋白質，屬於其中之一的伸展素（exten-sin）我們後面會討論到 （310頁）。

早期的纖維素生化合成觀察是在固氮菌（*Azobacter xylinum*）進行的，這種細菌擁有纖維素的膜，它的無細胞系統是利用 UDPG 做為葡萄糖的供給者來合成纖維素。但這並不意味著高等植物也以同樣的方法來合成纖維素，不可否認地，最初假設 UDPG 為高等植物葡萄糖的供給者，然而更進一步的實驗認為GDPG才是高等植物葡萄糖的供給者。從 GDPG 到一特殊的接受者分子間的相關轉移反應已在一無細胞系統裡被證明過好幾次了。

纖維素是一種非常強韌的物質，但卻能迅速地分解，否則纖維素薄膜將可在短時間內覆蓋地球表面。其分解作用由不同的微生物進行，靠纖維素酶（cellulase）的幫助，將纖維素鏈分解為纖維二糖 （cellobiose），利用纖維二糖酶 （cellobiase） 將纖維二糖分解成基本的構造物 —— β-葡萄糖。

在高等植物中纖維素酶相當少見，它們主要發生於幼苗期，因分解纖維素的功能使種皮容易破裂。

（四）果膠物質 （Pectin substances）

果膠物質主要是由半乳糖醛酸 （galacturonic acid） 單位以 α-糖苷 1-4鍵結連接的大分子組成，其每種情形都含有好幾百個單位。

我們區分一下果膠酸 （pectin acid）、果膠 （pectin） 與原黏膠質 （protopectin） （圖50）。果膠酸由半乳糖醛酸鏈組成，因此它們是聚合

半乳糖醛酸 (polygalacturonic acid)。果膠裏，有些半乳糖醛酸單位的羧基是甲基化的，因此果膠是果膠酸的部分甲基酯。原黏膠質是各種不同組成的不溶性果膠物質。果膠中仍爲自由態的羧基可能交叉連接一些二價的金屬離子，例如Ca^{++}、Mg^{++} 以及磷酸。原黏膠質尤其常在中膠層裡被發現。 果膠物質 的合成是從 葡萄糖酸開始， UDP- 葡萄糖醛酸最初藉著 4-差向異構酶轉變爲 UDP-半乳糖醛酸， 後者作爲合成果膠物質之半乳糖醛酸的供給者。在果膠中發現的甲基是在主要的聚合半乳糖醛酸骨架完成後才併入的; 在此, 如同生物學的其他例證, 甲基的供給者是硫-腺核苷甲硫胺酸 (S-adenosyl methionine) (比較圖 108)。

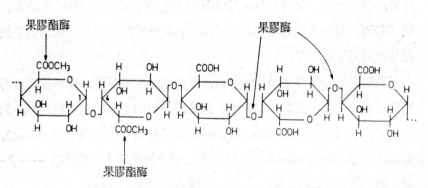

圖50: 果膠鏈中果膠酯酶 (pectin esterase) 與果膠酶
(pectinase) 攻擊的部位圖。

某些資料也可用於果膠物質的分解作用，果膠酯酶 (pectin esterase) 割開甲基，而果膠酶 (pectinase) 分開半乳糖醛酸結構間的 α-糖苷1-4鍵。 這兩種酶經常在微生物中發現, 尤其是植物病原細菌 (phytopathogenic bacteria) 和黴菌利用這些酶來攻擊植物細胞壁, 因而能進入細胞內。另一方面, 在高等植物, 分解果膠的酵素發現於幼苗, 這似乎也是爲了幫助種皮的破裂。

第四章　生物氧化作用

(Biological Oxidation)

我們好 幾次注 意到反 應中牽 連了細 胞最 重要的 能量貯 藏所——ATP，但沒有詳細提過 ATP 究竟來自何處。 我們曾經提過 ATP 的一個來源： ATP 是光合作用初級過程中形成的， 這種與光合作用光反應連接的 ATP 形成稱爲光合磷酸化作用（比較59頁）。 生物還具備了他種製造 ATP 的方法，且與生物氧化作用相關連。

現在來考慮生物氧化作用，對於這題目我們只摘要的敍述。對所有的生物而言，雖然植物與動物在呼吸鏈上某些細節有所不同，但生物氧化作用的原理是一樣的。

若引用一碳水化合物，如到處存在的葡萄糖，於生物氧化作用過程裡，則可分爲四個階段（圖51）：

一、糖解作用 (glycolysis)： 葡萄糖分解爲丙酮酸 (pyruvate)。

二、丙酮酸之氧化去羧基作用 (oxidative decarboxylation of pyruvate)： 從3-C 物之丙酮酸去掉 CO_2 而產生一個2-C 物的簡短步驟。

三、檸檬酸循環 (the citric acid cycle)： 2-C 物藉階段 B 完成分解作用至 CO_2，這也稱爲凱瑞勃循環 (the Krebs cycle)，此名乃是因凱瑞勃與其他科學家闡明了此循環所致。第三個名字是三羧酸循環

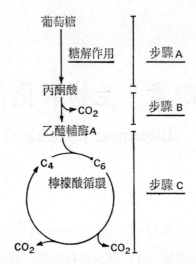

圖51：生物氧化作用的不同階段（呼吸鏈
的內在氧化作用沒表示出來）。

(tricarboxylic acid cycle), 這是因具有三羧官能基的酸類參與的緣故。

四、呼吸鏈的末端氧化 (terminal oxidation in the respiratory chain)：從階段 A 到 C 之受質得到的氫最後與氧結合成水，為達此目的，氫沿著氧化還原系統，亦卽經過一電子傳遞鏈傳遞，由此而釋放的能量就是用來形成 ATP。

第一節　糖解作用 (Glycolysis)

從單醣與卡耳文循環的交互轉變，我們對這些已很熟悉，但不可弄錯的是，糖解作用並非卡耳文循環的逆向途徑；事實上，其牽涉到的酶只有一部分與卡耳文循環中的相同，而且是在不同部位發生：卡耳文循

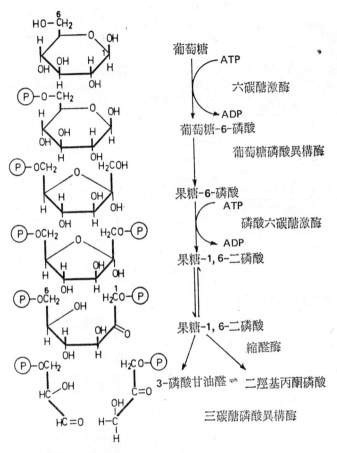

圖52：糖解作用 I：從葡萄糖到三碳醣磷酸。

環只在葉綠體發生，而糖解作用在細胞質本身發生。現在我們來看看葡萄糖分子受糖解作用時的命運 （圖 52）。 在已熟知的反應裡葡萄糖轉變爲葡萄糖-6-磷酸， 後者由於異構化作用 （isomerization） 再轉變爲果糖 -6- 磷酸, 然後磷酸果糖激酶 （phosphofructokinase） 再接上一外加的磷酸產生果糖 -1, 6- 二磷酸。 在一已熟知的反應裡, 縮醛酶轉變果糖 -1, 6- 二磷酸成爲三碳醣磷酸物, 這是 3- 磷酸甘油醛與 二 羥

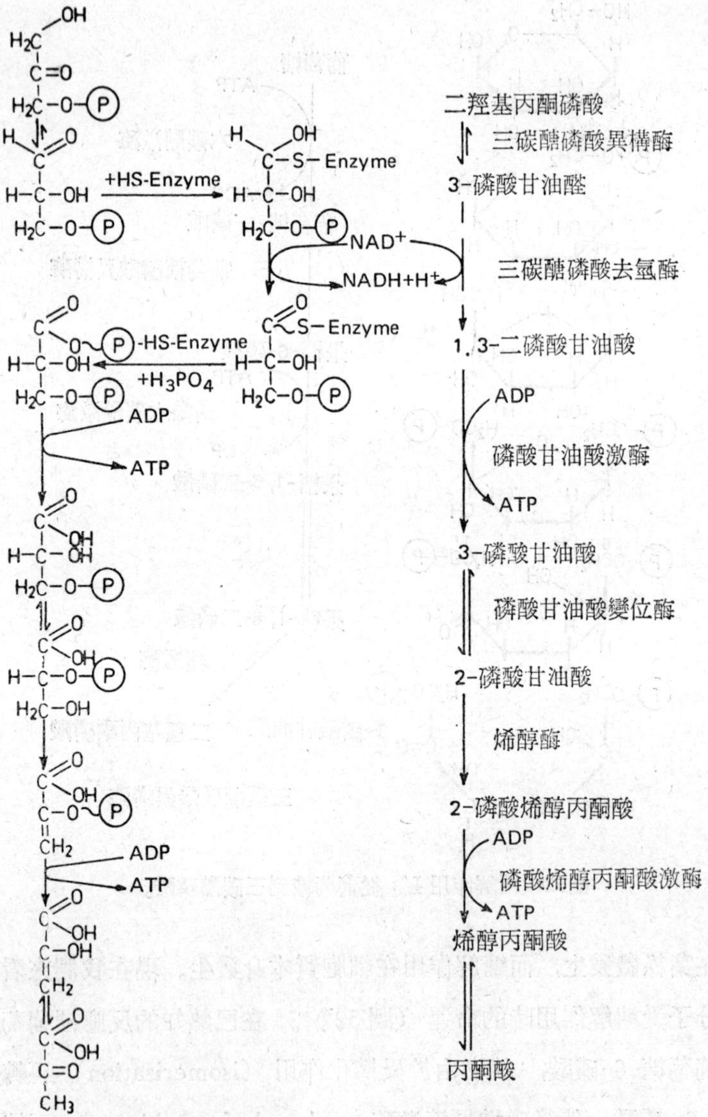

圖53：糖解作用 II：從三碳醣磷酸到丙酮酸。

基丙酮磷酸的混合物。縮醛酶反應的平衡趨向六碳醣這一邊，而三碳醣磷酸物這方面則傾向二羥基丙酮磷酸。 但平衡方向因糖解作用移去 3-磷酸甘油醛而倒轉過來 （圖 53）。 移去 3- 磷酸甘油醛是由磷酸三碳醣去氫酶 （phosphotriose dehydrogenase）（一種HS-酶 （HS-enzyme），即酶帶有功能上極重要的 SH 基者） 來完成。 此酶加在 3- 磷酸甘油醛的羰基官能基上， 且 NAD$^+$ 從增加的產物取走 2H， 於是產生一高能的硫酯鍵 （thiol ester bond）， 而後硫酯鍵上酶所在的位置被磷酸所代替， 此反應由磷酸三碳醣去氫酶催化， 形成1, 3 - 二磷酸甘油酸（1,3-diphosphoglyceric acid）， 使 Cl 上有個高能的磷酸連接。這是一個重要的步驟，因為在下面的反應裡這高能的磷酸被切斷而形成 ATP。再來的產物是3-磷酸甘油酸，經磷酸甘油酸變位酶 （phosphoglyceromutase）的催化， 它轉變為 2- 磷酸甘油酸， 後者移去 一 個水形成 2 - 磷酸烯醇丙酮酸 （2-phosphoenolpyruvate）， 此為一帶有高能磷酸鍵的化合物（此處負責轉變的酶稱為烯醇酶 （enolase））。 再下一個步驟是靠著丙酮酸激酶 （pyruvate kinase） 的幫忙， 高能磷酸鍵的能量被用來形成ATP， 同時， 以烯醇 （enol） 型式及酮 （keto） 型式相互平衡存在的丙酮酸被釋放出來。

　　現已完成有關糖解作用需要說明的全部。有一點對整個生物氧化作用以及其組成過程之一的糖解作用都正確的是: 它提供了某些可用來合成與供能的中間產物。現就其供能情形討論:

　　在葡萄糖磷酸化作用時消耗 2ATP: -2ATP。每個葡萄糖參與時由於丙酮酸激酶而產生 2ATP。（這磷酸是從利用最初磷酸化作用得來的ATP 處獲得）: +2ATP

　　至此 ATP 的數目平衡。

　　但每個葡萄糖分子由 1, 3-二磷酸甘油酸轉變為 3-磷酸甘油酸時又

增加 2ATP。（因這 ATP 的形成是直接在受質發生的，所以稱爲受
質級磷酸化作用（substrate level phosphorylation）)：+2ATP

所以每一個葡萄糖分子參與糖解作用可淨得 2ATP。

再一點：磷酸三碳醣去氫酶對每分子葡萄糖供給二個NADH+H+，
還原後的NAD+命運不同，其一可能是用於呼吸鏈以形成更多的 ATP，
但由糖解作用供給的 NADH+H+ 更可能的是利用於醱酵作用。

● 醱酵作用 (fermentation)

我們簡要地討論兩種醱酵作用，酒精醱酵(alcoholic fermentation)
與乳酸醱酵（lactic acid fermentation）（圖54）。

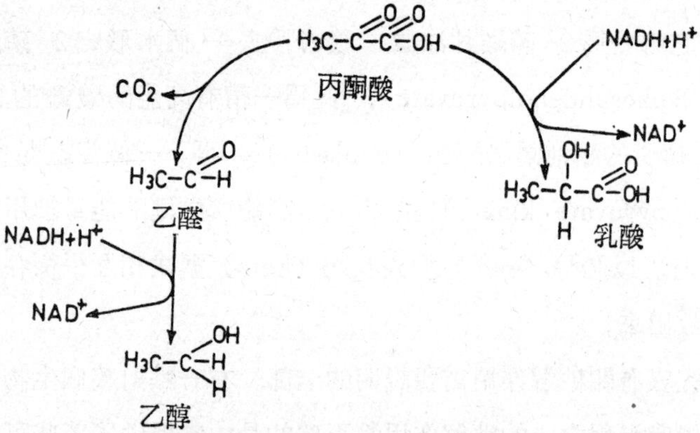

圖54：酒精及乳酸醱酵之圖解。

酒精醱酵：由糖解作用供給之丙酮酸去羧後變成乙醛 (acetalde-
hyde)，然後再被上述之 NADH+H+ 還原爲酒精。

乳酸醱酵：由糖解作用供給之丙酮酸直接被 NADH+H+ 還原爲
乳酸。

由於這兩種醱酵作用都消耗 NADH+H+，因此進一步得到能的可

能性就消失了。因爲已還原的輔酶被用罄而無法進入呼吸鏈，故在這兩種醱酵作用所得到的能量僅限於受質級磷酸化作用所得之 2ATP。

第二節 丙酮酸的氧化去羧基作用、活性醋酸的形成 (Oxidative Decarboxylation of Pyruvate, Formation of Active Acetate)

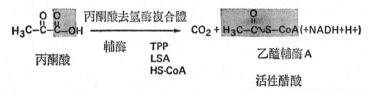

圖55：形成活性醋酸的圖解模型，僅提示了 NAD⁺ 的參與。（比較圖57）

生物氧化作用的第二階段可摘要如下（圖55）： 在此我們第一次遇到一多酶複合體 (multienzyme complex)，這是由許多種酶結合而成，通常來催化一系列緊連的反應，其所包含的反應種類可藉檢驗每個酶蛋白 (apoenzyme)所指定之輔酶的作用而知悉（圖56, 57）。

TPP: 噻胺焦磷酸 (thiamine pyrophosphate)，爲丙酮酸去羧變成乙醛的地方，乙醛附於TPP稱爲「活性醛」(active aldehyde)，TPP由於其功能而得輔羧化酶 (cocarboxylase) 的名稱。

LAA: 硫辛酸醯胺(lipoic acid amide)，乙醛在LAA上去氫成爲乙醯基 (acetyl group)，乙醛由TPP轉移到 LAA 時雙硫鍵也跟著還原而分開，新形成的是「高能鍵」，TPP則釋放出來。

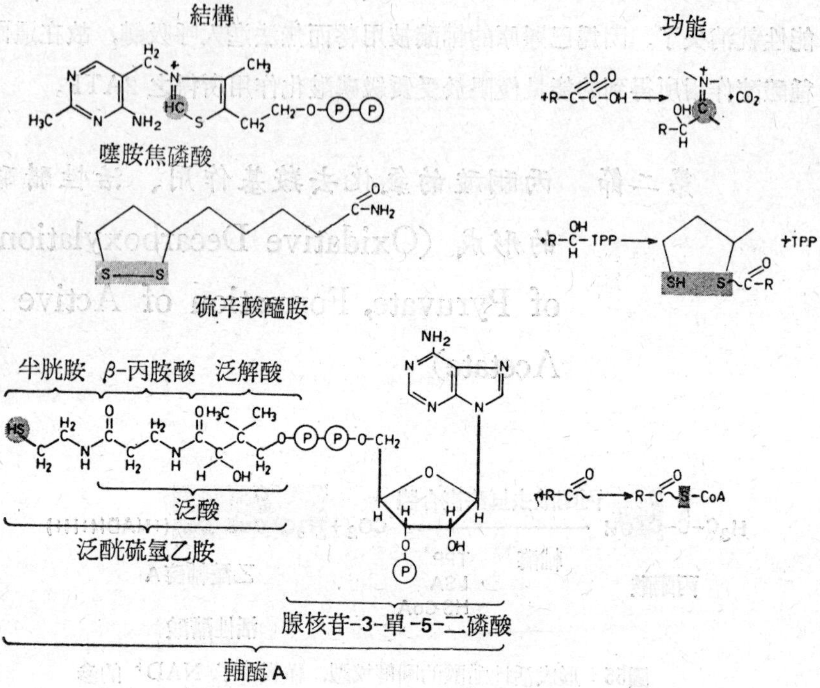
結構
功能
噻胺焦磷酸
硫辛酸醯胺
半胱胺
β-丙胺酸
泛解酸
泛酸
泛酰硫氫乙胺
腺核苷-3-單-5-二磷酸
輔酶 A

圖56: 參與活性醋酸形成的輔酶（比較圖57中黃素蛋白與 NAD^+的功用）。

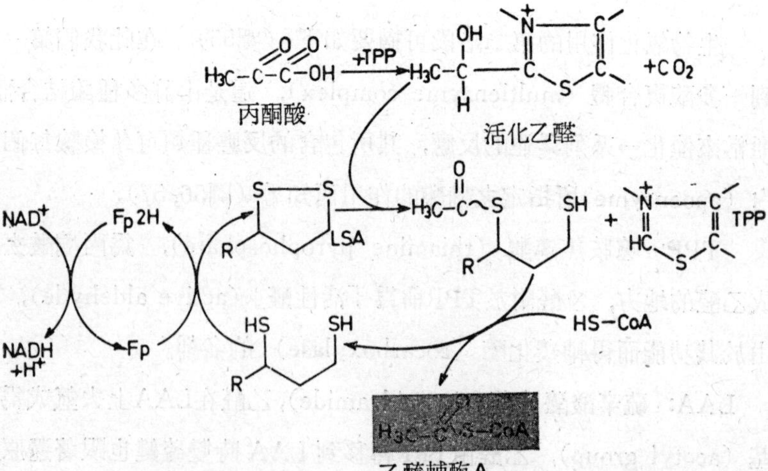
+TPP
+CO2
丙酮酸
活化乙醛
NAD+
Fp2H
NADH
+H+
Fp
LSA
TPP
HS−CoA
乙醯輔酶 A

圖57: 活性醋酸的形成。

HS-CoA: 輔酶A (coenzyme A), HS-CoA 用其硫氫基 (HS) (sulphydryl group) 去接受乙醯基, 經由一高能硫酯鍵連於輔酶A上稱爲乙醯基輔酶A (acetyl CoA) 或活性醋酸 (active acetate); 這活性醋酸是代謝作用之最主要物質, 下面將經常提及它。我們感激賴能 (Lynen) 在代謝作用之節骨眼上提供了最重要的知識。

現在我們討論 LAA 之再生。還原後的 LAA 帶有二個HS－基, 當它被放出的同時 也形成了活性醋酸。 移去 2H 導致帶有完整雙硫環的 LAA 氧化態再形成。 起初氫原子由黃素蛋白接收, 並由它轉移到 NAD+, 形成 NADH+H+, 然後進入呼吸鏈, 用以形成 ATP。 前面曾討論過丙酮酸去羧基作用的部分細節, 爲解釋這必須再指出一點, 卽噻胺 (thiamine) 與維生素 B_1 是一樣的, TPP 是維生素表現其功能的最佳例子: 它們可當作輔酶或是輔酶的構成分子。此外, 必須注意其他部分按相同機制進行之去羧基作用的情形, 兩個例證是酒精醱酵與將要談的檸檬酸循環中之 α-酮基戊二酸 (α-ketoglutarate) 去羧基作用。

第三節　檸檬酸循環 (Citric Acid Cycle)

在此章我們的主題是葡萄糖整個分解成 CO_2 與 H_2O 和在這分解作用中所能製造的 ATP。 直到目前, 分解作用已達 2－C 體的活性醋酸, 這最後的兩個碳原子必以 CO_2 的形式放出, 且在檸檬酸循環中發生 (圖58)。

活性醋酸藉縮合酶 (condensing enzyme) 以一種縮醛凝結方式連於一個 4-C 物草醋酸 (oxalacetate) 上, 其產物爲檸檬酸 (citrate), 它與順烏頭酸 (cis-aconitate) 和異檸檬酸 (isocitrate) 平衡存在, 其平衡由烏頭酸酶 (aconitase) 控制。

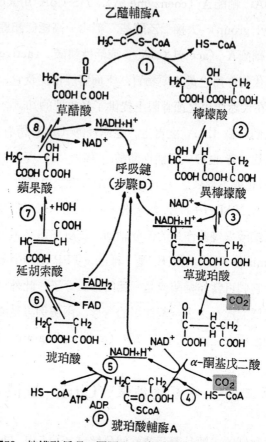

圖58: 檸檬酸循環。圓圈內的號碼是所牽涉到的酶。1＝縮
合酶，2＝烏頭酸酶，3＝異檸檬酸去氫酶，4＝α-酮基戊二
酸去氫酶，5＝琥珀酸－CoA-合成酶，6＝琥珀酸去氫酶，7
＝延胡索酸去氫酶，8＝蘋果酸去氫酶。

　　異檸檬酸去氫酶 (isocitrate dehydrogenase) 將異檸檬酸的第二個
氫氧基上的氫移到 NAD^+ 或 $NADP^+$，於是 $NADH+H^+$ 進入呼吸
鏈，而 $NADPH+H^+$ 能被用於合成作用。去氫作用的產物是一不安定
的物質，即草琥珀酸 (oxalsuccinate)，它也藉異檸檬酸去氫酶去羧基

而成爲 α-酮基戊二酸（α-ketoglutarate），在此，以活性醋酸進入循環的兩個碳原子中的一個已經以 CO_2 的形式消失了。

α-酮基戊二酸現在成爲一種多酶複合體——叫 α-酮基戊二酸去氫酶（α-ketoglutarate dehydrogenase）的受質，這多酶複合體的作用機制與由丙酮酸到活性醋酸之氧化性去羧作用相似：輔酶分別爲 TPP、LAA、FAD 與 NAD$^+$與最後的 HS-CoA；產物是 CO_2（由此，第二個碳原子又被放出來），NADH$+$H$^+$ 與琥珀酸輔酶A（succinyl CoA）（這是琥珀酸之輔酶A衍生物）。

琥珀酸輔酶A合成酶（succinyl CoA synthetase）（提到這名字，我們不可忘記酶的催化反應可向前亦能逆向進行）打斷琥珀酸輔酶A成爲琥珀酸（succinate）與 HS-CoA。這樣一來，雙硫鍵的能用來形成 ATP，至少從菠菜得到的琥珀酸輔酶A合成酶是如此；在動物時是形成 GTP，然後轉移其末端的磷酸殘基到 ADP，間接地形成ATP。

黃素蛋白以 FAD 爲其輔成基，琥珀酸去氫酶（succinate dehydrogenase）將琥珀酸去氫成爲延胡索酸（fumarate）。琥珀酸去氫酶最有趣的是它爲呼吸鏈的一分子，還有一點在這裡要注意的：琥珀酸去氫酶受丙二酸（malonate）抑制，丙二酸是琥珀酸的構造類似物（圖59），此爲競爭性抑制作用中一個著名的例子（250頁）。

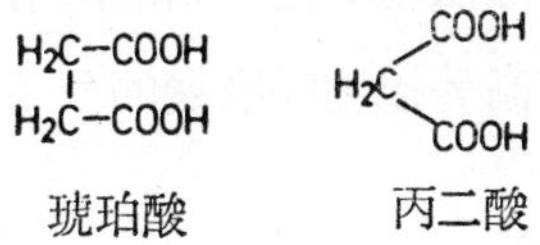

圖59: 琥珀酸（succinate）及丙二酸（malonate）。

在下個步驟中，水先被加於一個雙鍵上，然後氫從其加成產物中移去，卽延胡索酸氫酶（fumarate hydratase）催化使水加到延胡索酸之

雙鍵上，形成蘋果酸 (malate)，再藉蘋果酸去氫酶 (malate dehydroge-
nase) 去氫成爲草醋酸，NAD^+當作氫之接受者。

形成草醋酸卽完成了整個循環，我們擬出一平衡的情形：在檸檬酸
循環，兩個碳原子以活性醋酸的形式進入後再以 CO_2 形式放出，每分
子活性醋酸生成一個ATP，並且每分子活性醋酸進入時使氫連於輔酶，
形成三個 $NADH+H^+$ 與一個 $FADH_2$。

第四節　呼吸鏈 (The Respiratory Chain)

現在我們對還原的輔酶，或更正確點說，那些帶著氫而具有電荷的
輔酶的命運感到興趣。氫被帶入氧化還原系統裡，這種電子傳遞鏈已在
光合作用的初級過程中學過了。這裡再一次的，如同在前述的情形，幾
個傳遞步驟中我們須把 $2H$ 想成 $2H^++2e^-$。

檸檬酸循環中還原性輔酶的氫所引導進入的電子傳遞鏈稱爲呼吸鏈
(respiratory chain)，在此鏈中，氫或電子沿著氧化還原之高電子壓向
低電子壓流動，在過程中所放出的能用來形成 ATP，在鏈中的末端氫
被氧化成水。

呼吸鏈的組成分子是什麼？首先必須說明的是，呼吸鏈在動物、細
菌和許多低等植物與在高等植物中是不同的，有些細節仍不能解釋。下
面的氧化還原系統是組成高等植物呼吸鏈的分子：

NAD^+

黃素蛋白 (flavoprotein)

遍在醌 (ubiquinone) (圖104)

3 細胞色素 b (細胞色素 b 複合體，高等植物之典型)

2 細胞色素 c (C_{549}與 C_{547}，各種色素之名稱 a-、b-、c-，是依

其還原態時出現的最高吸光度而分類）

　　2 細胞色素 a （ a 與 a₃ ＝細胞色素氧化酶複合體）

　　呼吸鏈氧化還原系統之排列在圖60中表示出來，這圖解是假想設計的。NADH＋H⁺ 由檸檬酸循環反應供給，氫或者說從氫來的電子由左向右傳遞，在鏈的最右端是細胞色素氧化酶複合體 （cytochrome oxidase complex），由細胞色素 a 與 a₃ 組合而成；在動物中，這兩個組成分子非常緊密地結合在一起，而在植物似乎不是這種情形。但是，直到現在，想要個別分離出 a 與 a₃，在植物不見得能比在動物成功。細胞色素氧化酶 a₃ 使電子與氧直接接觸，因此它與一些其他的酶（過氧化酶 (peroxidase)、過氧化氫酶 (catalase) 與酚酶 (phenolase) 同稱為「直接氧化酶」(direct oxidase)，細胞色素氧化酶的名字因為此複合體從細胞色素C （即序列中緊隣的前一個）得到電子且將之氧化而如此命名。電子來自氫 $(2H = 2H^+ + 2e^-)$，由於這些電子，細胞色素氧化酶還原氧為 O^{-2}，然後 O^{-2} 與 $2H^+$ 結合成為 H_2O。

　　還原的黃素蛋白亦由檸檬酸循環來供給，它將其電子傳到細胞色素b複合體，然後再傳到右邊，如上所述。

　　每個 NADH＋H⁺ 進入呼吸鏈時形成 3ATP，每個還原的黃素蛋白則生 2ATP，因為黃素蛋白比 NADH 晚一點進入呼吸鏈。高等植物ATP 在呼吸鏈上形成的位置到現在還不確知。

　　呼吸鏈之 ATP 形成稱為氧化磷酸化作用 (oxidative phosphorylation)，另外還有兩種 ATP 的形成方式，即我們已熟知的光合磷酸化作用及受質級 磷酸化作用。呼吸鏈的末端 氧化作用結束了生 物氧化作用，我們提過整個過程具有雙重功能，即製造能量與供給合成作用之中間產物。現在將擬一下生物氧 化作用中有關 ATP 生產的全 部平衡情形，以葡萄糖為開始物質，但十分明顯的，其他物質也可在分解途徑裡

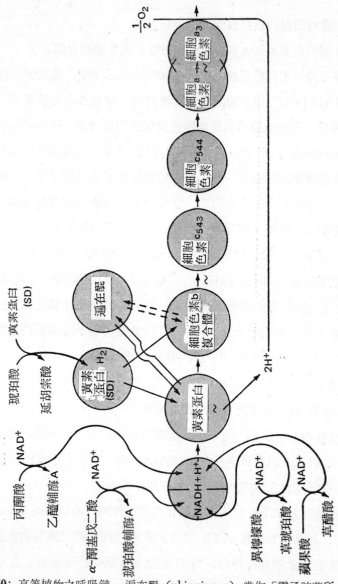

圖60：高等植物之呼吸鏈。遍在醌 (ubiquinone) 當作「電子貯藏所」。～＝可能是ATP形成的位置，SD＝珀琥酸去氫酶 (succinate dehydrogenase)。SD所催化的作用除外，我們通常假設 NAD⁺ 為去氫作用中氫之接受者，氫以 NADH＋H⁺的形式進入呼吸鏈。實際上的情況是比較複雜的，因為在丙酮酸去氫酶及 α-酮基戊二酸去氫酶複合體（兩者皆含相同的黃素蛋白）中當硫辛酸被 黃素蛋白氧化時，其可直達與呼吸鏈上之黃素蛋白接觸。圖中圈起黃素蛋白中之～符號，表示ATP 能由不同黃素蛋白間之轉移而產生，但不包括SD中之黃素蛋白。

當作受質。每個分解作用的步驟裡 ATP 的產生列於表４，依照表４，每個分子葡萄糖產生38分子的 ATP（圖61）。

表4：一分子葡萄糖在生物氧化作用的分解過程中各步驟之 ATP產量。

時　期	末端氧化反應
A.　糖解作用	
3-磷酸甘油醛→1,3-二磷酸甘油酸：	$2NADH+H^+ \longrightarrow 6ATP$
1.3-二磷酸甘油酸→3-磷酸甘油酸：	2ATP
	（基質鏈的磷酸化作用）
B.　活性醋酸的形成	$2NADH+H^+ \longrightarrow 6ATP$
C.　檸檬酸循環	
異檸檬酸→α-酮基戊二酸	$2NADH+H^+ \longrightarrow 6ATP$
α-酮基戊二酸→琥珀酸輔酶A	$2NADH+H^+ \longrightarrow 6ATP$
琥珀酸輔酶A→琥珀酸	2ATP
	（基質鏈的磷酸化作用）
琥珀酸→延胡索酸	$2FAD-H_2 \longrightarrow 4ATP$
蘋果酸→草醋酸	$2NADH+H^+ \longrightarrow 6ATP$
合　計	38ATP

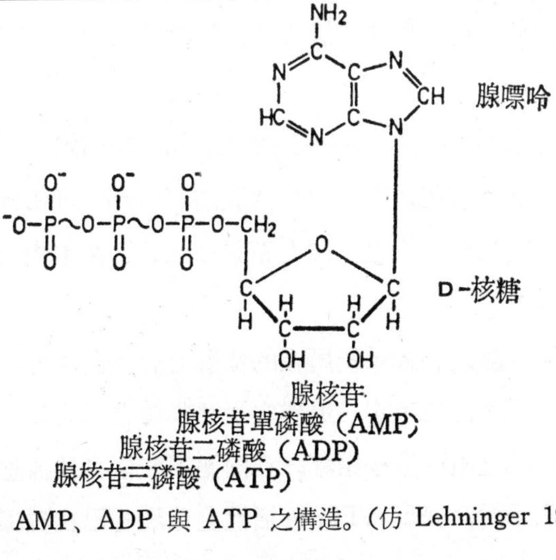

圖61：AMP、ADP 與 ATP 之構造。（仿 Lehninger 1969）

　　如此卽完成了生物氧化作用的能量生產討論，關於由生物氧化作用生出之各合成作用的起始物質尙未提及，我們將在下面的章節裡每次以討論一特定物質之代謝作用再詳談之。

第五節　粒線體為能量的工廠 (Mitochondria as Power Plants)

　　如前述，糖解作用的酵素是位在細胞質內；另一方面形成活性醋酸、檸檬酸與呼吸鏈以及氧化磷酸化作用系統的酵素與輔酶皆在粒線體中發現，脂肪酸 (fatty acid) 之 β-氧化作用 (β-oxidation) 的酵素 (121頁) 也存在那裏。個別的組成分子可在細胞質中發現，但其完整的系統是存在粒線體內的。

　　粒線體的形狀可依細胞類型與植物種類而分成好幾種，通常是長橢圓形，直徑約1μ，其數目也不同，約在10到200,000之間，它們只存在好氧性細胞而不在厭氧性細胞內。

　　粒線體的內外表面是由雙層膜構成，這雙層膜的橫切面顯示這兩層均屬於單位膜 (unit membrane) 的形式：蛋白質層－脂質層－蛋白質層 (圖81)。其外膜緊緊包覆著粒線體的表面，而內膜則深深的褶疊，例如形成像圓錐狀的突起，卽粒線體內膜嵴 (mitochondrial cristae)。粒線體之內部，內膜所圍成之空間充滿著細胞質之基本物質，稱爲基質 (matrix) (圖62)。

　　對於上面所討論之各種系統所在的位置有許多不同的假說，其中一個說明於圖63。雖然詳情未定，但建立了呼吸鏈之組成分子其空間位置與氧化磷酸化作用之組成分子相鄰，且兩個系統都在粒線體內膜上或在內膜內，舉個例子說，表現 ATPase 活性之球形物已在粒線體向著基質

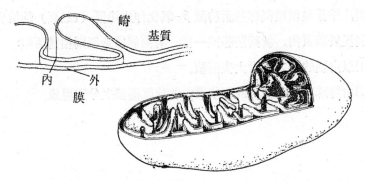

圖62：粒線體之構造。（仿 Lehninger 1969）

內膜的表面上由電子顯微鏡的方法測定出來，它們很可能屬於細胞內 ATP 合成作用所需的物質，故而成為氧化磷酸化作用的組成分子。另

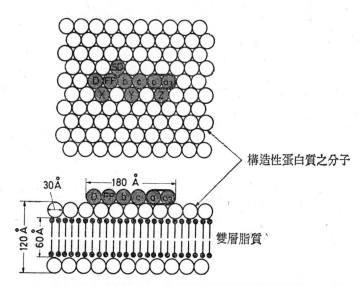

圖63：呼吸的群體如何安置在粒線體內膜的模型代表。上圖為側面觀，下圖為橫切面。D＝NAD^+，FP＝黃素蛋白，SD＝琥珀酸去氫酶之黃素蛋白，b＝細胞色素B複合體，c＝細胞色素 $c_{543}+c_{544}$，$a+a_3$＝細胞色素氧化酶複合體，X.Y.Z.＝連接於氧化性磷酸化作用。（仿 Lehninger 1969）

一方面，檸檬酸循環與那些脂肪酸 β -氧化作用途徑（121頁）的組成分子則發現於基質內。就同葉綠體一樣，有兩個構造原則相當明顯：

(1)以內膜的陷入來增大表面積。

(2)由特殊系統在膜內或在基質內的位置而發生分室現象。

第五章　脂　　肪

（Fats）

脂肪是由生物氧化作用（biological oxidation）的中間產物所轉化而來的最主要物質之一。就化學構造而言，脂肪是由三個親水的甘油醇（trihydric alcohol glycerol）與脂肪酸（fatty acid）所形成之酯類（圖64）。甘油上所有的三個羥基（hydroxyl group）都能被脂肪酸酯化，而形成三甘油化物（triglyceride），即所謂的中性脂肪（neutral fat）。甘油上的一個或兩個羥基也可能不受脂肪酸酯化，而保持游離（free）或帶上其他如半乳糖的取代物。本章我們將只討論中性脂肪，為了方便起見，我們就把它稱作脂肪。脂肪通常有一個非常不均勻的組

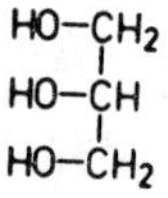

$$
\begin{array}{l}
\text{HO–CH}_2 \\
\text{HO–CH} \qquad \text{甘油} \\
\text{HO–CH}_2
\end{array}
$$

$$
\begin{array}{l}
\text{R}_1\text{–C–O–CH}_2 \\
\text{R}_2\text{–C–O–CH} \qquad \text{三甘油化物} \\
\text{R}_3\text{–C–O–CH}_2
\end{array}
$$

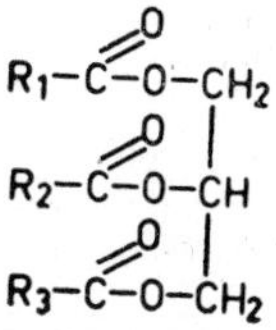

圖64：中性脂肪的構造。

成 (heterogenous composition), 也就是說, 甘油的三個羥基一般是被三個不同的 脂肪酸所酯化。 所以我們首先 需要探討脂肪 酸的化學組成。

第一節 脂肪酸的化學組成 (Chemical Constitution of the Fatty Acids)

脂肪酸爲鏈狀的分子, 含偶數個碳原子, 是構成脂肪的重要分子。單由偶數個碳原子這一事實, 使我們聯想到脂肪酸可能是以兩個碳做一單位來合成, 而這個假設已經被證實是正確的了。圖65是一些較重要的脂肪酸, 植物脂肪主要的飽和脂肪酸 (saturated fatty acid) 爲棕櫚酸 (palmitic acid) 及硬脂酸 (stearic acid); 而主要的不飽和脂肪酸 (unsaturated fatty acid) 爲油酸 (oleic acid)、亞油酸 (linoleic acid) 及亞麻仁油酸 (linolenic acid)。關於這些不飽和脂肪酸有一點值得一提, 卽這三種脂肪酸的組成很容易推演出來, 只要記住兩件事實:

(1)雙鍵並非成共軛 (conjugated), 而是被一甲基 (CH$_2$ group) 所分隔。

(2)以羧基 (carboxyl group) 的碳當做第一個碳, 則第一個雙鍵位於 C9 與 C10 間。因此, 在油酸中第一且唯一的雙鍵位於 C9 與 C10 間, 而在亞油酸中, C12 與 C13 間有另一個雙鍵, 最後, 亞麻仁油酸在 C15 及 C16 間有第三個雙鍵。

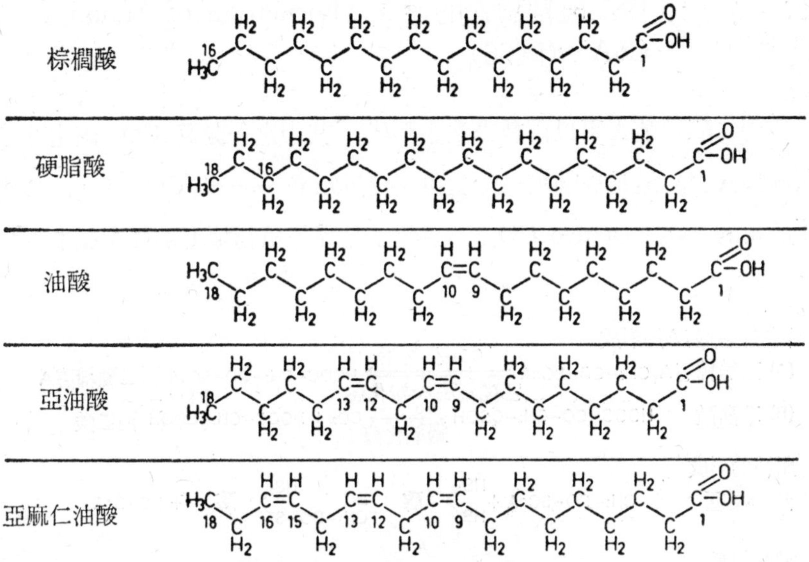

圖65：主要脂肪酸的構造。

第二節　脂肪酸的生物合成 (Biosynthesis of the Fatty Acids)

脂肪酸的起始物質是乙醯輔酶 A (acetyl CoA) 及丙二醯輔酶 A (malonyl CoA)。丙二醯輔酶A分子連續加到起始的乙醯輔酶A分子上，同時進行去羧基作用 (decarboxylation)。丙二酸 (malonate) 含有三個碳，經去羧基作用後剩下兩個碳。因此，事實上就如我們由脂肪酸所做的推論一樣，脂肪酸的生物合成是連續以 2C 做一單位而組成。在詳細討論生物合成的過程中，下列幾個組成步驟是必須知道的。

一、丙二醯輔酶A的形成 (Formation of Malonyl CoA) (圖66)

丙二醯輔酶A可以兩種方法來形成，其中之一是將 CO_2 固定在乙醯輔酶A中，這是以輔酶——生物素（biotin）——與 CO_2 結合，形成「活化的 CO_2」（active CO_2）。這似乎是高等植物地上部位所採取的主

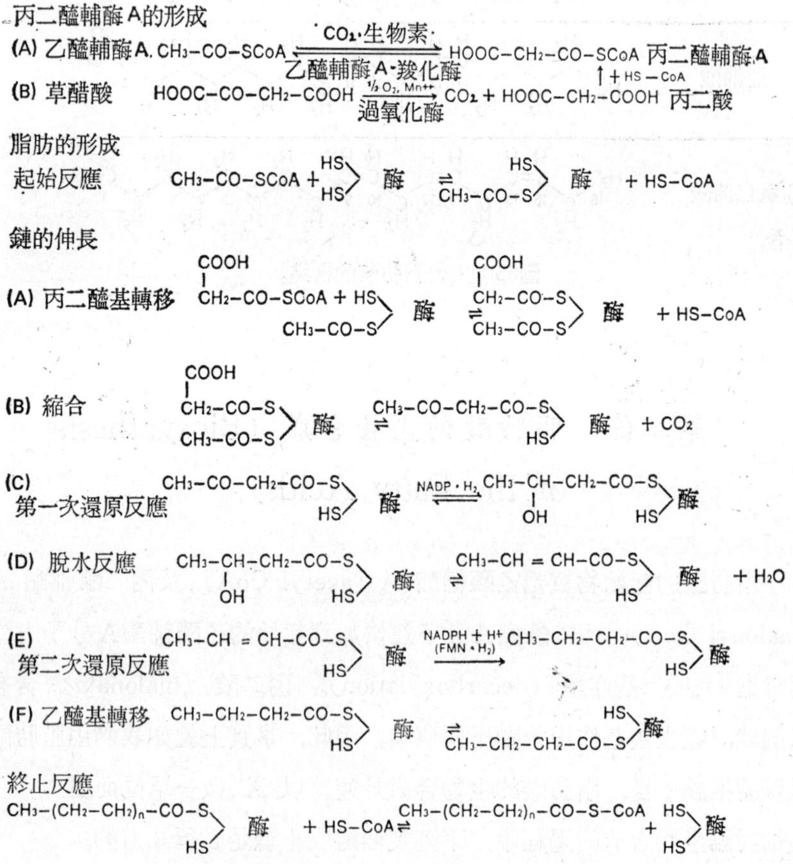

丙二醯輔酶A的形成

(A) 乙醯輔酶A. $CH_3-CO-SCoA$ $\underset{\text{乙醯輔酶A·羧化酶}}{\overset{CO_2\cdot\text{生物素}}{\rightleftharpoons}}$ $HOOC-CH_2-CO-SCoA$ 丙二醯輔酶A

$\uparrow + HS-CoA$

(B) 草醋酸 $HOOC-CO-CH_2-COOH$ $\underset{\text{過氧化酶}}{\overset{\frac{1}{2}O_2,\ Mn^{++}}{\longrightarrow}}$ $CO_2 + HOOC-CH_2-COOH$ 丙二酸

脂肪的形成

起始反應 $CH_3-CO-SCoA + \overset{HS}{\underset{HS}{>}}$酶 $\rightleftharpoons$ $\overset{HS}{\underset{CH_3-CO-S}{>}}$酶 $+ HS-CoA$

鏈的伸長

(A) 丙二醯基轉移 $\overset{COOH}{\underset{CH_3-CO-S}{|}}$ $CH_2-CO-SCoA + HS\underset{CH_3-CO-S}{>}$酶 $\rightleftharpoons$ $\overset{COOH}{\underset{CH_3-CO-S}{|}}$ $\underset{CH_3-CO-S}{CH_2-CO-S}>$酶 $+ HS-CoA$

(B) 縮合 $\overset{COOH}{\underset{CH_3-CO-S}{|}}$ $\underset{CH_3-CO-S}{CH_2-CO-S}>$酶 $\rightleftharpoons$ $\underset{HS}{CH_3-CO-CH_2-CO-S}>$酶 $+ CO_2$

(C) 第一次還原反應 $\underset{HS}{CH_3-CO-CH_2-CO-S}>$酶 $\overset{NADP\cdot H_2}{\longrightarrow}$ $\overset{CH_3-CH-CH_2-CO-S}{\underset{HS}{\underset{OH}{|}}}>$酶

(D) 脫水反應 $\overset{CH_3-CH-CH_2-CO-S}{\underset{HS}{\underset{OH}{|}}}>$酶 $\rightleftharpoons$ $\underset{HS}{CH_3-CH=CH-CO-S}>$酶 $+ H_2O$

(E) 第二次還原反應 $\underset{HS}{CH_3-CH=CH-CO-S}>$酶 $\overset{NADPH + H^+}{\underset{(FMN\cdot H_2)}{\longrightarrow}}$ $\underset{HS}{CH_3-CH_2-CH_2-CO-S}>$酶

(F) 乙醯基轉移 $\underset{HS}{CH_3-CH_2-CH_2-CO-S}>$酶 $\rightleftharpoons$ $\underset{CH_3-CH_2-CH_2-CO-S}{HS}>$酶

終止反應

$\underset{HS}{CH_3-(CH_2-CH_2)_n-CO-S}>$酶 $+ HS-CoA \rightleftharpoons$ $CH_3-(CH_2-CH_2)_n-CO-S-CoA + \underset{HS}{HS}>$酶

圖66：脂肪酸的生物合成。（仿 Hess 1968）

要途徑。　另外，　在根部則廣泛地應用另一途徑：　一過氧化酵素 (peroxidase) 將草醋酸 (oxalacetate) 氧化成 CO_2 和丙二酸 (malonate)，然後再將丙二酸轉變成丙二醯輔酶A。

二、脂肪酸合成的特性 (Fatty Acid Synthesis Proper) (圖66)

脂肪酸合成分爲起始反應 (initiation reaction)、鏈的增長 (chain elongation) 及終止反應 (termination reaction)。

(一) 起始反應 (Initiation reaction)

在起始反應中，乙醯輔酶A將它的乙醯基 (acetyl group) 轉移到多酶複合體 (multienzyme complex) 中的一個 HS- 基上。所有合成脂肪酸所需的酵素都聚在這個多酶複合體中而成一個整體，因此它也被稱爲脂肪酸合成酶 (fatty acid synthetase)。

(二) 鏈的增長 (Chain elongation)

鏈的增長是由丙二醯基的轉移開始。一個丙二醯基 (malonyl group) 由丙二醯輔酶A轉移到多酶複合體的第二個 HS- 基上。接著進行縮合反應 (condensation)，這時乙醯基被連結到丙二酸殘基 (malonate residue) 上。　同時，　丙二酸殘基上的自由羧基進行去羧基作用。　這縮合反應的平衡完全傾向鏈增長的一邊。　此反應產生了 4C 的鏈。 這 4C 的構成單位若要轉變成一飽和脂肪酸就需再經三個連續反應：還原反應 (reduction)、　脫水反應 (dehydration) 及第二次的還原反應。假若鏈要繼續增長，如欲合成生物體內最重要的十六或十八碳的脂肪酸，首先需要進行一個醯基轉移。在醯基轉移中，脂肪酸殘基被轉移到起始反

應中乙醯殘基所被轉移的 HS- 基上。接著丙二醯基的轉移、縮合等,
循環再開始。

(三) 終止反應 (Termination reaction)

當得到一定鏈長後卽不再進行醯基轉移而出現終止反應。醯基不再
被轉移到多酶複合體的其他 HS- 基上,而轉移到輔酶A的 HS- 基上。
脂肪酸的輔酶A衍生物能被利用來合成脂肪,這是我們將要討論的。但
是,關於脂肪酸合成的多酶複合體還有一些是需要補充說明的。它已經
在電子顯微鏡下被照相,就如預期的,可見到許多次單位。由細菌、酵
母菌、高等植物及動物分離的該複合體,可以解離成許多次單位。發現
其中有一個蛋白質組成分子並不具有酶的特性,這蛋白質具有一個泛醯
硫氫乙胺 (pantetheine) 側鏈,藉著一個磷酸基與此蛋白質連結。很
可能在脂肪酸合成時醯殘基 (acyl residue) 被連結在泛醯硫氫乙胺的
HS- 基上,藉著這條「臂」(arm),醯基由一個酶傳到另一個酶。含有
泛醯硫氫乙胺臂的蛋白質很可能位於多酶複合體的中央,因此被稱爲醯
基携帶者蛋白質 (acyl carrier protein) (圖67)。

到目前爲止我們只談到飽和脂肪酸的合成,事實上人類所需要的是
不飽和脂肪酸,但不幸地,在高等植物,不飽和脂肪酸的合成還未完全
了解。例如油酸的第一個雙鏈,位於 C9 與 C10 之間,它的起源仍是
一項爭論。很可能第一個雙鏈是在鏈長爲 10 或 12C 時形成,然後鏈
再繼續增長,一直達到最終的鏈長。油酸含有十八個碳原子及一雙鏈,
可能是以這種方法形成的。另外也有發現認爲是由硬脂酸藉脫氫作用而
產生油酸。雖然油酸生物合成的機制還不清楚,但亞油酸及亞麻仁油酸
的由來已經確定了:它們是由油酸在適當位置藉脫氫作用而產生。

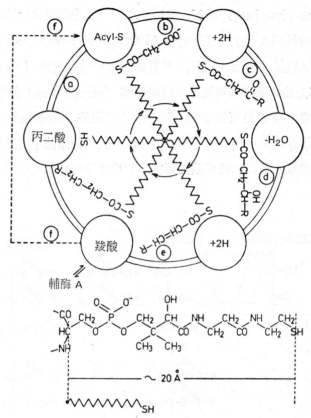

圖67：脂肪酸合成酶 (fatty acid synthetase) 的模型。在此多酶複合體 (multienzyme complex) 的中間是具有泛醯硫氫乙胺 (pantetheine) 臂的醯基携帶者蛋白質 (acyl carrier protein)，此蛋白質在後面會再詳細的介紹。臂以箭頭所示的方向由複合體的一酶轉到下一個酶。在此步驟中發生鏈增長的各個反應，反應的名稱如圖66。(仿 Lynen 1969)

第三節　中性脂肪的生物合成 (Biosynthesis of the Neutral Fats)

由脂肪酸到脂肪的路徑很簡單（圖68）：二羥基丙酮磷酸（dihydroxyacetone phosphate）藉 NADH+H+ 的加氫作用變成甘油磷酸酯，然後脂肪酸輔酶A衍生物（fatty acid CoA derivative）上的醯殘基轉移到甘油磷酸酯的自由羧基上，所得到的產物爲磷脂酸（phosphatidic acid），其上的磷酸殘基可被一個磷酸酯酶（phosphatase）解離，所產生的第三自由羧基也可被酯化，而形成中性脂肪。概要地說明一下脂肪由生物氧化作用中間產物的衍生情形：我們可說脂肪中的脂肪酸成分是由乙醯輔酶A及丙二醯輔醯A而來，甘油成分則由二羧基丙酮磷酸而來。

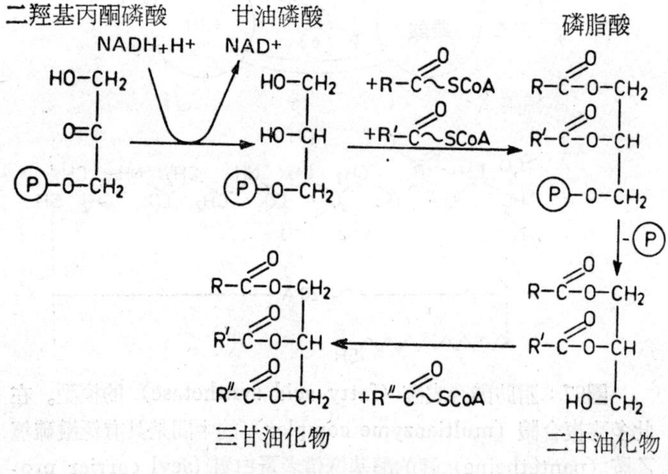

圖68：中性脂肪的生物合成。

第四節　脂肪的分解 (Degradation of the Fats)

在高等植物中，脂肪廣泛地被當作貯存物質，例如它可貯藏在種子內。脂肪分解後的產物可再進行生物氧化作用，用來產生 ATP；也可

用來合成，例如進入乙醛酸循環（glyoxylate cycle）而合成蔗糖。脂肪的分解是由中性脂肪分解成甘油及脂肪酸開始，這是由解脂酶（lipase）來完成，它是屬於酯酶（esterase）中的一種水解酵素（圖69）。所產生的甘油可被轉變成三碳醣磷酸，接著可再藉糖解作用而分解，或者用來合成六碳醣。放出的脂肪酸可進行 β-氧化作用或 α-氧化作用。這二種分解途徑的名稱表示氧化作用分別在 β-碳原子或 α-碳原子上面進行。

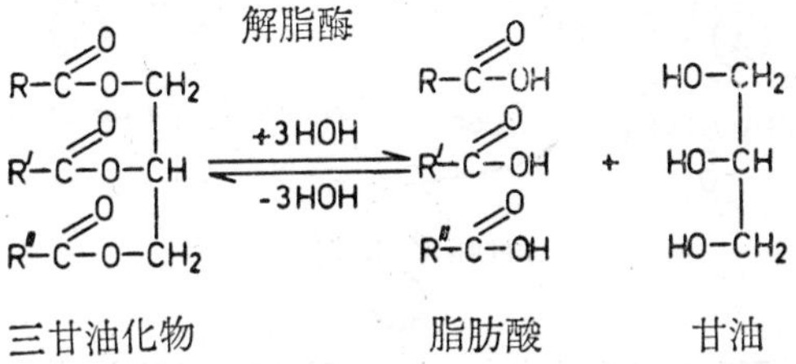

圖69：解脂酶（lipase）水解中性脂肪。

一、β-氧化作用（β-Oxidation）（圖70）

通常 β-氧化作用是較重要的分解途徑。由脂肪水解產生的脂肪酸先藉著消耗 ATP 變成它們的輔酶A酯類（CoA ester），脂肪酸因此被活化。接著在 α 及 β 碳原子間脫去氫，氫的接受者是 FAD；然後加水到雙鍵上產生第二次脫氫作用，而這次氫的接受者是 NAD^+。現在 β-碳原子帶有羰基的官能基（carbonyl function），接著「硫醇」裂解（thioclastic cleavage），脂肪酸殘基的乙醯輔酶A被切斷，同時脂肪酸變成它的輔酶A硫酯（CoA thiol ester），在此步驟，二個碳原子以乙醯輔酶A釋出。這脂肪酸殘基可重複進行相同的分解循環（degradative cycle）。通常進行分解的脂肪酸具有偶數個碳原子，這樣分解會進行到

最後一個乙醯輔酶A分子。釋出的乙醯輔酶A可在檸檬酸循環中繼續分解，或被用來合成。

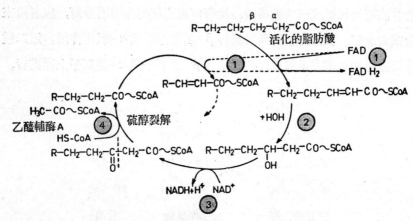

圖70: 脂肪酸的 β-氧化作用 (β-oxidation)。

讓我們核對一下 β-氧化中的能量平衡，我們可由反應過程來推演，每一個 2C 片斷可形成 1FADH$_2$ 及 1NADH+H$^+$。在氧化磷酸化作用中，1FADH$_2$ 可產生2ATP，而 1NADH+H$^+$ 可產生 3ATP，所以每個 2C 單位共可得到 5ATP。

表面的觀察 β-氧化作用可能會認為它正好與生物合成時相反，其實並非如此。第一，沒有丙二醯輔酶A參與，第二，硫醇裂解不是縮合的逆反應；而且當做氫接受者的輔酶與在合成時當做氫供給者的輔酶不同，合成時是以 NADPH+H$^+$ 來供給氫。

二、α-氧化作用 (α-Oxidation) （圖71）

高等植物分解脂肪酸有另一種途徑，稱作 α-氧化作用，這在動物是不發生的。受質是具有十三到十八個碳原子的長鏈脂肪酸，較短的

脂肪酸則不被分解。 α-氧化作用分兩個步驟進行: 第一步, 藉著脂肪酸過氧化酵素 (fatty acid peroxidase) 的作用將脂肪酸變成較原來少一個碳的醛, 同時進行去羧基作用; 第二步, 此醛的水合物 (hydrate) 去氫, NAD^+ 是去氫酵素的輔酶。

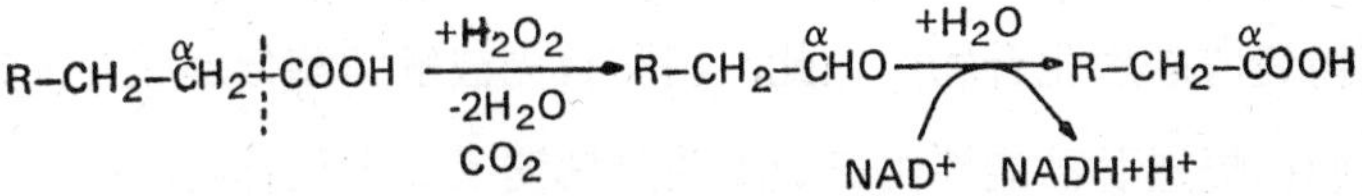

$$R-CH_2-\overset{\alpha}{C}H_2-COOH \xrightarrow[\substack{-2H_2O \\ CO_2}]{+H_2O_2} R-CH_2-\overset{\alpha}{C}HO \xrightarrow[\substack{NAD^+ \quad NADH+H^+}]{+H_2O} R-CH_2-\overset{\alpha}{C}OOH$$

圖71: 脂肪酸的 α-氧化作用 (α-oxidation)。

α-氧化作用的意義仍是一項爭論。 α-氧化作用所得到的能量較 β-氧化作用少。 α-氧化作用分解一個碳能產生一分子的$NADH+H^+$, 藉著氧化磷酸化作用也能產生三分子的 ATP, 但是沒有可在檸檬酸循環中產生更多 ATP 的乙醯輔酶A形成。 或許 α-氧化作用是產生奇數碳原子酸的方法, 例如18C脂肪酸藉著 α-氧化作用分解成13C脂肪酸, 然後再進行 β-氧化作用, 最後可得 3C 的丙酸 (propionic acid) (圖72)。

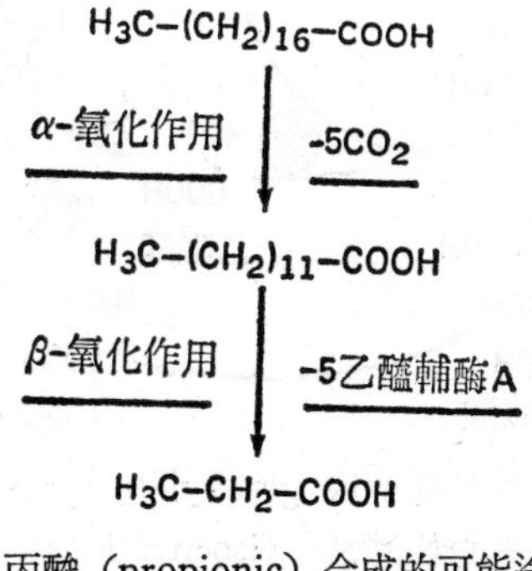

$$H_3C-(CH_2)_{16}-COOH$$
$$\alpha\text{-氧化作用} \downarrow \quad -5CO_2$$
$$H_3C-(CH_2)_{11}-COOH$$
$$\beta\text{-氧化作用} \downarrow \quad -5\text{乙醯輔酶A}$$
$$H_3C-CH_2-COOH$$

圖72: 丙酸 (propionic) 合成的可能途徑。

第五節　乙醛酸循環 (The Glyoxylate Cycle)

種子常含有豐富的脂肪，發芽時這些貯藏的脂肪就被用來當做能源（但有一定的程度），例如可經由上述之氧化而分解產生能量。然而，脂肪也可轉變成碳水化合物，在此，脂肪首先被解脂酶分解成甘油與脂肪酸。前面已提過甘油能經由三碳醣磷酸轉變成碳水化合物；脂肪酸也可轉變成碳水化合物，而乙醛酸循環對這轉變佔很重要的地位。

乙醛酸循環可視為檸檬酸循環的變異（圖73）。異檸檬酸(isocitrate)被異檸檬酸酶 (isocitratase＝isocitrate lyase) 分解成琥珀酸 (succin-

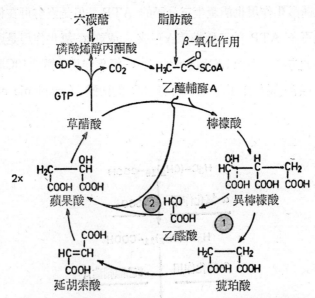

圖73：乙醛酸循環 (the glyoxylate cycle)。主要的酵素是圓圈內的：1 ＝異檸檬酸酶 (isocitratase)＝異檸檬酸分解酶 (isocitrate lyase)，2 ＝蘋果酸合成酶 (malate synthetase)。

ate) 及乙醛酸 (glyoxylate)。 由檸檬酸循環知道， 琥珀酸變成蘋果酸 (malate)； 而乙醛酸藉蘋果酸合成酶 (malate synthetase) 與乙醯輔酶A結合也能產生蘋果酸。在發芽的種子中這乙醯輔酶A是由脂肪酸的 β-氧化作用而來。乙醛酸循環中的關鍵酵素——異檸檬酸酶及蘋果酸合成酶已多次證實存在發芽的種子中。

乙醛酸循環的結果使蘋果酸及草醋酸的含量都增加了。一部分的草醋酸與乙醯輔酶A縮合形成檸檬酸，使乙醛酸循環得以繼續進行。另一部分被磷酸化及去羧基而產生磷酸烯醇丙酮酸 (phosphoenolpyruvate)，而後從三碳醣磷酸轉變成六碳糖。

前已提過乙醛酸循環形式上是檸檬酸循環的變異。這種說法需要進一步的支持： 畢拂斯 (Beevers) 證明異檸檬酸酶及蘋果酸合成酶這二種關鍵酵素位於一特殊而稱為乙醛酸小體 (glyoxysome) 的胞器中， 這種胞器能與粒線體區別出來。這裡我們再次遇到分室作用 (compartm-

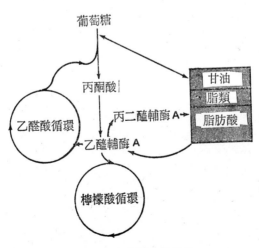

圖74：脂肪在代謝中的地位。

entalization) 的現象， 這是乙醛酸循環及檸檬酸循環很相近的過程。

圖74是脂肪在整個代謝中的位置。在結論中，讓我們概要地說明脂肪生物合成在整個代謝中的位置； 它們的甘油部分是由二羥基丙酮磷酸而來， 而脂肪酸則由乙酸 (acetate) 及丙二酸 (malonate) 形成。因此， 脂肪的生物合成牽涉到生物氧化作用中間產物的加入； 相反的， 若我們忽略掉脂肪酸的 α-氧化作用， 則當脂肪分解時， 它們也提供了生物氧化作用的中間產物。

第六章 菇 類

(Terpenoids)

乙醯輔酶A是合成脂肪酸的起始物質，它經由乙酸-丙二酸途徑
(acetate-malonate pathway) 而合成脂肪酸。藉著菇類 (terpenoid) 我
們可熟識第二種用乙醯輔酶A做為生物合成起始物質的大群自然產物。
菇類是藉醋酸-二羥基甲戊酸途徑 (acetate-mevalonate pathway) 而
來。

第一節 化學組成 (Chemical Constitution)

乍看菇類的構造式，顯示它們顯然是由 5C 的骨架所構成，魯里丘
(Ruzicha) 在「異戊二烯法則」(Isoprene Rule) 中概略地說明了這
個事實。的確，最先認為這已知的化合物異戊二烯 (isoprene) 是天然
的5C骨架，現在知道不是異戊二烯本身，而是「活化的異戊二烯」——
異戊烯基焦磷酸 (isopentenyl pyrophosphate, IPP) 才是參與菇類生
物合成的物質，菇類中的另一個名稱——異菇類 (isoprenoid) 是由異
戊二烯或活化異戊二烯演變而來。

菇類依5C單位的數目又分為許多子群 (subgroup) (圖75)。半菇烯

(hemiterpene) 只由一個5C單位組成。無數的物質因改變太大而很少顯出萜類的特性，半萜烯主要是構成所謂的混合萜類 (mixed terpene)，亦即由一萜類部份及一非萜類部分所構成。例如，半萜烯被發現當做某些醌類 (quinone) 的支鏈。

5-C-單位	群	許多例子，有些化學式在本文中可見。
1×5-C	半萜烯	醌及香豆素的「Prenyl」殘基。
2×5-C	單萜烯	開放鏈: 檸檬醛. 牻牛兒苗醇。 單環: 二烯 (1.8) 萜. 薄荷醇. 百里酚. 薄荷酮. 香芹酮. 桉醇. 水芹烯。 雙環: 樟腦. α 及 β 松油精。
3×5-C	倍半萜烯	開放鏈: 麝子油醇。 環形: β-蓽澄茄油精。
4×5-C	二萜烯	開放鏈: 葉綠醇。 環形: 樹脂酸. 激勃素。
6×5-C =2×15-C	三萜烯	開放鏈: 鯊烯。 環形: 三萜烯醇和酸. 類固醇類. 棉子酚. 葫蘆素。
8×5-C =2×20-C	四萜烯	類胡蘿蔔素 (胡蘿蔔素. 葉黃素)。
n×5-C	多萜烯	橡膠. 古塔波膠. 橡皮膠。

圖75: 萜類 (terpenoid) 族群的體系圖表。(仿 Hess 1968)

單萜烯 (monoterpene) 由二個5C單位組成，它們可能是開放鏈或者是環狀的構造，環狀的單萜烯又可分為單環的 (monocyclic) 及雙環的 (bicyclic) 系統。

單萜烯中所發現構造上的差異 (開放鏈或環狀構造，單或多環系

統），在倍半萜烯（sesquiterpene）、二萜烯（diterpene）等也可發現。只有多萜烯（polyterpene）是長的開放鏈，由5C單位成串的結合而成，並且沒有任何例外。當我們了解到萜類很容易受到修飾，例如氧化或還原、增加或減少碳原子，就能清楚地了解萜類種類的繁多了。在下面各萜類族群的討論中只提到幾個分子式。

第二節　二次植物物質（Secondary Plant Substances）

萜類、酚（phenol）及生物鹼（alkaloid）構成三種最重要的二次植物物質。這是很不適當的命名，因為很容易將「二次」（secondary）當作「次要的」（of secondary importance）甚或「不重要的」（unimportant）。事實上，如此分類的許多物質對於產生它們的植物有何作用還不知道。在許多實例中，它們由代謝作用中移出而轉移到液泡（vacuole）或儲存於樹皮中，似乎是代謝作用的廢物，除了減輕植物合成途徑的需求外，沒有任何對植物有利的證明。這並不表示將來不會發現這些化合物的用處。有一些以前被認為是代謝廢物的物質，在最近的研究發現它們能被植物分解。某些萜類、酚及生物鹼就是如此，在植物中，以生化上周密的觀點來看，假如這種分解不被利用，如利用於產生 ATP，將會令人感到很意外。

然而，有許多二次植物物質是植物所必需的。這當中有植物荷爾蒙（phytohormone）（吲哚衍生物（indole derivative）、激勃素（gibberellin）、植物分裂激素（phytokinin）及離層素（abscisin））、核酸的嘌呤和嘧啶鹽基、紫質——令人聯想到葉綠素及細胞血紅素——光敏素系統（phytochrome system）、不同種類的輔酶及構造性的木質聚合體

(structural polymer lignin) 等等，這些只是少數的例子而已。對人類而言情形亦相同， 這些物質並非「次要的」， 藥學及工業技術徹底地利用了這些儲存的「二次」植物物質。因此我們不可摒棄二次植物物質，把它們當作通常對植物及人類不具重要性的物質。然而， 我們如何解釋這「二次」呢？當然， 假如這措辭能完全由文獻上消失最好，但這是目前所無法期待的。雖然現在大部份都已經被「自然產物」(natural product) 這名詞取代了。讓我們嘗試對它下個定義：二次植物物質是由碳水化合物、 脂肪及胺基酸的生化代謝中衍生而來的物質 (圖133)。 因此，「二次」是表示它們的生物合成而不是它們的重要性。我們記住這定義主要是爲了便於了解， 必要時， 我們可將二次物質由碳水化合物、脂肪及胺基酸 (包括蛋白質) 中分開來討論。

第三節　揮發油 (Volatile Oils)

揮發油不可與脂肪油 (fatty oil) 混爲一談， 後者是脂肪以液態存在，而前者就如它們的名稱一樣是高度揮發性的，而且屬於萜類， 特別是單萜烯和倍半萜烯，或者屬於酚類。其他不同的物質可能也存在。

揮發油的合成通常在特殊的腺細胞 (glandular cell) 或上皮 (epithelia) 中進行。大家都知道揮發油可在葉表面的腺毛 (glandular hair) 形成且分泌出來。許多例子，如薄荷 (pepper-mint) 分泌的過程可用光學或電子顯微鏡來觀察。小「油滴」(oil vacuole) 首先在細胞質中形成， 經由鬆弛的細胞壁外表， 小油滴將內含物釋放出來， 使揮發油進入細胞壁與角質層 (cuticle) 間的空隙， 這種在角質層下的聚集可以光學顯微鏡見到。角質層表面首先藉著擴張或生長而增大， 所以有更多的揮發油可聚集， 最後， 角質層破裂而將揮發油放出。 分泌的過程 （這裡

是以腺毛做例子來描述) 隨腺毛系統的種類的不同 而有許多不同 的 形式。

我們剛剛已述說了分泌作用 (secretion)， 在我們繼續深入以前，必須先了解它的意義。在植物， 分泌物 (secretion) 及排泄物 (excretion) 多少可以 下列的定義 來區別： 分泌物是一種物質， 藉著它們，分泌細胞 (secreting cell) 得以與鄰近或較遠的環境發生關係; 而排泄物是一種物質， 它們的放出並不與環境直接發生任何關係。例如， 花為了吸引傳送花粉的昆蟲而由特殊的腺構造——鐵胞 (osmophore) ——釋放出的揮發油即是一種分泌物。薄荷葉的揮發油也是分泌物，這是鵝及許多昆蟲不會 侵犯薄荷的原因， 但也別忘了我們 時常喝薄荷茶。 因此， 分泌物與外界環境的相互關係是存在的。若揮發油的放出沒有任何清楚的功用，那就是排泄物。在生物學上， 以這種有趣的方式定義時常會有例外發生，且有二者 (排泄物與分泌物) 重複的例子。因此， 照上面的說法是否能很清楚地分別分泌物及排泄物也頗值得懷疑。很可能每一個例子若進一步的研究， 將可導致發現其與鄰近或更遠的環境發生關係。

各種揮發油的功用不同， 通常它可抑制種子的發芽及植物的生長，也因此作為對抗不希望有之競爭的武器。一些揮發油在實驗室中抑制細菌及真菌的生長， 也許這種抑制作用也在自然界中擔任它的角色。無論如何， 可確信一些當做藥用的植物有治療的效果是正確的。對此我們只要想到薄荷、甘菊 (camomile) 及油加利樹 (eucalyptus) 就知道了。揮發油也可保護分泌的生物本身不被哺乳動物、鳥、昆虫及蛇吞食; 也有相反的情形發生， 如在傳粉時揮發油能吸引昆虫， 毫無疑問的， 這是最重要的功能。然而， 在許多例子裡還不知道植物本身產生揮發油的用處。

第四節　生物合成（一般的）(Biosynthesis (general))

我們現在來討論萜類的生物合成，在這研究的領域中與布魯克(Bloch)、賴能 (Lynen)、康福斯 (Cornforth) 及波雅克 (Popjak) 等人

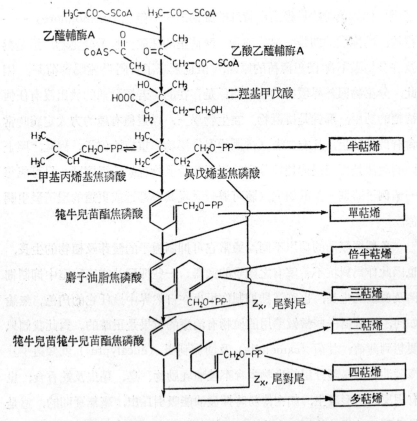

圖76: 萜類的生物合成圖解。圖中只寫出最重要的中間產物。(仿 Hess 1968)

均有密切的關連。首先我們將討論一般的原則，從這我們可涉及單獨的子群（圖76），接著我們將更詳細討論幾個子群的生物合成。

生物合成開始時乙醯輔酶Ａ與另一個乙醯輔酶Ａ單位結合，產生乙醯乙基輔酶Ａ（acetoacetyl CoA），然後加上第三個乙醯輔酶Ａ而產生6C的主體，再藉 NADPH+H⁺ 及放出輔酶Ａ將該 6C 的主體氫化成二羥基甲戊酸（mevalonic acid）。二羥基甲戊酸是一種很重要的中間產物，它也被發現是微生物的一個生長因素。活化異戊二烯（即異戊烯基焦磷酸）是由二羥基甲戊酸藉去羧基作用，脫水作用及藉 ATP 的加磷作用而來。

異戊烯基焦磷酸與它的異構物（isomer）二甲基丙烯基焦磷酸（dimethylallyl pyrophosphate）以平衡狀態存在。後者是導火線，沒有它則萜類的生物合成無法進行。因為異戊烯基焦磷酸（IPP）只有與二甲基丙烯基焦磷酸結合才能形成開放鏈的單萜烯牻牛兒苗酯焦磷酸（monoterpene geranyl pyrophosphate），同時放出焦磷酸。其他的開放鏈及環狀的單萜烯能由牻牛兒苗酯焦磷酸（geranyl pyrophosphate）形成。

假如再一個 IPP 單位加到牻牛兒苗酯焦磷酸上，則可得到麝子油酯焦磷酸（farnesyl pyrophosphate），這是一種倍半萜烯。這種添加是以「頭對尾」的形式：CH₂ 基為 IPP 的「頭」，加到「尾」——焦磷酸——的一端；所形成的麝子油酯焦磷酸可「尾對尾」連結一開放鏈的三萜烯（triterpene）；後者可再做為合成環狀三萜烯的起始物質，這些環狀的三萜烯包括所有生物都必需的化合物——類固醇（steroid）。

讓我們再進一步考慮「頭-尾」加成的結果。假如一個添加的 IPP 分子以頭對尾加到麝子油酯焦磷酸，可得到牻牛兒苗牻牛兒苗酯焦磷酸（geranylgeranyl pyrophosphate），這是一種二萜烯。上面所提到的一連串事項現在可更加以重述：牻牛兒苗牻牛兒苗酯焦磷酸可轉變成其

他二萜烯，或者二分子的此 化合物能以「尾對尾」的方式連接而產生 40C 的主體。以這種方式可得到四萜烯 (tetraterpene)，例如類胡蘿蔔素 (carotenoid)。更進一步地以頭對尾添加 IPP，最後可得到多萜烯，例如橡膠 (rubber)，古塔波膠 (gutta-percha) 及橡皮膠 (balate)。

第五節　生物合成（特殊的）(Biosynthesis (particular))

一、單萜烯 (Monoterpenes)

大略地看一下單萜烯的構造式對於了解它的合成是有益的(圖77)。我們可以由此得到可能的生物合成路徑的暗示，特別是一些在同一植物中構造有相關連的單萜烯。同位素實驗已經清楚顯示經標示的先驅物能轉變成牻牛兒苗酯焦磷酸，然後轉變成環狀的單萜烯 (cyclic monoterpene)。這種實驗重覆顯示大部分供給的 C^{14}- 葡萄糖被併入單萜烯而僅有小部分供給的 C^{14}-二羥基甲戊酸 (C^{14}-mevalonate) 一起被併入。初看之下非常的意外，但可以腺細胞的小室來解釋：因這腺細胞對二羥基甲戊酸的吸收很困難。其他的先驅物如葡萄糖較容易吸收，然後藉腺細胞所具有的酵素系統轉變成二羥基甲戊酸及單萜烯。

環狀的單萜烯一旦形成，它們可經很小的修飾而轉變成其他的環狀萜烯類。讓我們以前面說過的薄荷做例子來說明。牻牛兒苗酯焦磷酸經過一連串未知的中間產物轉變成薄荷二烯酮 (piperitenone)，然後再經三個加氫作用的步驟轉變成番薄荷酮 (pulegone)，薄荷酮 (menthone) 及薄荷醇 (menthol) (圖78)。番薄荷酮藉加氫作用經由薄荷酮轉變成

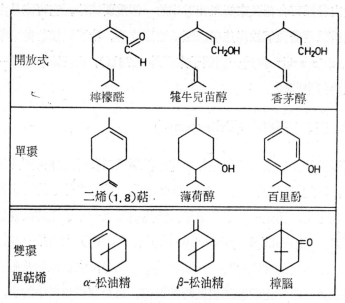

圖77：多種單萜烯 (monoterpene)。

薄荷醇，這些反應可在無細胞系統中完成。其他與前面所提同一生物發生類型 (biogenetic pattern) 的單萜烯也能在薄荷中發現。

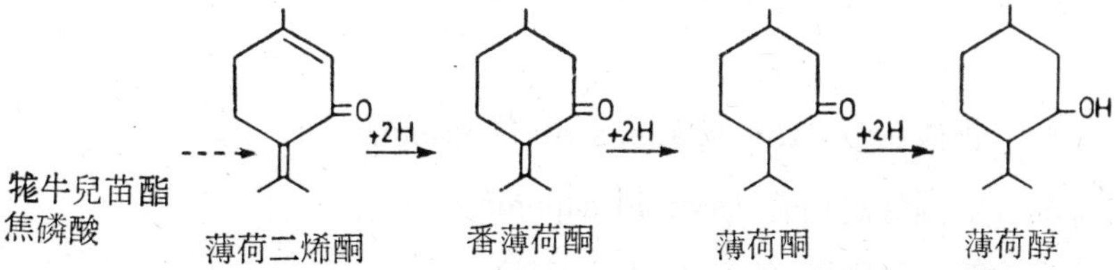

牻牛兒苗酯
焦磷酸 ---→ 薄荷二烯酮 —+2H→ 番薄荷酮 —+2H→ 薄荷酮 —+2H→ 薄荷醇

圖78：在薄荷 (peppermint) 中多種單萜烯的生物合成。

二、倍半萜烯 (Sesquiterpenes)

開放鏈的倍半萜烯非常少。麝子油醇 (farnesol) 是一個例子，而

且它是山谷裡百合花及來姆果花香味的一個重要成分。它可能是由麝子油酯焦磷酸藉著裂解放出焦磷酸鹽基而形成的。除了以植物荷爾蒙離層酸（abscisic acid）做爲一個例子來說外（273頁），我們將不再進一步考慮環狀的倍半萜烯。

三、三萜烯 (Triterpenes)

麝子油酯焦磷酸藉尾對尾加成作用轉變成三萜烯是非常重要的事實（圖79）。「尾」是焦磷酸的一端。正確地說，並非二分子的麝子油酯焦磷酸一起作用，而是一分子的麝子油酯焦磷酸及一分子它的異構物苦橙油酯焦磷酸（nerolidyl pyrophosphate）作用。這加成乃是一種還原作用，產物是對稱的30C主體——鯊烯（squalene），它在植物及動物界中分佈得很廣，但穩定狀態的濃度時常很低。這是我們預料中的事，因爲鯊烯是生物合成環狀三萜烯，特別是類固醇的起始物質。

下列這幾群物質屬於類固醇（steroid）：

1. 固醇 (sterol)
2. 膽汁酸 (bile acid)
3. 類固醇荷爾蒙 (steroid hormone)（例如性荷爾蒙及腎上腺質荷爾蒙）
4. 維他命 D (the vitamins of D group)
5. 類固醇皂角苷 (steroid saponin)
6. 强心配糖體 (heart glycoside)
7. 類固醇生物鹼 (steroid alkaloid)

所有這些物質都有甾環（sterane）（圖80）或稱環戊烷多氫菲（cyclopentoperhydrophenanthrene）做爲骨架，每一群的骨架可再進行不同的改變。

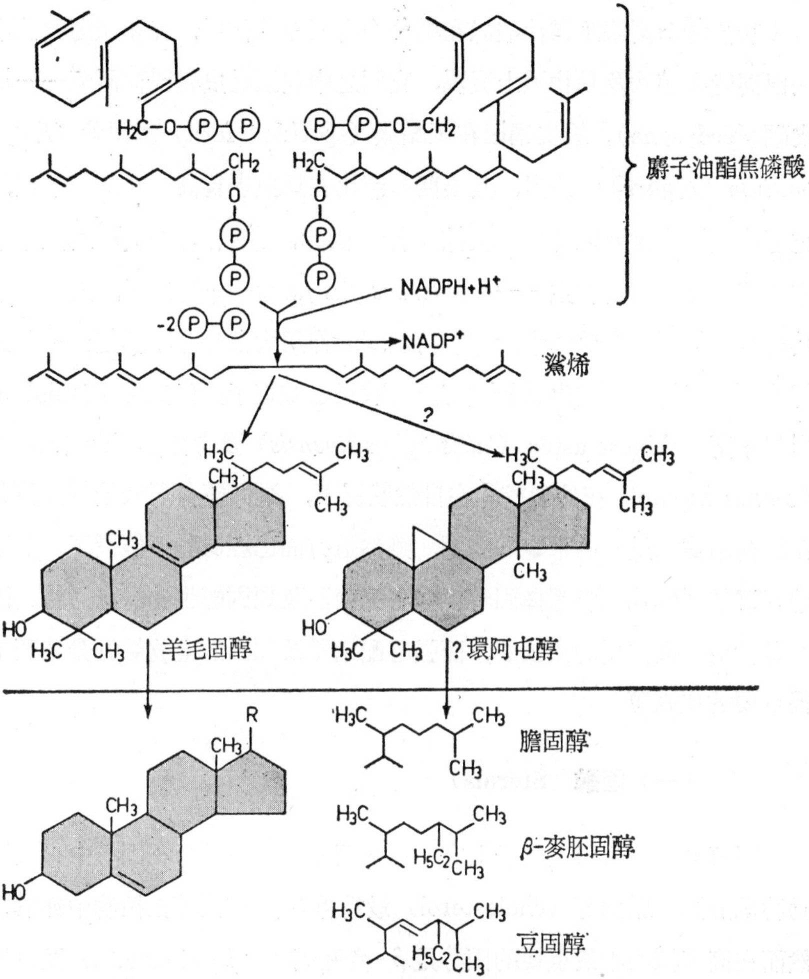

麝子油酯焦磷酸

NADPH+H⁺

NADP⁺

鯊烯

?

H_3C CH_3 CH_3
CH_3
CH_3
CH_3
HO H_3C CH_3 羊毛固醇

H_3C CH_3 CH_3
CH_3
CH_3
CH_3
HO H_3C CH_3 ? 環阿屯醇

R
CH_3
CH_3
HO

H_3C CH_3
CH_3 膽固醇

H_3C CH_3
$H_5C_2 CH_3$ *β*-麥胚固醇

H_3C CH_3
$H_5C_2 CH_3$ 豆固醇

圖79: 三萜烯的生物合成，特別是固醇 (sterol) 的合成。

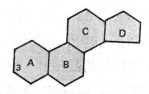

圖80: 甾環 (sterane) ＝環戊烷多氫菲 (cyclopentano-perhydrophenanthrene)。

類固醇荷爾蒙及膽汁酸只在動物中有明確的作用，許多類固醇荷爾蒙已同時在植物及動物體上發現，它們之中包括昆蟲蛻變荷爾蒙——蛻皮酮（ecdysone）。蛻皮酮已在斑點蕨（speckled fern）水龍骨（*Polypodium vulgare*）中測出，其濃度甚至比在昆虫者為高。在這例子裏，它可能是用來保護植物以對抗掠食者；因此，若將所謂的 β-蛻皮酮拿來處理一種棉花的害虫——*Dysdercus fasciatus*——的口部，則可阻止其掠食。然而，在植物中類固醇荷爾蒙的作用大部分還不清楚；一些公認的類固醇荷爾蒙在生長與發育上的效果已知道了，例如 oestiadiol 可引起翠菊（chinese aster, *Callistephus sinensis*）及青浮草（duckweed, *Lemma minor*）花的形成。在自然狀況下，類固醇荷爾蒙是否做為開花的荷爾蒙還是一個未定的問題，雖然這方面已經有許多假設了。剩下的五群類固醇我們將選擇固醇、強心配糖體及類固醇生物鹼來討論。固醇是結構上很重要的類固醇，而強心配糖體及類固醇生物鹼則是藥理上很重要的類固醇。

（一）固醇（Sterols）

固醇由於在第三碳原子上有一羥基而命名。在動物的固醇中（又稱動物固醇）以膽固醇（cholesterol）最為重要。膽固醇在植物中亦有，然而在高等植物中最重要的固醇是 β-麥胚固醇（β- sitosterol）及豆固醇（stigmasterol）（圖79）。這二者的不同在於豆固醇的側鏈上有雙鍵，這兩種物質的骨架都是由29個碳原子組成，其側鏈上的第24個碳原子都有一個支鏈。膽固醇只有27個碳原子，且沒有支鏈。

在動物中，膽固醇的生物合成是經由中間產物羊毛固醇（lanosterol）而來（圖79）。而植物固醇（phytosterol）的生物合成尚未完全了解。在這裡，顯然地經由羊毛固醇的路徑也能被採取，然而，許多證據認為

似乎經由另一與羊毛固醇相似的環阿屯醇 (cycloartenol) 的路徑較為可能。β-麥胚固醇及豆固醇的2C支鏈並非如我們推想的由乙酸而來，而是第一個碳併入接著再第二個。1C 單位的供給者是甲硫胺酸 (methionine)，通常它是以 S-腺核苷甲硫胺酸 (S-adenosyl methionine) 參與反應。

　　單元膜 (the unit membrane)。　細胞及胞器的構造是以膜系統為基礎。在此以 細胞膜 (plasmalemma)、 液泡膜 (tonoplast)、 核膜 (nuclear membrane) 及色素體 (plastid)、 粒線體 (mitochondria)、高爾基體 (dictyosome) 和內質網 (endoplasmic reticulum) 的膜系來考慮。這些膜也許都有一相同的構造原則， 即所謂的單元膜。單元膜的分子構造有許多模型 (model)，其中之一如圖81所示: 二蛋白質層包圍二脂質層， 脂質帶極性的一端朝向蛋白質， 而它們親脂的一端 (lipophilic end) 朝著另一脂質層。

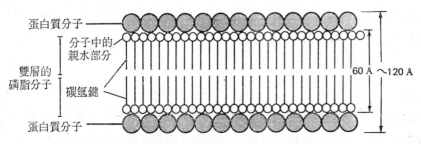

圖81: 單元膜 (unit membrane) 模型的構造。(仿 Lehninger 1969)

　　在動物中, 單元膜中的脂質幾乎都是膽固醇及磷脂 (phospholipid)；在植物中則是植物固醇、磷脂 (如卵磷脂 (lecithin))、醣脂 (glycolipid) (特別是半乳糖脂 (galactolipid)) 及硫脂類 (sulpholipid)。

（二）强心配糖體（Heart glycosides）

1785年，英國醫生威哲林（Withering）在歐洲首次以紅指頂花（red foxglove, *Digitalis purpurea*）當做心臟病的藥。自那時起，毛地黃屬（*Digitalis*）變成醫生不可缺少的附屬用品。這種由植物而來具有藥效的物質由於它的應用範圍而被稱爲强心配糖體。强心配糖體由非糖分子（aglycone）組成，非糖分子與許多不同的醣類聯結，其中有些是稀有的醣類。在這兒，我們對醣類沒有進一步的興趣，但我們將討論非糖分子。各種强心配糖體的非糖分子是23個碳原子的强心烯羥酸內酯（cardenolide）或24個碳原子的蟾蜍二烯羥酸內酯（bufadienolide）（圖82）。這兩種物質在化學構造上的不同在連結於第 17 碳上的內酯（lactone）環。在强心烯羥酸內酯它是5-環，而蟾蜍二烯羥酸內酯則是6-環。洋地黃配糖體（digitalis glycoside）屬於强心烯羥酸內酯，毛地黃毒苷配基（digitoxigenin）即爲一例。此外，强心烯羥酸內酯也在其他種植物中被發現，如羊角拗屬（*Strophanthus*）、夾竹桃屬（*Nerium*）及草玉鈴屬（*Convallaria*）等。

就如名字所表示，蟾蜍二烯羥酸內酯是在蟾蜍（bufo）的分泌物中發現的，它們也存在於植物中，其中之一是由黑藜蘆（black hellebore, *Helleborus niger*）的根莖（rhizome）得來的嚏根苷配基（hellebrigenin）。强心烯羥酸內酯及蟾蜍二烯羥酸內酯的生物合成僅有部分被了解。一個21個碳原子的類固醇——孕甾烯醇酮（pregnenolone）（圖82）是由未知的中間產物得來。C^{14}-孕甾烯醇酮在毛地黃屬的 *Digitalis lanata* 的葉子中變成毛地黃毒苷配基及其他强心烯羥酸內酯，而在重瓣向日葵（*Helleborus atrorubens*）的葉子中變成嚏根苷配基。在强心烯羥酸內酯的例子，這種轉變包括由丙二醯輔酶A供給2C原子的加成作用。而形

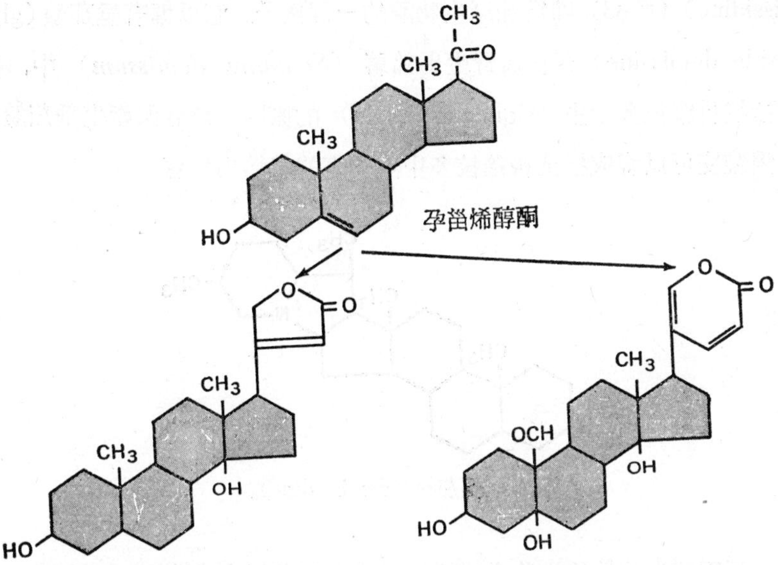

孕甾烯醇酮

毛地黄毒苷配基（强心烯羥酸內酯）　　嚏根苷配基（蟾蜍二烯羥酸內酯）

圖82: 强心配糖體（heart glyoside）和其先趨物孕甾烯醇酮（pregenolone）。

成蟾蜍二烯羥酸內酯需要3C的加成作用，但它們的來源還不知道。

（三）類固醇生物鹼（Steroid alkaloids）

類固醇生物鹼是一群二次植物產物，在構造上通常與生物鹼（alkaloid）歸類在一起（187頁），但生物合成則與萜烯類歸類在一起。

已知的類固醇生物鹼有二群，分別是27個原子和21個碳原子的。在此我們將只簡單地討論 27C 的類固醇生物鹼。它們分爲茄屬生物鹼（solanum alkaloid）及藜蘆屬生物鹼（veratrum alkaloid）兩子群，前者特別在茄科（*Solanaceae*）中的茄屬（*Solanum*）發現，後者則特別在百合科（*Liliaceae*）中的藜蘆屬（*Veratrum*）發現。垂茄鹼（demissidine）（圖83）卽爲茄屬生物鹼的一個例子。它以糖苷垂茄鹼（gly-coside demissine）存在於野生馬鈴薯（*Solanum demissum*）中，成爲抵抗科羅拉多甲虫（Cololado bettle）的原因。藉著與產生垂茄鹼的基因雜交可以育成抵抗科羅拉多甲虫侵害的栽培馬鈴薯。

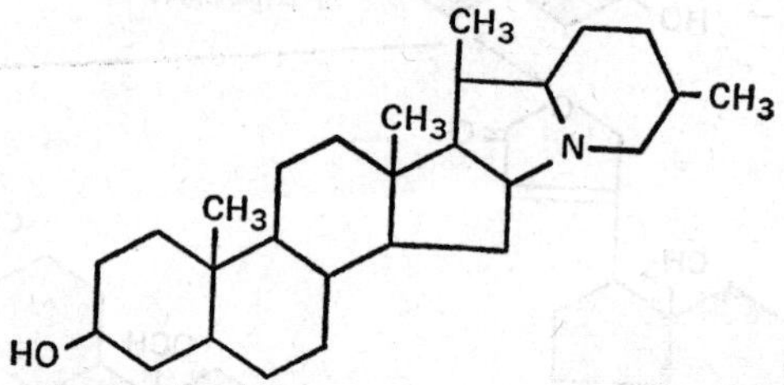

圖83: 垂茄鹼（demissidine）。

類固醇生物鹼的生物合成採取通常的三萜烯合成途徑，卽經由麝子油酯焦磷酸、鯊烯及羊毛固醇或環阿屯醇。其中的氮可能來自氨或銨鹽化合物。

四、二萜烯（Diterpenes）

葉綠醇（phytol）及激勃素（gibberellin）是將在此敍述的二萜烯。葉綠醇是葉綠素的一成份，聯結在吡咯系 IV 上的一羧基與葉綠醇形成酯化（圖27）。

激勃素是一群植物荷爾蒙，都帶有赤黴素烷（gibbane）骨架（圖84）。這群中的個別份子被命名爲激勃素（gibberelin）A_1，A_2，A_3 等等，在眞菌及高等植物中新的激勃素仍繼續發現中。已證實存於高等植物的激勃素 A_3 卽激勃酸（gibberellic acid），在實驗中常被使用。

初看之下很難認出激勃素是二萜烯，然而在生物體內及無細胞系統中藉著同位素的實驗，任何懷疑都已被消除。在野黃瓜（*Echinocystis*

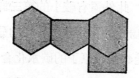

圖84: 赤黴素烷 (gibbane)。

macrocarpa) 的液態胚乳中，下列的合成途徑已經被證實了（圖85）：
牻牛兒苗牻牛兒苗酯焦磷酸→(－) 貝殼杉烯 (kaurene)→(－) 貝殼杉
－19－醇 (kauren-19-ol)→激勃素A_5。據推測，這合成作用再經 由A_1
產生激勃酸。

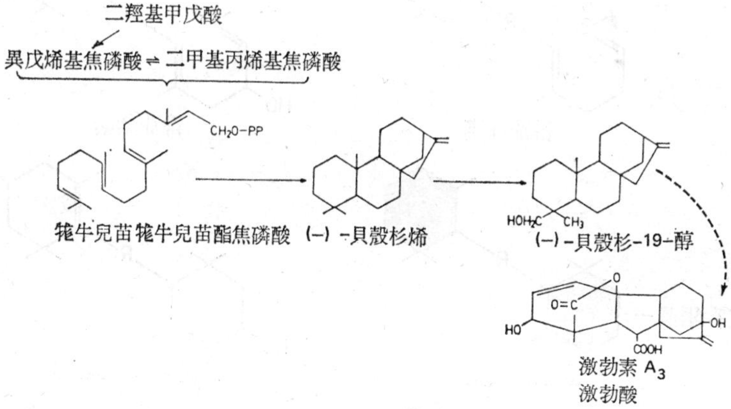

二羥基甲戊酸

異戊烯基焦磷酸 ⇌ 二甲基丙烯基焦磷酸

CH_2O-PP

牻牛兒苗牻牛兒苗酯焦磷酸　(－)-貝殼杉烯　　(－)-貝殼杉-19-醇

HOH_2C　CH_3

$O=C$

HO　　　OH

COOH

激勃素 A_3
激勃酸

圖85: 激勃素 (gibberellin) 的生物合成。（仿 Hess1968）

五、四萜烯: 類胡蘿蔔素 (Tetraterpenes: Carotenoids)

(一) 化學組成 (Chemical constitution)

類胡蘿蔔素 (carotenoid) 分爲胡蘿蔔素 (carotene) 及葉黃素

(xanthophyll) 兩大群，此外還有較小的第三群——類胡蘿蔔酸 (carotenoid acid)。類胡蘿蔔酸很可能是四萜烯的分解產物。

胡蘿蔔素 (圖86) 是40個碳原子的碳水化合物，它們由二個單位以尾對尾加成而產生，每一單位由四個 5C 的骨架組成。單獨的胡蘿蔔素顯示出不同程度的未飽和，而存在的少數共軛雙鍵導致它們成爲黃色或橘黃色。在胡蘿蔔素生物合成過程中第一個產生的有顏色物質爲 ζ-胡蘿蔔素 (圖88)。

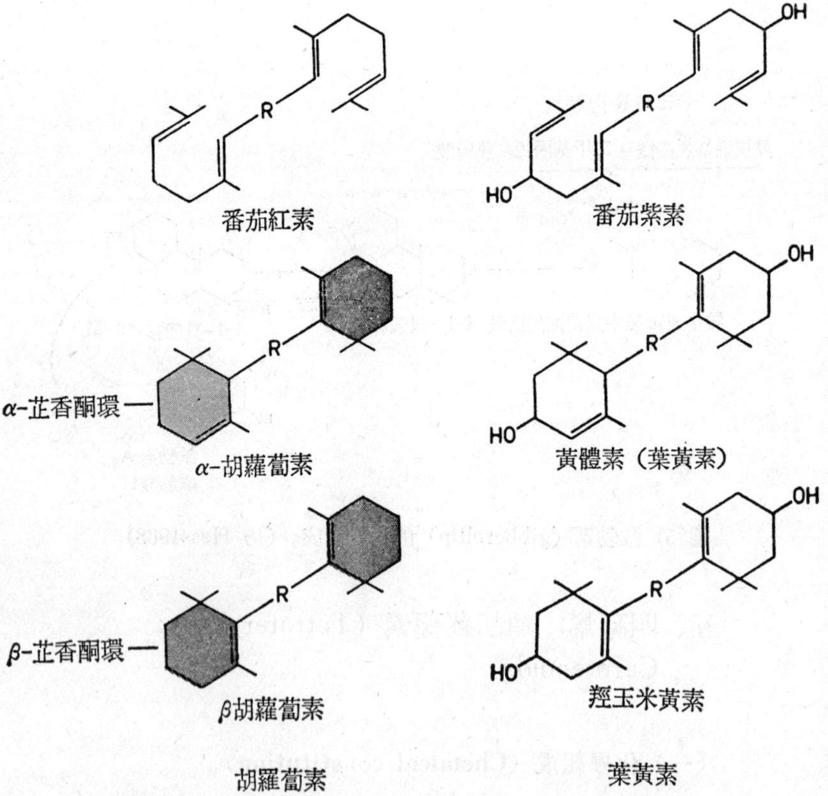
R
番茄紅素
OH
R
HO
番茄紫素
R
α-芷香酮環
α-胡蘿蔔素
OH
R
HO
黃體素 (葉黃素)
R
β-芷香酮環
β胡蘿蔔素
OH
R
HO
羥玉米黃素
胡羅蔔素
葉黃素

圖86：胡蘿蔔素 (carotene) 和葉黃素 (xanthophyll)。

　　葉黃素（圖86）是胡蘿蔔素的氧化產物，它們是由相關的胡蘿蔔素藉著氧的作用而來。胡蘿蔔素及葉黃素皆可能為開放鏈或者是環狀化合物，環狀分子可能包含一或二環系統。在胡蘿蔔素中發現有 α-芷香酮（α-ionone）及 β-芷香酮兩種類型的環，它們的不同在於雙鍵的位置（圖86）。胡蘿蔔素含有一個以上的 β-芷香酮者為維生素A原（provitamins A）。在動物及人，這種胡蘿蔔素可從分子的中央裂解，裂開的半邊含有 β-芷香酮可轉變成維生素A（vitamin A）。因此，一分子的 β-胡蘿蔔素具二個 β-芷香酮環，提供二分子的維生素A；而一分子的 α-胡蘿蔔素只具有一個 β-芷香酮環，只能提供一分子的維生素A。在類胡蘿蔔酸，將只提到藏紅花素（crocetin），它們以糖苷化的（glycosylated）形式存於番紅花（saffron, *Crocus sativus*）的柱頭及玄參科的 *Nemesia strumosa* 的花中當做黃色色素。藏紅花素是一種20個碳原子的二羧酸（dicarboxylic acid）（圖87），它是由胡蘿蔔素或葉黃素的分子兩端藉著對稱的氧化分解而形成。

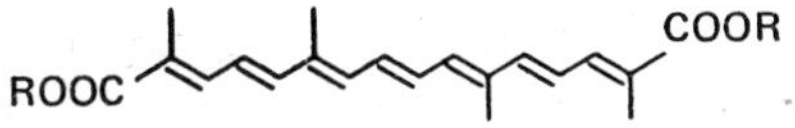

圖87：藏紅酸（crocetin）和番紅花苷（crocin）。番紅花苷是番紅花（meadow saffaron）柱頭中的黃色色素。R＝H時為藏紅酸，R＝龍膽二糖（gentiobiose）時為番紅花苷。

（二）生物合成（Biosynthesis）

　　類胡蘿蔔素的生物合成可由幾個步驟來考慮:

(1) 40C骨架的形成（圖88）

　　類胡蘿蔔素的40C骨架是由二單位的牻牛兒苗牻牛兒苗酯焦磷酸以

尾對尾加成而產生，原則上這過程與鯊烯由二分子的麝子油酯焦磷酸尾對尾加成而產生是相似的，然而有一項重要的不同點值得一提。在鯊烯的例子中加成與還原作用同時發生，但在類胡蘿蔔素的生物合成並不發生還原作用。因此這 40C的產物在分子的中央帶有一個雙鍵。已經好幾次證實八氫番茄紅素（phytoen）是最先的40C產物。

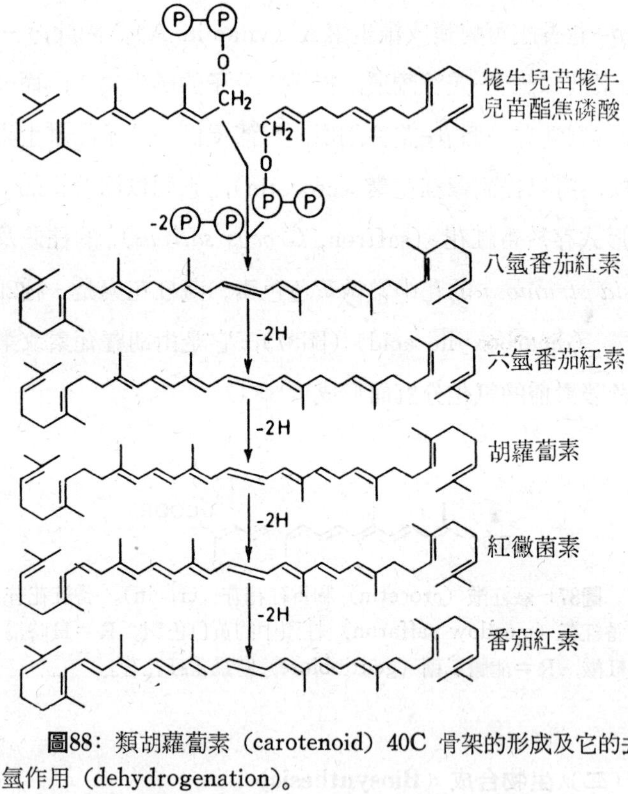

圖88: 類胡蘿蔔素（carotenoid）40C 骨架的形成及它的去氫作用（dehydrogenation）。

(2)脫氫作用（圖88）

關鍵物質八氫番茄紅素經一連串脫氫作用產生六氫番茄紅素（phytofluen），ζ-胡蘿蔔素、紅黴菌素（neurosporene）及最後的番茄紅

素（lycopene）。如前述，ζ-胡蘿蔔素是這過程中第一個有顏色的胡蘿蔔素。番茄紅素分子除了兩端外由連續的完全共軛雙鍵所組成，它因存於番茄的一特別品種（*Lycopersicon esculentum*）中而命名。

(3)環化作用（Cyclization）（圖89）

生物合成途徑中的番茄紅素及所有先前的中間產物都是開放鏈，鏈末端的環化作用究竟是在番茄紅素或是它的先驅物——紅黴菌素發生迄今尚未確定。我們將很簡單地敍述二種可能之一：環化作用發生於番茄紅素。

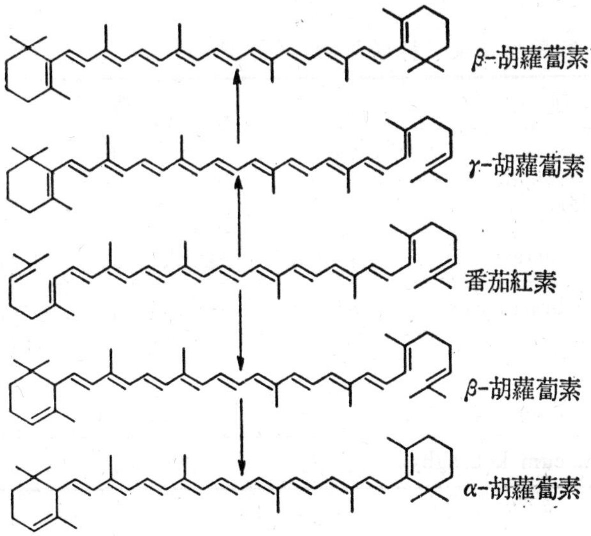

圖89：類胡蘿蔔素環化（cyclization）的一個可能模式。

(4)氧化作用

到目前為止在生物合成過程中我們只提及胡蘿蔔素，而葉黃素是由它們藉氧的作用而來。幾乎可確信的是這些氧化發生在環化作用之後。

六、多萜烯 (Polyterpenes)

在橡膠、古塔波膠及橡皮膠等多萜烯中，我們將只限於討論工業上最重要的產物——橡膠。大約有二千種的高等植物產生橡膠，但只有一些具充足的量可供工業上的抽取。主要由夾竹桃科 (*Apocynaceae*)、蘿藦科 (*Asclepiadaceae*)、菊科 (*Compositae*)、大戟科 (*Euphorbiaceae*) 及桑科 (*Moraceae*) 而來，一些較重要的種類列在表5內。橡膠的主要來源是橡膠樹 (*Hevea brasibiensis*)，供應口香糖最基本原料的人心果 (*Achras sapota*) 也包括在表內。

表5：數種較重要的橡膠植物。(仿 Paech 1950)

樹　種　學　名	科　名	產　地	生長型
Achras sapota	山欖科	熱帶美洲	喬木
Castilloa elastica	桑　科	中美洲	喬木
Ficus elastica	桑　科	亞洲、非洲	喬木
Hevea brasiliensis	大戟科	南美洲	喬木
Manihot alaziovii	大戟科	南美洲	喬木
Parthenium argentatum	菊　科	墨西哥、德州	灌叢
Taraxacum koksaghyz	菊　科	中　亞	草本

除了一些例外，橡膠一般都在接合或未接合的乳管(latex tube)中形成。乳管中的原生質漸漸分化轉變成由粒線體、核糖體及蛋白質混合的乳液 (latex)，細胞核通常靠於細胞膜。此外，也有很大變異的物質存在，例如生物鹼、多萜烯如橡膠。並非所有乳液都含有橡膠，若存在則以小油滴浮在乳液上。在乳液中含有使乙酸轉變成橡膠必要的酵素，

這是橡膠供應者的一個特徵。

橡膠是由500到超過5000個 5C 單位所構成，5C 單位中的雙鍵以順式（cis-form）存在。古塔波膠通常以較短的鏈存在，它的雙鍵以反式（trans-form）存在（圖90）。

CH3
C=CH
CH2
橡膠（順）
C
CH
古塔波膠（反）
5碳單位

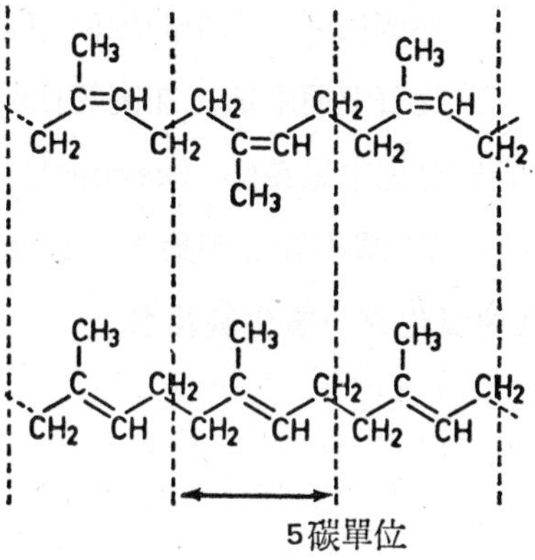

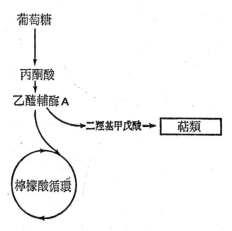

圖90：橡膠（rubber）和古塔波膠（guttapercha）。

上述的乳液中含有所有需要的酵素，提供了一適當的無細胞系統，

葡萄糖
丙酮酸
乙醯輔酶A
二羥基甲戊酸
萜類
檸檬酸循環

圖91：萜類在代謝中的位置。

用來研究橡膠的生物合成，波那（Bonner）及賴能（Lynen）已完成這類的實驗。若除去已存於乳液中的橡膠，然後加上二甲基丙烯基焦磷酸當做前趨物，可以證實完整的橡膠合成可在乳液中進行。假如橡膠粒子存於乳液中，則沒有新的合成反應發生，這早存在的鏈就會加上 IPP 而取代增長反應。

最後讓我們概述一下萜類在整個代謝體系中的地位（圖91）。它們從乙醯輔酶 A 經由二羥基甲戊酸及 IPP 而形成。在高等植物，它們的分解還未確知，在微生物已知能分解牻牛兒苗醇（geraniol）成乙酸、乙醯輔酶 A 及 5C 原子的物質——二甲基丙烯酸輔酶 A（dimethylacrylyl CoA），這些物質都能很容易地氧化成一氧化碳及水。

第七章　酚

(Phenols)

第一節　化學組成 (Chemical Constitution)

　　酚是一種至少以一個羥基或其衍生的官能基連結在芳香族環系統 (aromatic ring system) 的物質。各種不同的酚成為二次植物物質中相當重要的一群。一些酚的族群以摘要方式記載於圖92中，詳細的結構式我們可在生物合成一節中看到。

碳骨架	族群	例子
⬡	簡單酚類	氫化醌 楊梅葉苷
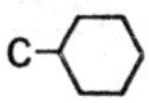 C–⬡	酚羧酸	對-羥基苯酸 單兒茶酸 沒食子酸
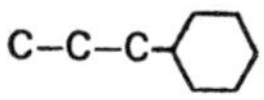 C–C–C–⬡	苯基丙烷	桂皮酸 桂皮醇 香豆素 木質素
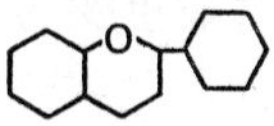 ⬡O⬡	黃烷衍生物	黃烷酮 黃酮 黃酮醇 花色素

圖92：一些酚類族群概觀。

　　簡單的酚類由一個含有一羥基的芳香族環系統所組成。此外，環系統也可能帶有其他的取代物，特別是甲基。

　　酚羧酸（phenol carboxylic acid）是簡單酚類上有一羧基當做取代物。

　　苯基丙烷（phenylpropane）的衍生物具有苯基丙烷的C骨架，也就是說，一個芳香族環上連有一個含 3C 原子的側鏈。此類的例子如桂皮酸（cinnamic acid）、桂皮醛（cinnamaldehyde）、肉桂醇（cinnamyl alcohol）、香豆素（coumarin）及木質素（lignin）的高聚合物（high polymer）。

　　黃烷（flavan）的衍生物具有黃烷骨架的特性，它由一個芳香族環A、一個芳香族環B及在中央一個含氧的異環（heterocycle）所構成。許多黃烷的衍生物或類似黃烷的物質（類黃烷（flavanoid）），如黃烷酮（flavanone）、黃烷醇（flavanol）、花色素（anthocyanidin）及黃烷-3，4-二醇（flav-3, 4-diol），可由此異環氧化態的不同來區別。

　　所有的這些物質常以糖苷（glycoside）或糖酯（sugar ester）的形式沈澱在液泡中。

第二節　生物合成（一般的）（Biosynthesis (general)）

　　在高等植物中，芳香族系統是以三種不同途徑形成:

　　⑴莽草酸途徑（the shikimic acid pathway），這是最重要的生物合成路徑。

　　⑵乙酸－丙二酸途徑（the acetate-malonate pathway），這途徑是用來合成黃烷衍生物的芳香族環A。此外，這路徑對微生物比較重要。

(3)乙酸－二羥基甲戊酸途徑 (the acetate-mevalonate pathway)，原則上，我們已經討論過這種合成途徑了。它與可以去氫而成為芳香族系統的環狀萜烯的形成有關。此種帶有芳香族特性的萜烯可以百里酚 (thymol) 為例。這種合成途徑對高等植物較不重要。以上列出三種途徑，我們仍將討論途徑(1)及(2)。

一、莽草酸途徑 (The Shikimic Acid Pathway) (圖93)

莽草酸途徑是由大衞 (Davis)在研究細菌自營生活習性中所發現。然而，這個途徑不僅存於微生物，在高等植物也有發現，大部分莽草酸途徑的酵素都已經在無細胞系統中被證實，甚至於在高等植物亦被證實。此途徑是因它的中間產物莽草酸而命名，其重要性不但在於它能供給酚類，而且更由於它能供給芳香族胺基酸——苯丙胺酸 (phenyl-alanine)、酪胺酸 (tyrosine) 及色胺酸 (tryptophan)。

莽草酸途徑始於磷酸烯醇丙酮酸 (phosphoenolpyruvate, PEP) 和 D-原藻醛糖-4-磷酸 (D-erythrose-4-phosphate) 開始。它們分別得自糖解作用及五碳醣磷酸循環。這二物質結合成七碳原子的中間產物，然後再形成環狀的 5-去氫奎寧酸 (5-dehydroquinic acid)，後者與奎寧酸 (quinic acid) 達成平衡。這途徑進行是經由 5-去氫莽草酸 (5-dehydroshikimic acid) 及莽草酸產生 5-磷酸莽草酸 (5-phosphoshikimic acid)。一個額外的PEP接到 5-磷酸莽草酸上，這個產物經幾個步驟而轉變成分支酸 (chorismic acid)。

分支酸是莽草酸途徑上很重要的分叉點。Chrizo這字在希臘名稱上有分裂的含意。在這物質之後合成路徑分為二支，一支經由磷胺基苯甲酸 (anthranilic acid) 產生色胺酸，而且經由後者產生植物荷爾蒙吲哚

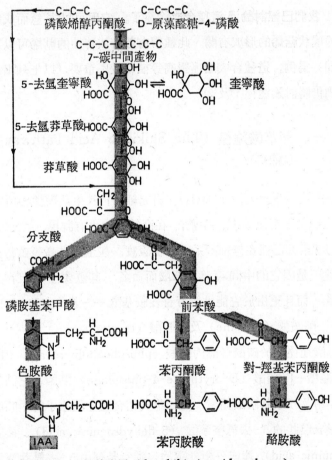

圖93: 莽草酸途徑 (the shikimic acid pathway).

乙酸 (indole-3-acetic acid)。 這路徑中的各時期在微生物中已很清楚，但在高等植物中還不明瞭。

第二支由分支酸首先產生前苯酸 (prephenic acid)。在這物質之後這路徑再一次分叉： 經由苯丙酮酸 (phenylpyruvate) 產生苯丙胺酸及經由對 - 羥基苯丙酮酸 (p-hydrophenylpyruvate) 產生酪胺酸。這

兩種芳香族胺基酸關係很密切，因爲苯丙胺酸能氧化成酪胺酸。然而，最後這反應在高等植物中似乎並不很重要。經去胺基作用（deamination），苯丙胺酸產生桂皮酸及它的衍生物酪胺酸對－香豆酸（tyrosine P-coumaric acid）。

簡而言之，莾草酸途徑可以說提供了：

(1)芳香族胺基酸——色胺酸、苯丙胺酸及酪胺酸。

(2)由苯丙胺酸及酪胺酸得來的桂皮酸。（我們將會見到桂皮酸做爲其他苯基丙烷生物合成起始物質的例子）

(3)酚羧酸。值得一提的是它也能由其他路徑如莾草酸 5－去氫莾草酸或奎寧酸的分支得來。然而，在高等植物中以這種方法形成酚羧酸似乎是較不重要的（與 165 頁比較）。

(4)對－苯醌（P-benzoquinone）。它們起源於由對－羧基苯丙酮酸開始的一個更複雜的生物合成路徑。一些很重要的物質如質體醌（plastoquinone）（52頁）及遍在醌（ubiquinone）（106頁）卽屬於此群。

二、乙酸-丙二酸途徑（The Acetate-Malonate Pathway）（圖94）

經由乙酸－丙二酸途徑合成酚類顯示與脂肪酸的合成相似。在脂肪酸合成中是乙醯輔酶A當起始者，在此途徑則以其他許多不同的醯基輔酶A（acyl CoA）當做起始者。三單位的丙醯輔酶A（malonyl CoA）加到這個起始物質，同時進行去羧基作用。我們也許還可記得在脂肪酸合成中，丙醯輔酶A加入配合去羧基作用，直到獲得了最後的鏈長。現在的例子中，產生的多酮酸（polyketo acid）能以不同的方法形成環狀。在此，我們只對所謂的1-6碳醯基化（acylation）有興趣。它產生帶有間苯三酚（phloroglucinol）的羥類型式（hydroxyl pattern）的

酚。在特性上，這些物質與它們的R取代物（R substituent）不同，此外，它們還可再進一步的改變。

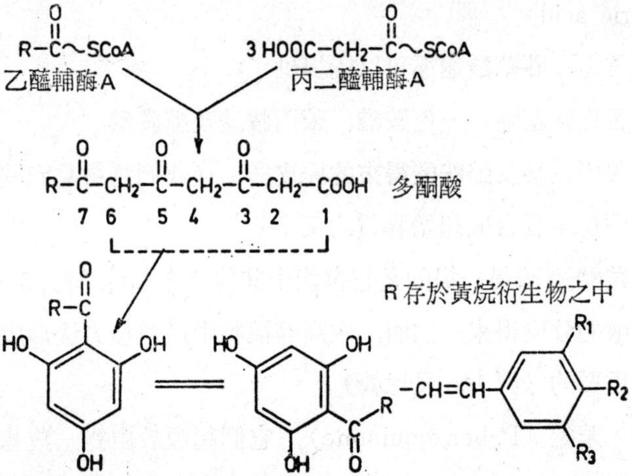

圖94：乙酸-丙二酸途徑（the acetate-malonate pathway），1-6-c醯化（1-6-c acylation）。

三、先驅物及中間產物 (Precursors and Intermediates)

現在讓我們中斷關於酚生物合成的討論，來考慮一些在生物體內，以放射性同位素做實驗時所遭遇的困難。大衞曾强調在解釋放射性元素追蹤實驗時必須很小心。這些實驗中，我們提供具有放射性的中間產物給一個生物，然後我們檢查它是否被利用而形成自然產物，假如是的話，我們仍無法確定這就是在自然狀況下生物合成的一個階段，因為微生物及植物特別能够把不是直接在生物合成途徑上的物質轉變成有用的生物合成中間產物。依大衞的建議，將先驅物質、自然的中間產物

(natural intermediate) 及絕對的中間產物 (obligatory intermediate) 加以區別是很重要的。

先驅物是指在被研究的生物體內能轉變成自然產物的任何物質。它也許本身就存在於合成途徑上，或是能轉變成合成途徑上的化合物。

自然的中間產物是一種先驅物，它已被證實存在所研究的生物體內。

最後，絕對的中間產物是指只可能在某一生物合成途徑上的中間產物。

要決定一物質是否是先驅物是很容易的，藉著放射性元素的追蹤實驗及無細胞系統，通常這也可以決定一物質是否爲一自然的中間產物。要確定一物質是否爲絕對的中間產物最爲困難，因爲在做研究時必須隨時記住一個生物可能提供一種更重要但還未知的合成自然產物的方法。在二次植物物質的生物合成領域中，這種意外的可能性永遠無法除去。

上面所討論的莽草酸途徑中的每一分子即爲絕對的中間產物的例子。莽草酸途徑的確爲合成芳香族胺基酸的主要路徑。利用細菌突變種的實驗可將任何的疑慮除去。假如由於突變而無法合成某一物質，使得生物合成途徑受阻，因而芳香族胺基酸也無法合成，這一受影響的物質必定是這些胺基酸合成路徑上的絕對中間產物。

第三節　生物合成（特殊的）(Biosynthesis (particular))

一、桂皮酸 (Cinnamic Acids)

母體是桂皮酸本身，它的環系統能被取代而產生許多衍生物，稱爲

桂皮酸類 (cinnamic acids)，它們當中較重要的構造式如圖95。我們將在其他酚類中遇到這些取代的型式，因爲這些酚都是以桂皮酸類做爲起始物質。

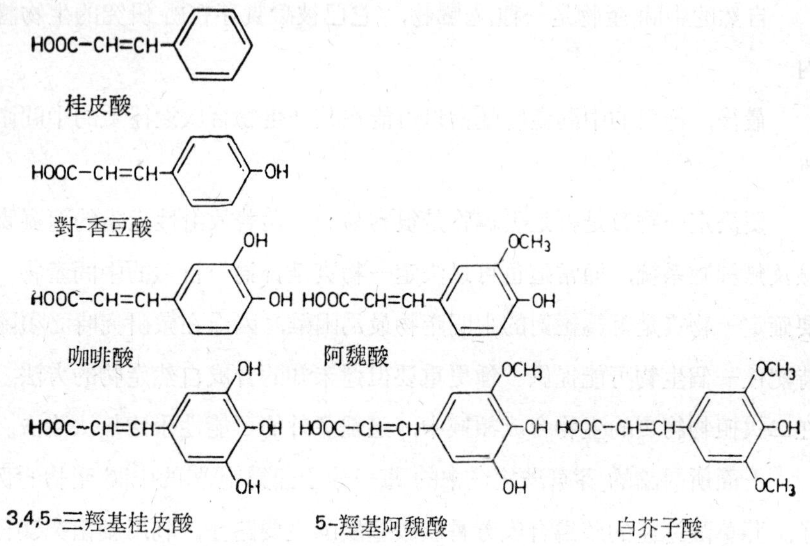

圖95: 桂皮酸 (cinnamic acids)。

首先讓我們描述桂皮酸類的生物合成（圖96）。如前述，它們是由苯丙胺酸及酪胺酸而來，藉氧化去胺基作用將苯丙胺酸轉變成桂皮酸，而酪胺酸則轉變成對－香豆酸（*p*- coumaric acid）。在這反應中，氨是以銨離子形式釋放出來，所以反應中之酵素被稱爲銨解酶（ammonium lyase）。酪胺酸銨解酶（tyrosine-ammonium lyase）在草本植物中似乎特別重要，但在其他植物也有發現。苯丙胺酸銨解酶（phenylalanine-ammonium lyase）（PAL）是這二酵素中較重要的一種；我們將會遇到 PAL 當做苯基丙烷合成的關鍵酵素。

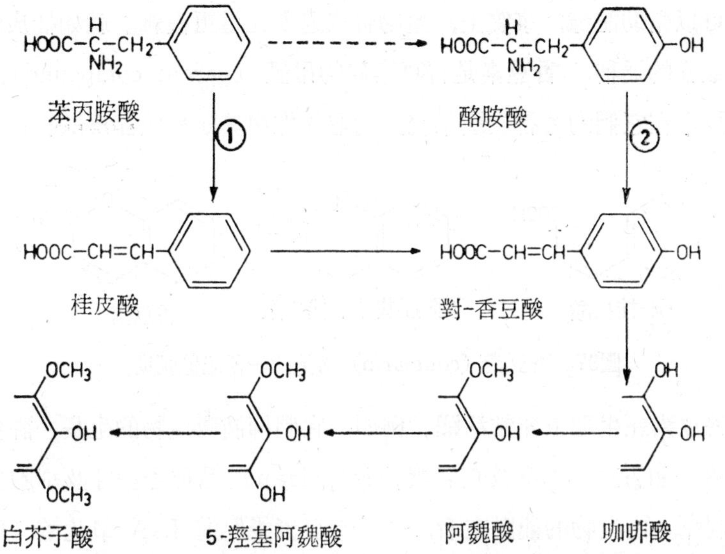

圖96: 桂皮酸的生物合成。 1 ＝苯丙胺酸銨解酶 (phenyl-alanine-ammonium-lyase)， 2 ＝酪胺酸銨解酶 (tyrosine-ammonium-lyase)。

桂皮酸能被羥化成對－香豆酸。桂皮酸族中其他的分子能由對－香豆酸藉著簡單的取代步驟而得到，而且所有的反應都能在無細胞系統中完成。桂皮酸類在植物中只有一小部分是自由存在的；通常，它們與醣類結合成糖苷或酯，也可能以芳香羥酸酯 (depside) 存在。芳香羥酸酯類是具羧基的酚，藉著酯聯 (ester linkage) 互相連結或與相關的物質連接。咖啡酸 (caffeic acid) 時常以綠原酸 (chlorogenic acid) 的形式存在，後者是一種由咖啡酸及奎寧酸形成的芳香羥酸酯類。

二、香豆素 (Coumarins)

假如桂皮酸在鄰位－位置 (*o*-position) 被支鏈氧化，然後放出

水，形成內酯環 (lactone ring)，卽產生香豆素 （圖97）。這兩步驟的次序可以幫助記憶，事實上，生物合成還要比這更複雜。就如桂皮酸是桂皮酸族的通稱，香豆素是香豆素族的母體 (parent compound)。這些香豆素在它們的芳香族環系統上的取代作用其類型與桂皮酸相似。

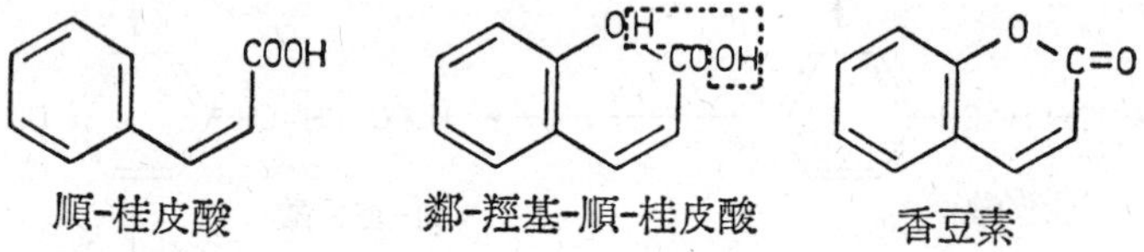

順-桂皮酸　　　鄰-羥基-順-桂皮酸　　　香豆素

圖97: 香豆素 (coumarin) 構造的一種記憶輔助。

香豆素在生理上非常活躍。例如，它們抑制微生物的生長。許多香豆素類，如香豆素本身及莨菪素 (scopoletin) 是種子發芽及細胞伸長的抑制劑。由生物的觀點來看，一些香豆素能促進 IAA 氧化酶 (IAA oxidase) 的活性，這些是氧化分解植物荷爾蒙 IAA 的酵素，也許香豆素在生理上的作用是由於 IAA 減少所引起；相反的，其他的香豆素已知能抑制 IAA 氧化酶的活性。

香豆素類的生物合成可以香豆素本身做例子來說明 （圖98）。它由桂皮酸開始。然而，首先我們必須強調很重要的一點：在桂皮酸支鏈上的雙鍵會引起立體異構性 (stereoisomerism)。自然界產生的桂皮酸大部分都是反式 (*trans*)，然而順式構形 (*cis*-configuration) 仍能發現。在植物體內順式與反式的平衡可以紫外線來改變，使平衡趨向順式。

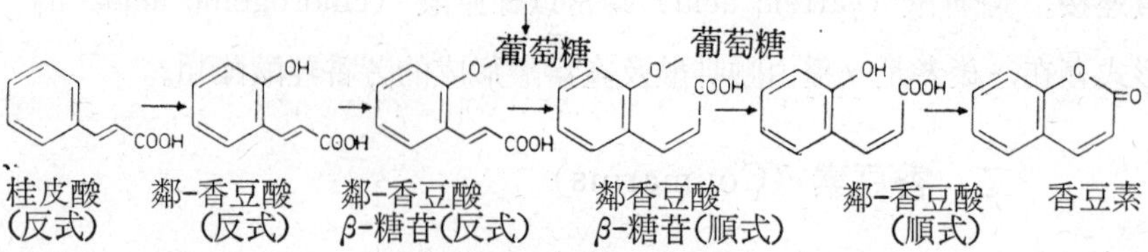

桂皮酸　　鄰-香豆酸　　鄰-香豆酸　　　鄰香豆酸　　　鄰-香豆酸　　香豆素
（反式）　（反式）　　β-糖苷（反式）　β-糖苷（順式）　（順式）

圖98: 香豆素的生物合成。

香豆素生物合成的起始物質是反式－桂皮酸 (*trans*-cinnamic acid)。藉著在對支鏈而言的鄰－位置上加一羥基, 反式－桂皮酸轉變成鄰－羥反式桂皮酸(*o*-hydroxyl *trans*-cinnamic acid), 也稱爲鄰－香豆酸(*o*-coumaric acid)。鄰-香豆酸再經葡基化(glycosylated)產生鄰-香豆酸 β－葡萄糖苷 (*o*-coumaric acid β-glucoside), 仍保持反式組態。在組織內它被紫外線轉變成相對的順式化合物鄰－香豆酸 β－葡萄糖苷, 此反應非由酵素引起, 這化合物被稱爲「結合香豆素」(bound coumarin), 通常在香豆素植物如白草木樨 (melilot, *Melilotus albus*), 車葉草 (woodruff, *Asperula odorata*) 及羽毛草 (feather-grass, *Hierochloe odorata*) 等中並未發現香豆素, 而只有鄰－香豆酸 β－葡萄糖苷。

在自然狀況下, 鄰-香豆酸 β-葡萄糖苷與 β-葡萄苷酶 (β-glucosidase) 是分開的, 只有在受傷或缺水時才會接觸而形成香豆素。 β-葡萄糖苷酶將結合香豆素水解成鄰－香豆酸, 鄰－香豆酸本身同時內酯化成香豆素。

到目前爲止, 所有的發現顯示所有其他的香豆素都是以相同的途徑由相當的香豆酸取代物形成。 對－香豆酸供給羥基香豆酮 (umbelliferone), 咖啡酸供給七葉樹素 (aesculetin) 及阿魏酸 (ferulic acid) 供給莨菪素 (圖99)。 因此, 我們的反應圖解 (圖98) 一般都是正確的, 只要插入適當的環取代物。這生物合成的模式提供我們解釋一項事實, 卽最重要的桂皮酸及香豆素顯示出相同類型的取代作用。

三、木質素 (Lignin)

由量而言, 木質素是纖維素之後第二重要的有機物質。 這並非偶然: 此木材化的物質 (woody material)──木質素──是植物最重要的構造物, 因此廣泛分佈在苔蘚類以上的植物界中。最初, 木質素使植

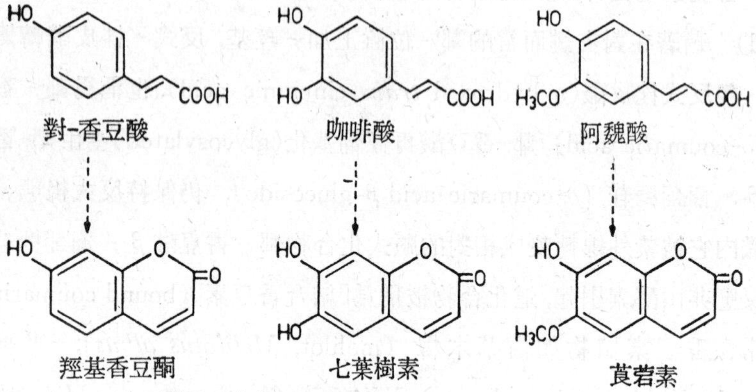

對-香豆酸　　　　　咖啡酸　　　　　阿魏酸

羥基香豆酮　　　　七葉樹素　　　　莨菪素

圖99：多種香豆素生物合成的式子及大綱。

物生命能從水中轉移到陸地上。在維管束植物，木質素通常在木質部中發現，木質部中每一個元素 （element） 都顯示出細胞壁被木質素包被。

　　對於木質素的構造及生物合成的闡明以弗羅允登柏格 （Freudenberg）、奈徐（Neish）及布朗（Brown）貢獻最大。木質素是一種高度聚合的物質，以苯基丙烷當做一個單位連接成立體的網狀結構（圖100）。對-香豆酸、阿魏酸及白芥子酸（sinapinic acid）的取代類型可在這些苯基丙烷殘基中辨認出來。並非上面所提的這些酸，而是其相關的醇類——對-香豆醇（*p*-coumaryl alcohol）、針葉樹醇（coniferyl alcohol）及白芥子醇（sinapyl alcohol）被併入木質素 （圖101）。這三種成分的相對含量隨植物年齡及狀況而有很大的差異。因此，木質素的種類很多而非僅有一種。松柏的木質素主要為針葉樹醇，也含一些對-香豆醇及白芥子醇。雲杉 （spruce） 木質的部份結構描繪於圖100。被子植物如山毛櫸 （beech） 其木質素中針葉樹醇及白芥子醇的含量大約相等，加上少量的對-香豆醇。單子葉植物的木質素 （特別是禾本科植物） 包

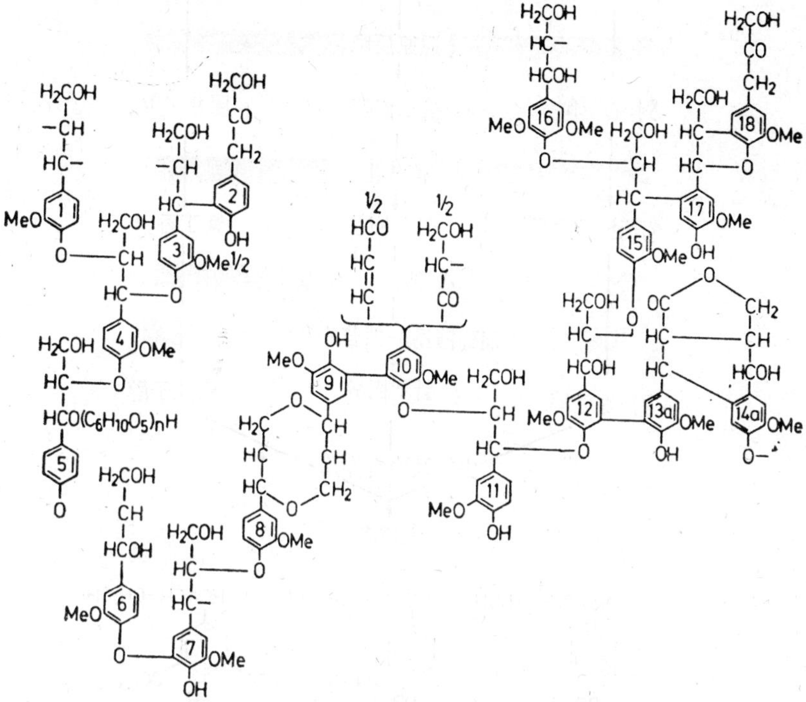

圖100：雲杉（spruce）木質素（lignin）的部分式子。網狀
須以三度空間描繪。（仿Freudenberg與Neish 1968）

含這三種結構的骨架，但以高含量的對－香豆醇殘基特別引人注意。這
也許與酪胺酸銨解酶的活性有關，此酵素廣泛地存於禾本科植物中，它
能將酪胺酸去胺（deaminate）成對－香豆酸，後者再轉變成對－香豆
醇。

　　木質素的生物合成（圖101）由桂皮酸開始，對－香豆酸、阿魏酸及
白芥子酸被轉變成相關的醇類——對－香豆醇、針葉樹醇及白芥子醇。
這些還原的轉變需要 NADPH＋H⁺ 的協助，而且這些反應的基質是桂
皮酸的輔酶A酯（CoA ester）而非桂皮酸本身。然後這些醇類再分別

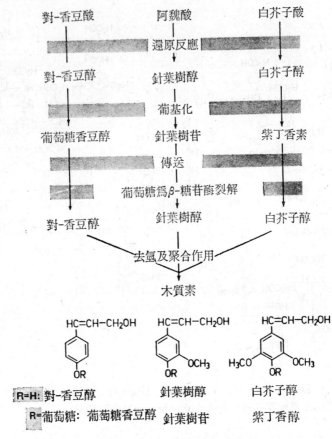

圖101：木質素生物合成的概觀。

經葡基化成萄萄糖香豆醇（glucocoumaryl alcohol）、針葉樹苷（coniferin）及紫丁香素（syringin），最後這些醇類均轉變成糖苷類。

在木質部中，木質素的合成由形成層內部少數幾層細胞開始。一但糖苷類達到那裡，葡萄糖就被分開，負責這步驟的糖苷酶（glycosidase）能在這帶以呈色反應測出（圖102）。放出的醇被酵素還原成有機根（organic radical），然後聚合。這些還原的酵素可能是酚氧化酶（phenol oxidase）或過氧化酶（peroxidase）。整個過程稱為去氫聚合作用（dehydropolymerization)。在松柏類,木質素在形成層內部約十層細胞中形成。厚的細胞壁完全被木質素覆蓋可由適當的呈色反應顯出（圖102）。

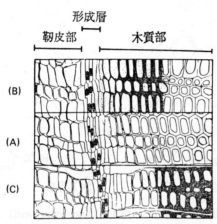

圖102: 雲杉樹幹韌皮部與 木質部邊界的橫切面。 (A)沒有染色, (B) β-糖苷酶染色, (C)木質染色。 β-糖苷酶的活性在木質化剛開始的那排細胞還可以測到, 大約在形成層向內的 第九排細胞; 木質形成完成, β-糖苷酶的活性便消失。(仿 Freudenberg 與 Neish 1968)

四、酚羧酸類及簡單酚類 (Phenol Carboxylic Acids and Simple Phenols)

到目前為止所討論的生化轉變以桂皮酸的碳骨架當作起始物質是一直維持不變的。在本節所要討論的是由桂皮酸衍生的二群酚類, 包括桂皮酸支鏈的部分或全部降解 (degradation)。

酚羧酸類再次顯示出桂皮酸的取代類型, 由此我們能推斷這二群物質間有很相近的起源關係(圖103)。酚羧酸如原兒茶酸 (protocatechuic acid) 及沒食子酸 (gallic acid) 分佈很廣。有一群單寧 (tannin)——

沒食子單寧（gallotannin），是由許多單位的沒食子酸聚合而成的。

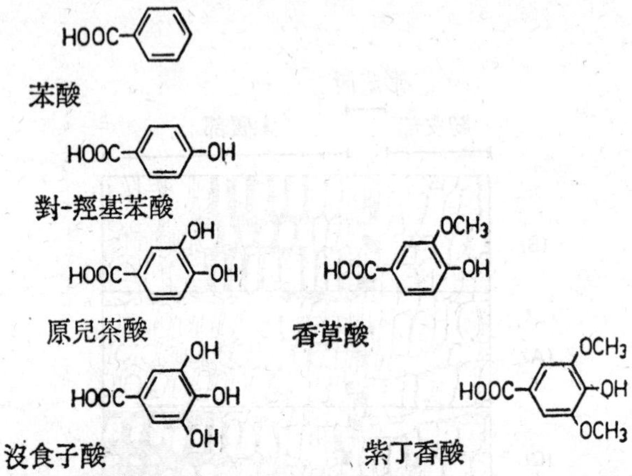

HOOC—〈苯環〉

苯酸

HOOC—〈苯環〉—OH

對-羥基苯酸

HOOC—〈苯環〉OH, OH

原兒茶酸

HOOC—〈苯環〉OCH₃, OH

香草酸

HOOC—〈苯環〉OH, OH, OH

沒食子酸

HOOC—〈苯環〉OCH₃, OH, OCH₃

紫丁香酸

圖103：酚羧酸（phenol carboxylic acid）

簡單酚類在高等植物中的分佈較以前所推測的少。最重要的是氫化醌（hydroquinone）及它的楊梅葉糖苷（glycoside arbutin）（圖104），這兩種都是以它們的甲基乙醚（methyl ether）方式存在。已知它們存在杜鵑花科（*Ericaceae*）及梨的葉子中。在秋天梨的葉子顏色變暗是由於氫化醌氧化成醌（quinone）的緣故。

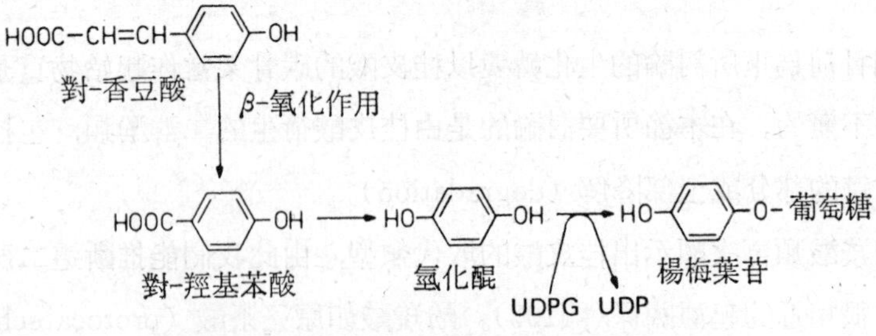

HOOC—CH＝CH—〈苯環〉—OH

對-香豆酸　↓ *β*-氧化作用

HOOC—〈苯環〉—OH ⟶ HO—〈苯環〉—OH ⟶ HO—〈苯環〉—O—葡萄糖

對-羥基苯酸　　**氫化醌**　　　UDPG UDP　**楊梅葉苷**

圖104：酚羧酸和簡單酚類的生物合成。

酚羧酸及簡單酚類的生物合成很相近，因此合在一起討論。酚羧酸類可由莽草酸途徑上的不同時期得來（153頁）。

至少在微生物，酚羧酸也能由乙酸－丙二酸 途徑供給， 在高等植物，它們更可能由桂皮酸得來。任克（Zenk）所發現的一連串反應，由對－香豆酸轉變成對－羥基苯酸（*p*-hydroxybenzoic acid），再轉變成氫化醌，這是一個例子。

首先對－香豆酸進行 β-氧化作用，這令我們回憶起脂肪酸的 β-氧化作用，而且這兩個反應的機制很可能是相同的。如此產生了一個芳香族酸（aromatic acid）， 其支鏈少了二個碳原子， 此產物稱為對－羥基苯酸，且是酚羧酸的一例。在一完全相似的狀況，原兒茶酸由咖啡酸經 β-氧化作用而來， 香草酸（vanillic acid）由阿魏酸而來等等。

現在讓我們考慮簡單的酚類。在此例中我們將知道對－羥基苯酸被去羧基成氫化醌，而且藉 UDPG 而被葡基化成楊梅葉苷。為了形成氫化醌及楊梅葉苷的甲基乙醚， 是以硫－腺核苷甲硫胺酸（*S*-adenosyl methionine）——即活化的甲硫胺酸——當做甲基的供給者。

五、黃烷衍生物 (Flavan Derivatives)

（一）化學組成（Chemical constitution）

黃烷的衍生物，或稱類黃烷（flavanoid），為組成酚類物質中最大的一群，它們的名稱是來自這群中某些物質是黃色的緣故（在拉丁文中 lavus＝黃色）。黃烷的衍生物可再依其中央的異環（heterocycle）的氧化態再分為許多子群，在這兒只能提到它們中比較重要的（圖105）。每一子群包含有許多物質，它們的不同在於其骨架取代類型的不同，特別是B環上的取代物。

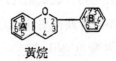

黃烷

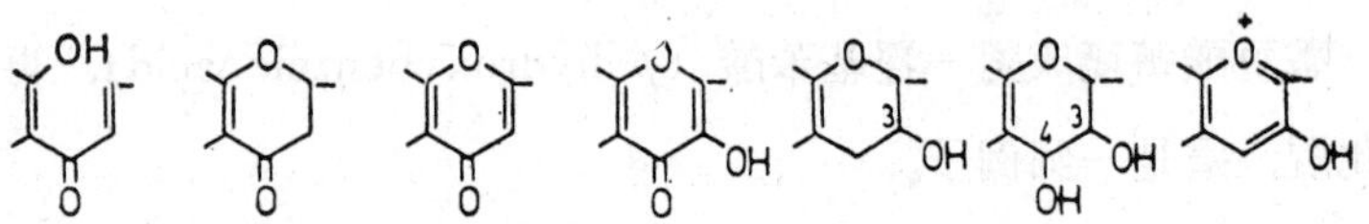

查耳酮　黃烷酮　黃酮　黃酮醇　兒茶素　黃烷-3,4-　花色素
　　　　　　　　　　　　　　　　　　　　　二醇

圖105：幾種黃烷 (flavan) 衍生物的概觀。上為其基本的
骨架，下為幾種黃烷衍生物族群的中心異環結構。

　在植物中大部分的黃烷衍生物是以糖苷形式存在，醣類連結在A環及異環的氫氧根上，特別是通常連在第三碳原子上的氫氧根。

　查耳酮 (chalcone) 並非黃烷的衍生物，因其缺少中央異環的特徵。它們自動轉變成黃烷的衍生物黃烷酮 (flavanone)，這反應在酸中特別容易進行。它們在黃烷衍生物的生物合成中扮演主要的角色。在許多菊科（*Compositae*）及豆科（*Leguminosae*）的花中具有相當大量的查耳酮糖苷，因此花為黃色。在菊科不同的花中發現的紫鉚花素 (butein)（圖106）即為一例。

　黃酮 (flavone) 在它的中央異環具有較黃烷酮多一個的雙鍵。在報春花科（*Primulaceae*）植物如鳥眼櫻草 (bird's eye primrose, *Primula farinosa*) 的莖及葉子的白「粉」(white meal) 部分是由黃酮本身組成。然而黃酮的衍生物如芹黃素 (apigenin) 及毛地黃黃酮 (luteolin)（圖106）分佈得更廣。

　假若一羥基被引入黃酮中央環的第三碳上就得到黃酮醇 (flavonol)，但在生物合成上它們並不以此種方法產生（圖110）。黃酮醇糖苷使花增

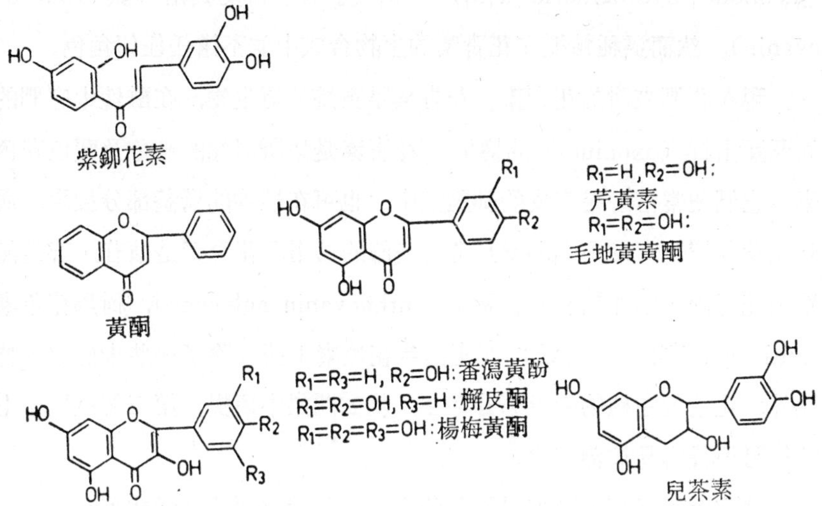

圖106：一些黃烷衍生物。（除了花色素）

添了白色到微淡黃色。它們不只在花中，在植物的其他部分亦可發現，它們的廣泛分佈表示具有重要的功能，雖然直到現在這推測的假設還缺乏根據。因此某些黃酮醇被假定爲吲哚乙酸氧化酶的抑制物質，其他的則爲促進物質（258頁）。

非糖類黃酮醇（flavonol aglycone）最通常的例子是番瀉黃酚（kaempferol）及櫟皮酮（quercetin），楊梅黃酮（myricetin）則較少（圖106）。

黃烷-3-醇(flavan-3-ol)和黃烷-3，4-二醇(flavan-3,4-diol)是單寧中第二大群物質的先驅物。它們聚合成所謂的「濃縮單寧」(condensed tannin)。我們前面已提過單寧的第一大群物質沒食子單寧了。黃烷-3-醇通常稱爲兒茶素（catechin）（圖106），廣泛地分佈在植物界。同樣地，黃烷-3，4-二醇也是廣泛地分佈在植物界，它們屬於所謂的「白花青素」(leuco anthocyanin)，這是因爲若以醇氫氯酸

(alcoholic hydrochloric acid) 煮過後很容易轉變成花青素 (anthocyanin)。然而這種轉變在花青素的生物合成中並不擔任任何角色。

現在我們來討論花青素。花青素是黃烷的衍生物，在酸性中它們的異環顯出鉮 (oxonium) 的構造。花青素是眾所周知的紅色及藍色花色素，它們通常溶解在表皮的細胞液中；也可在植物的營養部分發現，而且在葉狀植物 (leafy plant) 常有裝飾的功用。花青素是糖苷；若是無糖的花青素，卽非糖苷基花青素 (anthocyanin aglycone)，稱爲花色素 (anthocyanidin)。 所以：花青素＝花色素＋糖。除了一些未確定的特性外，花色素在植物中以糖苷存在，就如開始中所提，第三個碳原子上的氫氧根最容易被葡基化。

讓我們更詳細一點來討論花色素。一些較重要的結構式列在圖107。每個花色素間的不同在於 B 環上的取代類型，只有極少數的例子（在此不提）它們的不同是在其他兩個環系統的取代類型。分離出來的花色素有紅色及藍色不同的色度，這以後將會再提到。

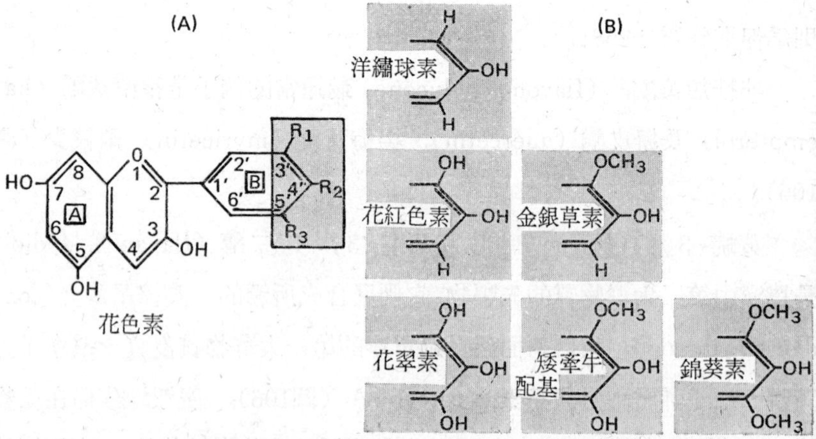

圖107：最重要的花色素 (anthocyanidine)。(A)基本結構，(B) B 環，因不同的花色素而異。

我們再看一看每個花色素的結構式，可注意到在 B 環的取代類型與先前提過的桂皮酸、香豆素及酚羧酸相同。回顧一下，可注意到這觀察對整群的黃烷衍生物均適用，而花色素因數目龐大而較難看出這相同的情況。現在提出一個問題：桂皮酸是否也有可能參與完全不同構造的黃烷衍生物的生物合成？

（二）花色素及其他黃烷衍生物的生物合成（Biosynthesis of the anthocyanidins and other flavan derivatives）

• 骨架的分析（Analysis of building blocks）

通常要闡明一個生物合成途徑均以骨架的分析做為開始。探討一物質的生物合成，它的構造可做為可能之先驅物的推論；這些假設的先驅物再以放射性的形式供給生物體，經過一段時間的培養後將終產物分離，測其放射性的強度（radioactivity）。若這物質具有放射性，再利用適當的方法將其破壞成許多部分，然後測每一部分的放射性強度。這方法可確定供給的物質是否能當做合成物質的先驅物，也就是當做骨架。

以這種方法分析顯示，A 環是由三個醋酸單位組成的（圖108）。B 環及異環上的第二、三、四碳原子是由苯基丙烷所提供，如由苯丙胺酸

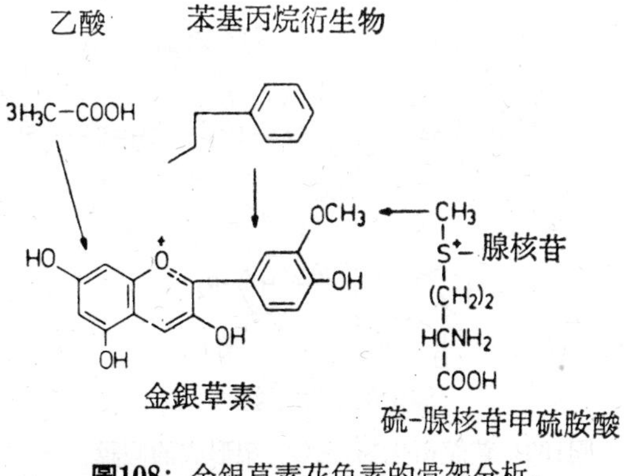

圖108：金銀草素花色素的骨架分析。

及桂皮酸的碳骨架提供。假如 B 環上的羥基是以二甲醚的方式出現，則
這甲基是由活化的甲硫胺酸，硫－腺核苷甲硫胺酸得來的。現已完成其
骨架的分析，但開始有了其他的困難，因爲我們必須解釋中間產物。

• 花色素的生物合成（**Biosynthesis of the anthocyanidins**）
可分爲以下三類問題：

(1)15C骨架的形成（formation of the 15C skeleton）（圖109）。

一個可採納的假設是丙二醯輔酶A及桂皮酸的輔酶A酯參與了 15C
骨架的形成。這反應機制與醋酸－丙二酸途徑相吻合： 以桂皮酸輔酶A
當起始物質，然後三個丙二醯輔酶A連續藉去羧基作用而加上去，產物
是一種只含有一個芳香族環的15C物質，這環註定成爲 B 環。 事實上，
這是起始的桂皮酸的芳香族環。這構造暫時是一開放鏈，後來會由去羧
基的丙二酸（＝乙酸）形成A環。由香菜（parsley）的細胞培養已分離
出一種能將對－香豆酸轉變成它的輔酶A酯的酵素。最近，在無細胞系
統也能測出連結對－香豆輔酶A到丙二醯輔酶A而形成相關的查耳酮之
酵素——查耳酮合成酶。這些實驗上的發現證實我們所討論的假設有充
分的正確性。

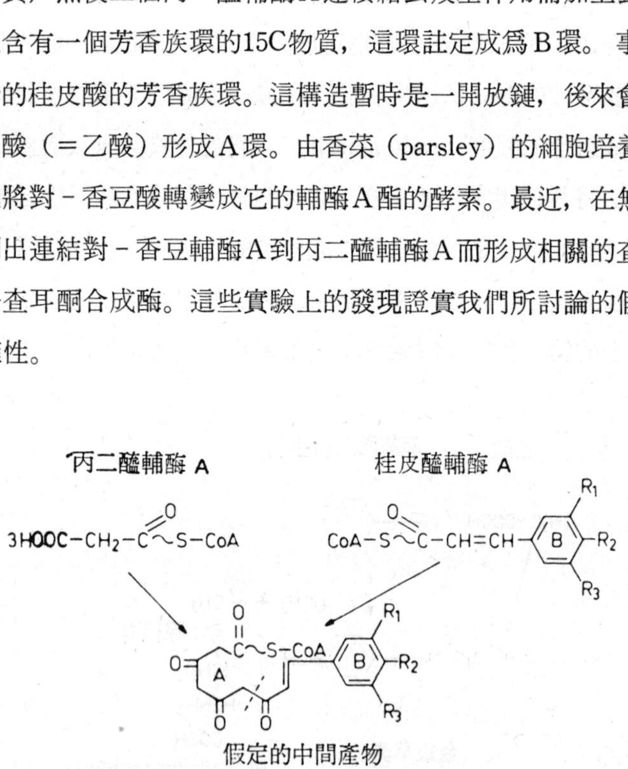

圖109： 黃烷衍生物15-C骨架形成的假說。

(2)異環的修飾（modification of the heterocycle）（圖110）。

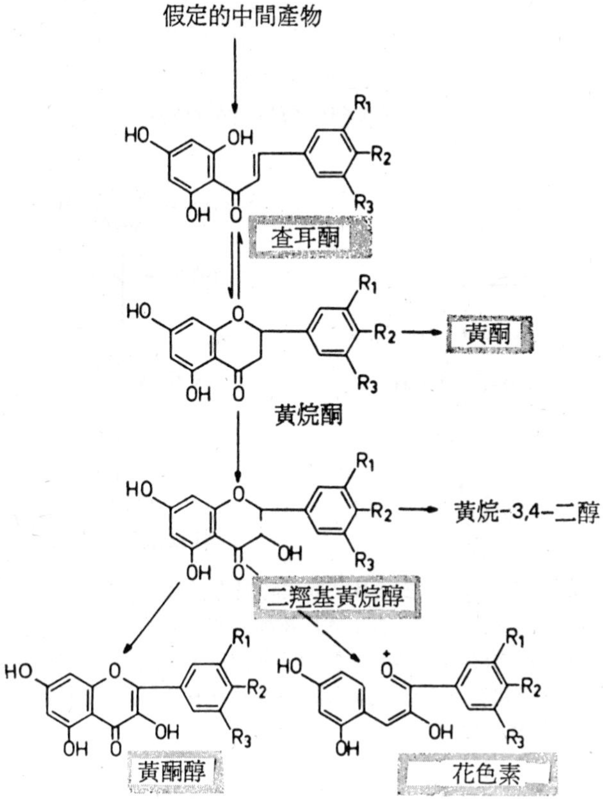

圖110：最重要的黃烷衍生物的生物合成。

　　下一步，　這開放鏈構造 封閉而形成環A，　就得到稱爲 查耳酮的物質。由同位素實驗（特別是葛瑞塞巴赫 （Grisebach） 所做的實驗）已除去關於查耳酮是所有黃烷衍生物之母體物質的所有懷疑。查耳酮轉變成黃酮，而且所有接著的反應過程直到形成花色素，只是適當的修飾中央的環系統而已。我們曉得，闡明花青素的生物合成的同時也可了解所有黃烷衍生物合成，這是因爲每一個黃烷衍生物都是花青素的先驅物，

或者它們能由這些先驅物得來。

(3)在 B 環中取代的時期 (timing of the substitution in ring B)
(圖111)。

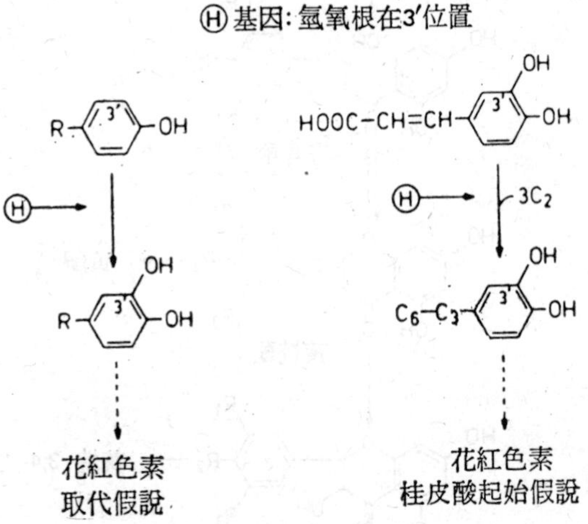

Ⓗ基因:氫氧根在3′位置

圖111: 兩個花色 素B環取代時機的假說。 根據取代假說,
取代物是在遺傳控制下被引入桂皮酸或花色素的15-C 前趨物的
環系統中; 根據桂皮酸起始假說, 基因以不同的方式導致相同的
結果: 他們把花色素合成的起始限制在具有適當取代物的非常特
殊的桂皮酸。根據取代假說, H基因負責把一個羥基嵌入芳香環
系統。桂皮酸起始假說則表示活化的咖啡酸與三個單位的活化醋
酸 (丙二醯輔酶A) 連結, 形成 15-C 的個體, 此物然後被轉變
成花紅色素 (cyanidin)。

我們將討論兩種可能性。其中之一是在花青素開始合成時, 適當的
桂皮酸取代物被利用, 然後這取代物自然地變成環 B 的取代物。我們已
多次確定取代的桂皮酸被牽連在合成中: 在香豆酸、木質素、酚羧酸及
簡單酚類的合成中。當我們談到生物鹼的生物合成時將會熟悉其他的例
子。知道了這事實使得桂皮酸及花色素間取代類型的顯著相似性更易了
解了。

第二種可能性是 B 環的取代物在生物合成的相當後期才被引進，也許是在二羥基黃烷醇（dihydroflavanol）的時期。

這問題尚未獲得解決，因一些生化上的發現支持一種機制，而其他則支持另一種機制。也許依植物的不同這兩種可能性都存在。然而在一種植物中由不同黃烷衍生物所得的數據及遺傳上的發現並不與第二種可能性符合。

現來做一概論：在生物合成上，黃烷的衍生物是一種混合的物質（hybrid substance）。它們的 A 環是由乙酸得來，它們的 B 環及異環的第二、三、四碳原子是由苯基丙烷得來。15C 的骨架可能由丙二醯輔酶A 及桂皮酸輔酶A合成而來，這反應過程與乙酸-丙二酸途徑相似。

六、花的呈色 (Flower Pigmentation)

我們現在已經熟悉類胡蘿蔔素及黃烷的衍生物，而且它們代表最重要的花的色素，類胡蘿蔔素負責黃色到紅色，而黃烷的衍生物負責白色、黃色、紅色及藍色。花青素是紅色及藍色的黃烷色素。

迄今，色素已依它們的化學構造來分類，也能依細胞學上的標準來區分，且歇伯得(Seybold)曾建議將它們分為液泡色素（chymochromic pigment）、色素體色素（plasmochromic pigment）及胞膜色素（membranochromic pigment）。液泡色素溶於液泡之細胞液中。它們包括葡基化的黃烷衍生物，特別是黃酮、黃酮醇及花色素的糖苷，而且也包括葡基化的類胡蘿蔔素，如前已述的藏紅花酸衍生物。色素體色素發現於色素體內，因此，葉綠素、胡蘿蔔素及葉黃素（xanthophll）都屬此類。胞膜色素充滿在細胞壁中，此外，不同的酚物質可使心材呈色，在泥煤苔（peat mosses）所發現未知構造的紅色素也屬此類。

已確知一特殊花色的產生是由一些因素來決定，最重要的幾點如

下：

(1)色素的特性 (nature of the pigments)。通常在花中會同時出現許多色素群的分子。因此，在三色紫羅蘭 (pansy, *Viola tricolor*) 的品種中，表皮液泡色素的花青素被嵌於下表皮中，色素體色素的類胡蘿蔔素中，卽使一花的呈色是由於單一色素群所形成，在這色素群中卽有着許多的分子存在。例如，在一花中常可發現許多花色素以不同的葡基化狀態存在，而且有時也帶有不同的桂皮酸殘基。每個分離出來的花色素都有不同的顏色，羥基的數目愈多顏色就愈深。洋繡球素 (pelargonidin) 是橙紅色，花紅色素 (cyanidin) 爲紅色，花翠素 (delphinidin) 則呈藍色。甲基化的羥基使色度轉變趨向紅色。金銀草素 (peonidin) 是紅色，矮牽牛配基 (petunidin) 爲紫色，錦葵素 (malvidin) 爲玫瑰紅色。如前述，對於分離出來的花色素都適用。在花中，洋繡球素及其他花色素在吸光上的差異特別重要。

(2)色素的含量 (amount of pigments)。這可由一些三色紫羅蘭的品種來考慮，例如達到花乾重的30%，使得花的呈色相當深。

(3) pH 值。花青素在酸性中爲紅色，鹼性中爲藍色，至少在試管中對這些化合物都適用。在自然界中，pH 值並不如上述所認爲的那麼重要。以矢車菊 (cornflower) 來說明，已知雖然它的細胞液中 pH 值可能時常是4.9，但仍爲藍色。

(4)與多價的金屬離子形成複合物 (complex formation with polyvalent metal ions)。依巴依爾 (Bayer) 及哈亞敍 (Hayashi) 證實，與金屬離子如鐵離子 (Fe^{+++}) 及鋁離子 (Al^{+++}) 形成複合物在呈色上較 pH 值重要。花色素在 B 環上有二個相鄰的氫氧根，花紅色素、花翠素及矮牽牛配基卽藉著這些氫氧根形成藍色的金屬複合物。這種嵌合物 (chelate) 也常與碳水化合物攜帶者 (carbohydrate carrier) 連結，

在微酸的 pH 值中負責矢車菊呈現藍色。

(5)輔色素 (copigments)。 其他物質， 某些本身是無色但能影響花青素的呈色， 這些物質稱爲輔色素。例如黃烷醇及兒茶素。輔色素的影響通常使顏色加深， 這原因仍在爭論中。

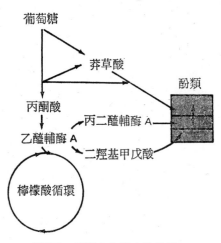

圖112：酚類在代謝中的位置。

現在完成了對酚的討論。酚是萜類之後第二大群的二次植物物質。爲了顯示增加其對高等植物的重要性而列出其生物合成的途徑。酚是由乙酸—二羥基 甲戊酸途徑， 乙酸—丙二酸途徑， 特別是由莽 原酸途徑（圖112） 形成。就如其他重要的酚類的生物合成一般， 在酚的代謝中桂皮酸居中央位置。

第八章 胺 基 酸

(Amino Acids)

在討論轉譯時必會提到胺基酸。在這一章我們必須討論許多它們生物合成的概念。它們的名稱是由於所有常見的胺基酸在與羧基相對的 α－位置上具有一個胺基（amino group）而得來。我們首先要注意還原氮的來源，然後看它如何轉移到碳骨架上，也就是胺基酸如何形成。

第一節 氮的還原 (The Reduction of Nitrogen)

空氣中包含了78%體積的N_2形式的氮，這氮無法被高等植物直接利用，只有一些微生物能將它固定而且還原成氨（NH_3, ammonia），它們中有些是獨立生活（free-living）的微生物，有些是高等植物的共生菌。固氮微生物有藍綠藻、眞菌、細菌。在共生菌中最爲人所熟知的是在豆科植物結節發現的根瘤菌屬 （genus *Rhizobium*）。高等植物能由上述的共生物（symbiont）得到氮的化合物。然而，高等植物最重要的氮來源是土壤中的硝酸鹽 （nitrate），而硝酸鹽大部分由細菌供給。由有機物分解放出的氨被亞硝酸鹽細菌 （nitrite bacteria） 氧化成亞硝酸根

(NO_2^-)，再被硝酸鹽細菌（nitrate bacteria）氧化成硝酸根（NO_3^-）。雖然高等植物也能以銨化合物 （ammonium compound） 的形式將氨吸收，但主要還是以硝酸鹽當做合成胺基酸及其他含氮化合物的起始物質。

為了合成胺基酸及其他含氮化合物，硝酸鹽必須被還原，還原作用分爲許多步驟來進行，每一步驟表示一對電子的轉移。第一步是由硝酸鹽轉變成亞硝酸鹽，接著二次還原作用產生一直未被證實的中間產物，最後的還原步驟形成氨（圖113）。

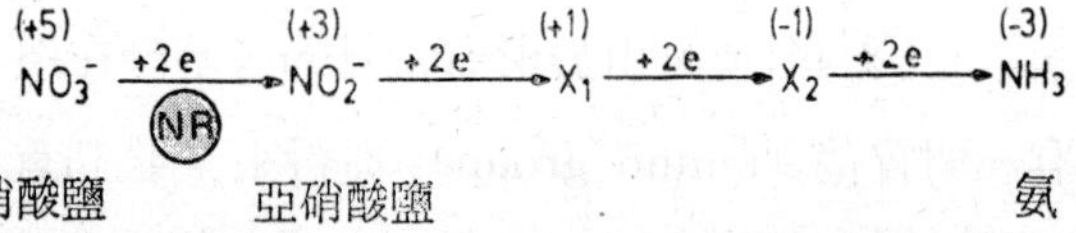

$$\underset{\text{硝酸鹽}}{\overset{(+5)}{NO_3^-}} \xrightarrow[\text{(NR)}]{+2e} \underset{\text{亞硝酸鹽}}{\overset{(+3)}{NO_2^-}} \xrightarrow{+2e} \overset{(+1)}{X_1} \xrightarrow{+2e} \overset{(-1)}{X_2} \xrightarrow{+2e} \underset{\text{氨}}{\overset{(-3)}{NH_3}}$$

圖113: 硝酸鹽的還原。NR＝硝酸還原酵素 （nitrate reductase）。

在所有的四個還原步驟中，由硝酸鹽轉變成亞硝酸鹽研究的最多。參與反應的酵素是硝酸鹽還原酶（nitrate reductase），這是含有 FAD 當輔酶的黃素蛋白，而且也含有鉬 （molybdenum）。它可由 NADPH＋H^+ 取得電子，這 NADPH＋H^+ 是由光合作用的初級過程中得到的。它也可被 NADH＋H^+ 取代。NADPH 或 NADH 很可能首先將它的電子傳給 FAD，然後再傳給鉬，最後傳給硝酸鹽。有關接著的還原作用最後導致氨的產生則研究的較少。

• 硫的同化作用 （The assimilation of S）

由量的觀點來看，碳、氫、氧、氮、硫及磷是有機物的主要元素。我們剛才已概略提過高等植物氮的同化作用的模式，因此，在此提及一些關於硫同化的眞相並非不合宜。

　　就如氮的例子，高等植物硫的來源是氧化態的硫酸鹽（sulfate）。就如硝酸鹽，硫酸鹽必須先被還原，最後硫以帶二個負電的 S^{-2} 形式存在。硫同化作用的第一步是硫酸鹽的固定。固定作用是由硫酸鹽與 ATP 作用放出焦磷酸開始，形成一種腺嘌呤磷酸硫酸（adenosine-phosphate-sulfate）的化合物，而在此化合物的核糖上接上由另一ATP分子得來的磷酸殘基，所得的產物是 3′-磷醯基-5′-腺嘌呤-磷醯基-硫酸（3′-phosphoryl-5′-adenosine-phosphoryl-sulfate），或簡稱為「活化硫酸鹽」（active sulfate）（圖114）。硫以這種方法被固定及活化。這種形式的「活化硫酸鹽」被還原成 S^{-2}。這裡可能也牽涉到二個電子的轉移，但反應的機制還不了解。

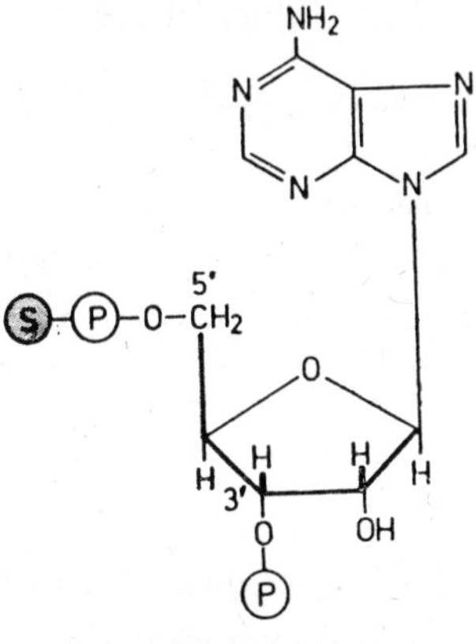

圖114: 活化的硫酸鹽（active sulfate）。

　　HS- 基，卽硫氫基（sulphydryl group）在生物上很重要。半胱胺酸（cysteine）帶有一HS- 基，以半胱胺酸形式可把 HS- 基併入蛋白質內（包括酵素蛋白質）。HS- 基在酵素的功能上很重要，我們稱之為 HS- 酵素，脂肪酸合成酶即為一例。

第二節　還原性的胺化作用 (Reductive Amination)

讓我們再回來討論氮。它已被還原成氨的形式，現在我們必須將這氨態氮轉變成胺基態氮。這在還原性的胺化作用中進行（圖115）：我們已知檸檬酸循環的中間產物 α-酮基戊二酸 (α- ketoglutarate) 在這一還原反應中接受氮，同時放出水，產物是麩胺酸 (glutamic acid)。這反應已被證實存在許多植物中，且是由麩胺酸去氫酶 (glutamic acid dehydrogenase) 來催化。氫的供給者是 $NADH+H^+$。我們可想像類似 α-酮基戊二酸的其他酮酸 (keto acid)，如草醋酸，也許能像前者一樣進行還原性的胺化。然而，在高等植物只有 α-酮基戊二酸的還原性胺化作用較重要，因此麩胺酸去氫酶是胺基酸代謝的關鍵酵素。

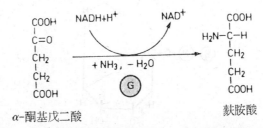

圖115: 還原的胺化作用 (reductive amination)。G＝麩胺酸去氫酶 (glutamic acid dehydrogenase)。

第三節　麩胺醯胺的形成 (The Formation of Glutamine)

麩胺酸是二羧酸 (dicarboxylic acid)，其中一羧基能轉變成相關的

醯胺（amide）（圖116）。在這反應中氨也被利用，同時需要 ATP。這反應由廣泛存在植物中的麩胺醯胺合成酶(glutamine synthetase) 來催化。麩胺醯胺是氮代謝中一重要物質，它供給魚精胺酸（arginine）、嘧啶、嘌呤鹽基中的一個氮原子。天門多胺酸（aspartic acid）相關的醯胺天門多醯胺（asparagine）似乎較不重要，它可能以相似的方法來形成。

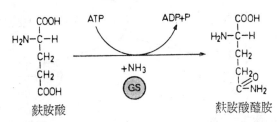

圖116: 麩胺酸醯胺（glutamine）的形成。GS＝麩胺酸醯胺合成酶（glutamine synthetase）。

第四節　轉胺作用（Transamination）

我們已知氮如何被還原而以 NH_2 基的形式固定在一些化合物上。首先來考慮麩胺酸，它能將它的胺基轉給一些 α—酮酸，如丙酮酸（pyruvate）及草醋酸（圖117）。在這反應中麩胺酸轉變成相關的 α-酮酸、α-酮基戊二酸。而 α-酮酸轉變成相關的胺基酸，也就是丙酮酸轉變成丙胺酸（alanine）及草醋酸轉變成天門多胺酸。這可逆的轉移一個胺基給 α-酮酸稱為轉胺作用（transamination），而催化這反應的酵素稱為轉胺酶（transaminase）。轉胺酶的輔酶是吡哆醛磷酸（pyridoxal phosphate），它以吡哆胺磷酸（pyridoxamine phosphate）介於這轉移間（圖117）。

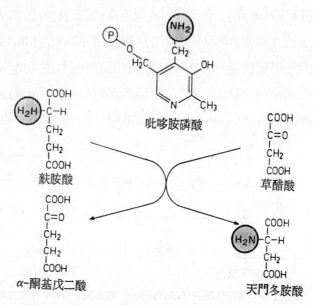

圖117: 麩胺酸與草醋酸 (oxalacetate) 間之轉胺作用 (transamination)。

麩胺酸是還原性胺化作用的主要產物。如上述的精要，由麩胺酸至 α - 酮酸的轉胺作用導致形成其他的胺基酸。然後這胺基酸又在轉胺反應中將它的胺基轉給 α - 酮酸，最後產生所有的胺基酸。

第五節　胺基酸碳骨架的來源 (The Origin of the C Skeleton of the Amino Acids)

一些胺基酸碳骨架的來源已經知道。麩胺酸的碳骨架由 α - 酮基戊二酸得來，天門多醯胺由草醋酸得來，丙胺酸由丙酮酸得來。我們很熟悉這三種 α - 酮酸都是由 碳水化合物 分解而來。 麩胺酸、天門多胺酸及丙胺酸是三群胺基酸的先驅物， 即所謂的麩胺酸族 (glutamic acid family)、天門多胺酸族 (aspartic acid family)、及丙酮酸族 (pyruvate family)。此外尚有其他的胺基酸族，顯示與碳水化合物的代謝有關聯。這當中我們已熟悉莽草酸族 (shikimic acid family)（一方面是苯丙胺酸及酪胺酸，另一方面是色胺酸）。圖118表示不同族及它們與碳水化合物代謝的關係的探討。

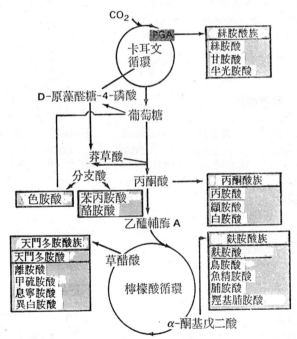

圖118 (a)：各個胺基酸族群與代謝的關係。比較複雜的組織胺酸 (histidine) 途徑未表示出來。

　　概而言之，胺基酸的碳骨架是由碳水化合物代謝而來。這表示所有的胺基酸族都能倒推到一個中間產物。將胺基引入碳骨架能由連續的三個主要步驟來考慮：硝酸鹽的還原，α-酮基戊二酸的還原性胺化作用及轉胺作用。

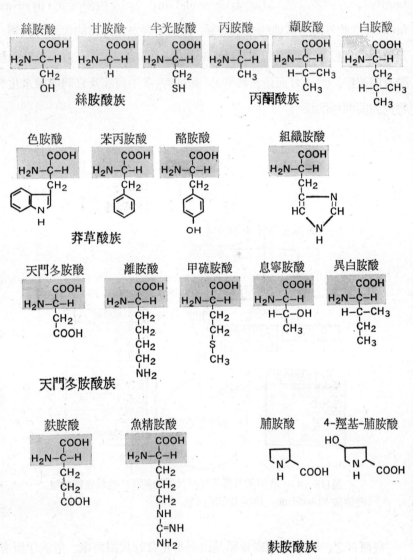

圖118（b）：根據圖118(a) 的族群排列的主要胺基酸。

第九章　生　物　鹼

(Alkaloids)

　　生物鹼是一群鹼性的二次植物物質，且經常具有一含氮的異環，它們的基本特性即是基於氮環的構造 (alkaloid＝alkali－like)。這些生物鹼幾乎是從胺基酸，如鳥胺酸 (ornithine)、離胺酸 (lysine)、苯丙胺酸、酪胺酸及色胺酸等生物合成而來。

　　目前已經知道的生物鹼約有三千種，分佈於約四千種植物中。由於種類多，並不是所有的生物鹼化合物都能符合上面所說的定義。生物鹼不限於植物中才有，在動物體中也已發現一部分。而且不是所有此類的化合物都是鹼性，例如菸鹼酸 (nicotinic acid)、秋水仙素 (colchi-cine) 及甜菜紅色素 (betacyanin) 等即為例外。由秋水仙素的構造式能發現氮不是經常含於異環中，而這些例外通常仍包括在生物鹼中，因為它們的生物合成和「真的」生物鹼有密切的關係。

　　就其生物合成來考慮，威恩特史坦 (Winterstein) 和帝爾 (Trier)在1931年依據它們的構造指出生物鹼一定是胺基酸的衍生物，因此如今沒有人懷疑胺基是生物鹼中氮供給者的說法的正確性。事實上，它們從胺基酸衍生的生物來源 (biogenesis) 說法可以把不同的生物鹼聚在一起而當做一個群體。這也沒有排除胺基酸以外的物質可當生物鹼生物合

成的建材的可能性，尤其是異戊烯基焦磷酸 (isopentenyl pyrophosphate)。

　　關於萜烯生物鹼 (terpenoid alkaloid) 和類固醇生物鹼 (steroid alkaloid) 的關連必須簡要的提一提。這些物質的碳骨架是很獨特地以 5C 爲單位構成。它們含氮，但氮的來源仍是一項爭論。因爲它們的氮，這些物質經常被認爲是生物鹼，雖然氮不是由胺基酸衍生而來。如果把它們當做萜烯類也同樣是正確的 (142頁)。

　　最後，一群構造簡單的含氮物質被稱做原始生物鹼(protoalkaloid)，生物發生的胺(biogenic amine)就是例子，它們由胺基酸經去羧基作用以及胺基酸的氧化、烷化(alkylated)或醯化(acylated)的衍生物而來。

　　本章我們將不對萜烯生物鹼、類固醇生物鹼和原始生物鹼做深入的探討。我們只選眞生物鹼 (true alkaloid) 許多群中的幾個群，而且每群中只選幾個分子來討論。圖119是一個概觀。一般曉得生物鹼通常經由神經系統以幾種不同的方式影響動物及人體，但對在植物體中它們產生的功能知道的較少。一些生物鹼被假定做爲保護植物體抵抗掠食者，其他則做爲氮的儲藏，能在需要時移出。然而，大體言之，生物鹼似乎是分泌的產物，這些分泌物能間接地在個別的例子中發揮特殊的功能。

第一節　脂肪酸**胺基酸**——**烏胺酸**和**離胺酸**——的**衍生物** (Derivatives of the Aliphatic Amino Acids, Ornithine and Lysine)

　　這二種胺基酸都能在含氮環系統的合成中充當先驅物，烏胺酸提供一個五邊環，離胺酸提供六邊環。五邊環大部分經常以吡咯烷酮 (pyrrolidine) 系統在生物鹼中出現，六邊環則以胡椒素 (piperidine) 或吡

結構	族羣	前趨物
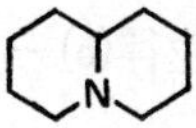	喹嗪啶-A.	離胺酸
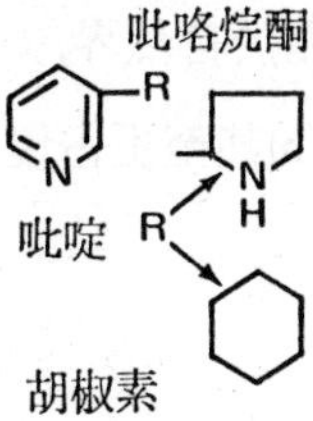 吡咯烷酮 吡啶	菸草-A.	菸鹼酸 鳥胺酸 離胺酸
 胡椒素	顛茄-A.	鳥胺酸
參見本文	石蒜科-A. 秋水仙素	苯丙胺酸 酪胺酸
參見本文	甜菜紅色素 甜菜黃色素	酪胺酸
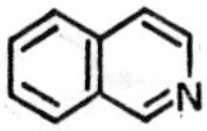	異奎啉	酪胺酸
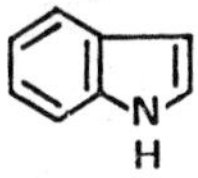	吲哚-A.	色胺酸
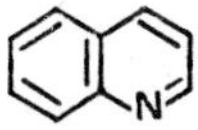	奎啉	色胺酸
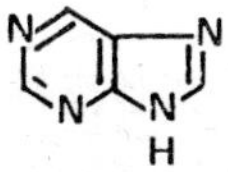	嘌呤	參見本文

圖119：幾種生物鹼 (alkaloid) 的概觀。

啶（pyridine）系統出現。這兩種胺基酸以兩種途徑形成環系統。第一型(a)由去羧基作用產生生物發生的胺：腐胺（putrescine）由鳥胺酸而來，屍胺（cadaverine）由離胺酸而來。第二種途徑(b)一個胺基首先經氧化作用而除去，故不會形成生物發生的胺。後來這二種路徑合而為一（圖120）。雖然以前認為只有第一種途徑存在於自然界，現在已曉得這兩種路徑都能被利用，在一些例子中，路徑(b)甚至更占優勢。

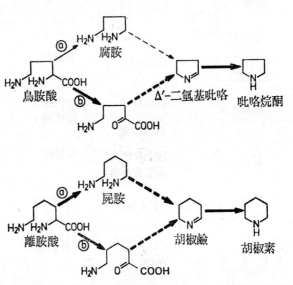

圖120：鳥胺酸（ornithine）及離胺酸（lysine）可能的環化反應。

一、喹嗪啶生物鹼 (Quinolizidine Alkaloids)

喹嗪啶生物鹼含有一或二個喹嗪啶系統。在蝶形花科（*Papiliona-ceae*）中的羽扇豆屬（*Lupinus*）含量特別豐富。由於它們在羽扇豆（lu-pins）中出現而被命名為羽扇豆生物鹼（lupin alkaloid）。在1920年代的末期，桑格布序（Sengbusch）從數百萬株羽扇豆植物中選擇含生物

鹼量少的突變種，而且這些能用做牛群的飼料。它們即為有名的甜羽扇豆（sweet lipins）。最重要的羽扇豆生物鹼是具有一個喹嗪啶系統的黃羽扇豆鹼（lupinin）和具有二個喹嗪啶系統的金雀花鹼（sparteine）、白羽扇豆鹼（lupanin）及羥基白羽扇豆鹼（hydroxylupanin）（圖121）。

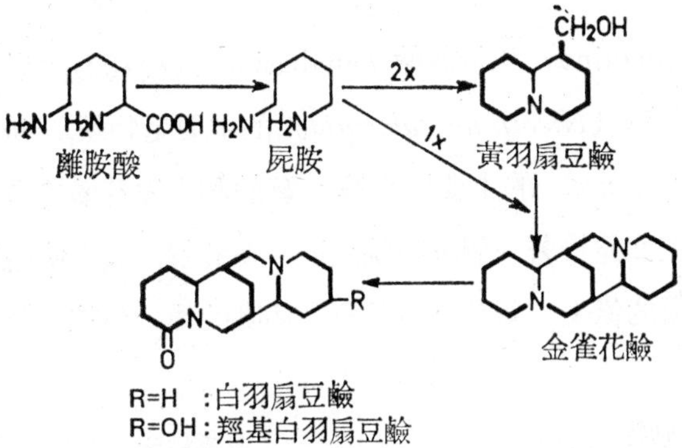

R=H　：白羽扇豆鹼
R=OH：羥基白羽扇豆鹼

圖121：最重要的羽扇豆生物鹼（lupin alkaloid）及它們的生物合成。

合成羽扇豆生物鹼的起始物質是離胺酸，它首先去羧基而成為生物來源的胺——屍胺。兩單位的屍胺結合在一起經由一個仍是假設的中間物質而成為黃羽扇豆鹼；再加上另一單位的屍胺於黃羽扇豆鹼上就成為金雀花鹼，然後金雀花鹼氧化成為白羽扇豆鹼，更進一步氧化就可成為羥基白羽扇豆鹼。喹嗪啶生物鹼的碳骨架完全由離胺酸而來。我們現在將進一步考慮生物鹼中的兩個群，菸草生物鹼（nicotiana alkaloid）和顛茄生物鹼（tropane alkaloid），它們的碳骨架只有一部分由脂肪胺基酸（aliphatic amino acid）——鳥胺酸或離胺酸而來。

二、菸草生物鹼和菸鹼酸 (Nicotiana Alkaloids and Nicotinic Acids)

最重要的菸草生物鹼（nicotiana alkaloid）是菸鹼（nicotine）、去

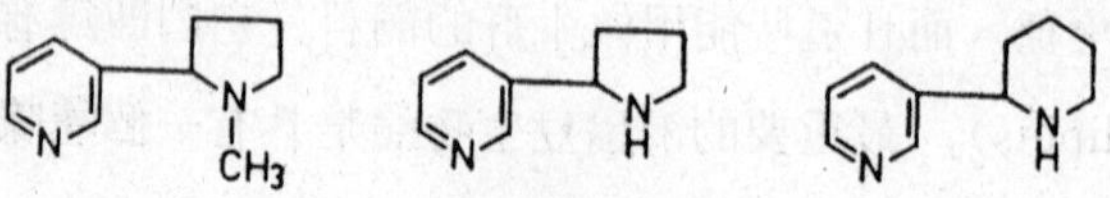

菸鹼　去甲菸鹼　新菸鹼

圖122：最重要的菸草生物鹼。

甲菸鹼（nornicotine）和新菸鹼（anabasine）（圖122）。菸鹼和去甲菸鹼是馬利蘭菸草（*Nicotiana tabacum*）的主要生物鹼，新菸鹼是菸草（*Nicotiana glauca*）的主要生物鹼。菸鹼和去甲菸鹼二者都含有吡啶環，且在環上面還接著一個吡咯烷酮環。在菸鹼，這吡咯烷酮環上有一個甲基位於環的氮上。新菸鹼也具有一個吡啶環，但取代物是一個胡椒

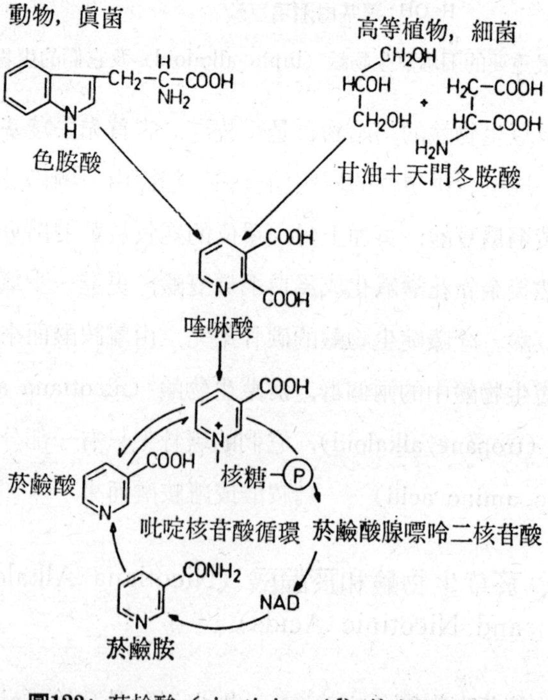

圖123：菸鹼酸（nicotinic acid）的生物合成。

素環。菸草生物鹼的吡啶環是由菸鹼酸所供給，因此我們首先必須討論菸鹼酸的生物合成（圖123）。依生物體的不同，菸鹼酸能以二種不同的方法產生，且在先驅物喹啉酸（quinolinic acid）合而爲一。動物和眞菌的喹啉酸是由色胺酸解離時供應的。在細菌和高等植物是由一個甘油衍生物和一個天門多胺酸的衍生物結合成喹啉酸。後者能隨著去羥基作用轉變成菸鹼酸單核苷酸（nicotinic acid mononucleotide），然後再直接或間接的經由 NAD$^+$ 轉變成游離的菸鹼酸。從開頭到菸鹼酸單核苷酸的循環稱爲吡啶核苷酸循環（pyridine nucleotide cycle）。

　　菸鹼酸的形成——更正確的說應該是喹啉酸的形成——經過二個不同途徑，可說是生化上趨同（convergence）的一個例子。現在來看看菸鹼和去甲菸鹼中吡咯烷酮環的生物合成。在此，鳥胺酸參與反應經由上面提過的路徑供給吡咯烷酮成分，然後再與菸鹼酸結合成爲菸鹼（圖124）。其中甲基是什麼時期加入的並未確定，很可能是鳥胺酸或腐胺先已甲基化，這甲基化的先趨物再進入菸鹼。菸鹼能藉去甲基作用轉變成去甲菸鹼。

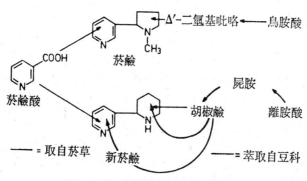

圖124：菸草生物鹼生物合成的圖解。

新菸鹼有兩個含氮的六分子環。有人可能認爲它們是由同一個先趨

物菸鹼酸而來。但至少在菸草屬就不是如此。從離胺酸來的胡椒素成分和菸鹼酸連結成新菸鹼(圖124)。很奇怪的是原不含新菸鹼的豌豆和羽扇豆卻在它們的細胞外系統中發現新菸鹼的形成。更奇怪的是新菸鹼由兩單位的屍胺形成，屍胺是由離胺酸而來的生物發生的胺(圖124)。可能在豌豆和羽扇豆細胞外系統的新菸鹼合成是由於存有一個不專一性的酵素。至少這實驗告訴我們對於高等植物試管中實驗的解釋應該非常謹慎。

有人試圖探究任何其他的合成方法，特別是在高等綠色植物。有人選取光合作用的器官、葉子，為對象，若合成物質只在該處被發現，那物質在該處合成就十分真確了。然而菸鹼——顛茄生物鹼也一樣——被證實是在根部合成，然後再轉運到葉子。只有很少量的菸鹼是在馬利蘭菸草的莖中形成，但菸鹼經去甲基作用形成去甲菸鹼則是在葉子發生。新菸鹼在馬利蘭菸草中為一次要之生物鹼，其亦主要在根中形成；然而在菸草，新菸鹼為其主要生物鹼，主要是在莖內合成。從這些發現我們不但要注意根部有顯著的合成能力，且在做進一步的實驗前要注意需充分了解，在植物的什麼器官，在發育的什麼時期，在何種狀態下有特殊物質的形成。

三、顛茄生物鹼 (Tropane Alkaloids)

這名字是因顛茄 (tropane) 骨架而來，而顛茄骨架有二種變異 (圖125)。第一種變異在茄科(*Solanaceae*)中發現，例如顛茄屬(*Atropa*)、曼陀羅屬 (*Datura*)、莨菪屬 (*Hyoscyamus*)、歐洲曼陀羅屬 (*Mandragora*) 等屬及其他屬。在此情形下，一個吡咯烷酮環在兩處與一個三碳鏈連結。所得的骨架被顛茄醇酸 (tropic acid) 酯化。著名的例子是曼陀羅素 (hyoscyamine) 和莨菪鹼 (scopolamine)，前者是鹼基顛茄酚(base tropin) 加顛茄醇酸的酯，後者是鹼基莨菪靈 (base scopolin)

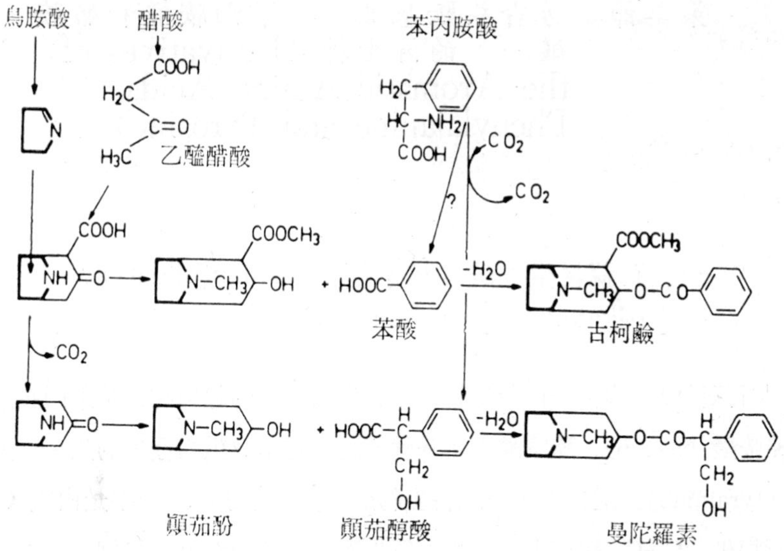

圖125：幾種顛茄生物鹼（tropane alkaloid）及其生物合成。

加顛茄醇酸的酯。

第二種變異是高卡屬（*Erythroxylon*）（高卡科（*Erythroxylace-ae*））的特徵，在此，一個吡咯烷酮環與一條四碳鏈結合。再進一步的改變就能得到如古柯鹼（cocaine）之類的化合物。

生物合成從鳥胺酸開始，鳥胺酸經上面所簡單提到的二種途徑轉變成吡咯烷酮系統。三碳鏈和四碳鏈必須在這時候加入，而其開始的物質都是乙酸。很可能兩單位的乙酸先形成乙醯醋酸（acetoacetate），再與吡咯烷酮環連結產生第二種變異的顛茄骨架。第二種變異再轉變成古柯鹼。然而變異二行去羧基作用成爲變異一的顛茄骨架，變異一再被轉變成曼陀羅素或莨菪鹼。從苯丙胺酸衍生而來的顛茄醇酸對這變異是必須的。

第二節　芳香族胺基酸——苯丙胺酸和酪胺酸——的衍生物 (Derivatives of the Aromatic Amino Acids, Phenylalanine and Tyrosine)

一、石蒜科生物鹼和秋水仙素 (Amaryllidaceae Alkaloids and Colchicine)

石蒜科已知的約一百種生物鹼，其生物合成的起始物質是苯丙胺酸和酪胺酸（圖126）。酪胺酸去羧基就成爲由它本身生物發生的胺——酪胺 (tyramine)。這提供了石蒜科生物鹼的氮。分子的另一半是由C_6-C_1體所提供，C_6-C_1體可由苯丙胺酸衍生而來。苯丙胺酸以我們早已熟悉的路徑轉變成咖啡酸。可能接著經過 β 氧化作用成爲原兒茶酸，接著行還原作用成原兒茶醛 (protocatechualdehyde)，再和酪胺合併成石蒜科生物鹼的關鍵物質——正孤挺花定 (norbelladine)。

最重要的其他石蒜科生物鹼可由正孤挺花定衍生而來。正孤挺花定行甲基化作用而成爲孤挺花定 (belladine)，其中氫氧根的甲基化作用可在由石蒜科的 *Nerine bowdenii* 得到的無細胞系統中進行，而參與作用的酵素並不很具專一性，它們也對很多其他的苯氫氧根行甲基化作用，正孤挺花定進一步的衍生物在此只舉由石蒜科雪花屬的一種 (Caucasian snowdrop, *Galanthus woronowii*) 得到的雪花胺 (galanthamine) 爲例。秋水仙素 (colchicine) 是秋水仙 (meadow soffron, *Colchicum autumnale*) 的生物鹼，植物育種學家都知道它可作爲產生多套染色體 (polyploid) 植物的藥劑。注意觀察它的構造式並沒有顯示出與石蒜科生物鹼有任何的相似，然而在此必須提到秋水仙素是因爲秋

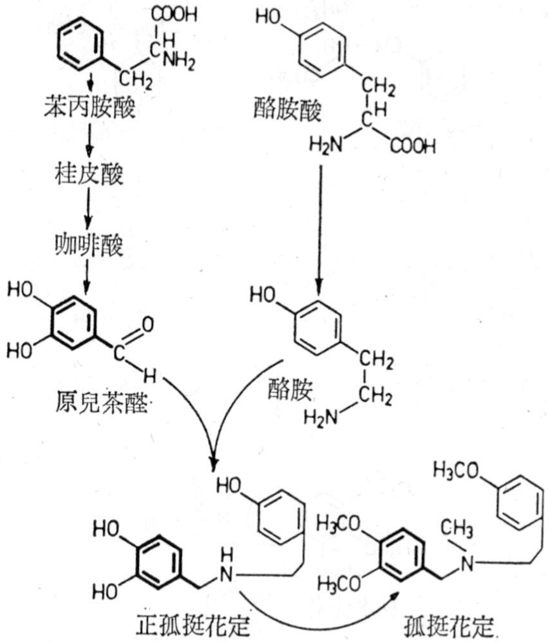

圖126：幾種石蒜科生物鹼和它們的生物合成。

水仙素的生物合成和石 蒜科生物鹼的生 物合成在某些 重要處相似 （圖 127）。起始物質同樣是苯丙胺酸及酪胺酸，也是酪胺提供分子的一半成 分，苯丙胺酸提供另一半。在此，苯丙胺酸轉變成白芥子酸，而後者並 不行 β-氧化作用，卻將整個苯基丙烷骨架與酪胺合併，最後經由仍是 假設的幾個中間產物而形成秋水仙素。除了香豆素、木質素、酚羧酸、 簡單酚類，或許還有一些黃烷衍生物外，石蒜科生物鹼和秋水仙素提供 我們一個較深入的例子，以表示桂皮酸和它們的典型環取代物如何地引 進某些合成或分解的途徑。取代物於最後會再出現。

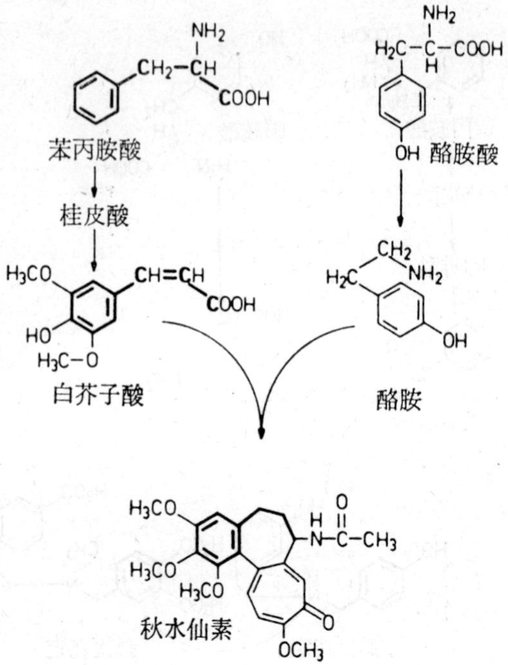

圖127：秋水仙素（colchicine）和它的生物合成。

二、甜菜紅色素和甜菜黃色素（Betacyanins and Betaxanthins）

在中心子目（*Centrospermae*）的所有科中，除了石竹科（*Caryophyllaceae*）和粟米草科（*Molluginaceae*）外，可以發現紅和黃的液泡色素，這些色素成為它們特有的色素群。由於它們存在甜菜屬（beet，*Beta*）中，因此稱為甜菜紅色素和甜菜黃色素。

甜菜黃色素（betaxanthin）是黃色的色素（xanthos＝黃色）。從印第安無花果（*Opuntia ficus-indica*）得到的梨果仙人掌黃質（indicaxanthin）就是一例，它含有一吡啶衍生物，其上附有一脯胺酸環

(proline ring)（圖128）。由生物合成的觀點來看吡啶環是二羥基酚丙胺酸 (dihydroxyphenylalanine, DOPA) 經某些改變而來，脯胺酸環是由脯胺酸而來。DOPA是一酪胺酸的氧化產物。在其他的甜菜黃色素中，脯胺酸被別的胺基酸取代。

　　甜菜紅色素 (betacyanin) 是紅色的色素，它們在細胞液中以糖苷的形式存在。它們的非糖分子就是所謂的甜菜氰定 (betacyanidine)，它含有一吡啶衍生物，此衍生物上更附有吲哚 (indole) 衍生物。從紅甜菜 (red beet, *Beta vulgaris*) 得來的甜菜素 (betanidine) 卽是一例（圖128）。在生物合成中吲哚和吡啶兩種成分都是由 DOPA 供應。

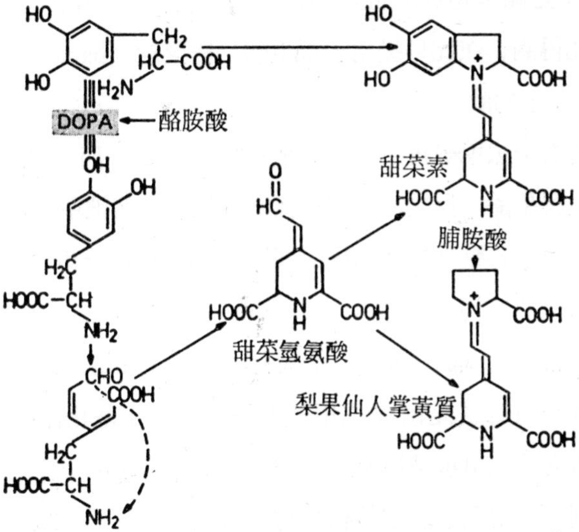

圖128: 甜菜紅色素 (betacyanin) 和甜菜黃色素 (betaxanthin) 和它們的生物合成。

三、異苯駢吡啶生物鹼（苯基異苯駢吡啶生物鹼）
(Isoquinoline Alkaloids (Benzylisoquinoline Alkaloids))

這一群的特性是具異苯駢吡啶 (isoquinoline) 骨架；除了此特徵外，更重要的是有苯基接到異苯駢吡啶骨架上而形成的衍生物，因此就稱這些物質爲苯基異苯駢吡啶生物鹼。這些是罌粟屬 (*Papaver*) 主要的生物鹼。

生物合成是由酪胺酸首先經羥化作用形成 DOPA 開始（圖129）。兩單位的 DOPA 供給苯基異苯駢吡啶骨架。全去甲勞丹鹼 (norlaudanosoline) 是關鍵物質，此物亦已證明存於罌粟屬中。其他的異苯駢吡啶可由此得到。在此只提兩種衍生物：罌粟鹼 (papaverine) 和嗎啡 (morphine) 生物鹼。

假如所有全去甲勞丹鹼的氫氧根都被甲基化，而且 N-異環也去氫基，就產生罌粟鹼。反之，若四個羥基中只有二個被甲基化，則得全去甲勞丹鹼二甲基乙醚 (norlaudanosoline dimethyl ether)，此物經N-甲基化作用就形成㈠網狀霉素 (reticulin)。後者再經一連串生物合成的修飾就成爲蒂巴因 (thebain)、甲基嗎啡 (codeine)，最後形成嗎啡。

要行那一種途徑 是由 全去甲勞 丹鹼行鄰- 甲基化作用 的種類來決定。假如所有的氫氧根被甲基化——這可由非常不專一性的甲基化酵素作用——則形成罌粟鹼和它的衍生物。若只有部分氫氧根在相當專一的狀況下被甲基化，則得到嗎啡生物鹼，其中最重要的代表物是蒂巴因、甲基嗎啡和嗎啡。附帶地，有很好的生化和遺傳證據證明蒂巴因先去甲基成甲基嗎啡，再去一次甲基形成嗎啡，就如圖所示。我們所熟悉的相似情形是菸鹼去甲基形成新菸鹼。

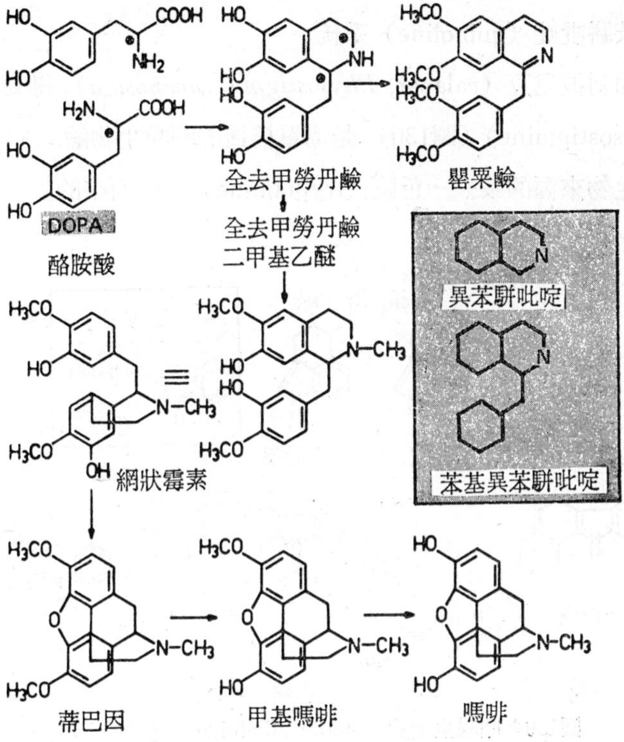

圖129: 一些苯基異苯駢吡啶生物鹼 (benzylisoquinoline alkaloid)
(包括罌粟鹼和嗎啡生物鹼) 及它們的生物合成。

第三節　色胺酸的衍生物：吲哚生物鹼及其衍生物 (Derivative of the Amino Acid Tryptophan: Indole Alkaloids and Derivatives)

由色胺酸所提供的吲哚核心 (indole nucleus) 是這群的特性。通常一或二個五碳的骨架連接到這吲哚核心，再成為複雜構造的生物鹼。

此外這吲哚環 (indole ring) 也能打開，接著再形成一新的封閉環，導致產生苯駢吡啶 (quinoline) 系統。

從加刺披兒豆 (calabar, *Physostigma venenosum*) 得到的毒扁豆鹼 (physostigmine) (圖130) 是簡單構造的吲哚生物鹼，這是從色胺酸經其生物來源的胺——色胺 (tryptamine)——而來的。

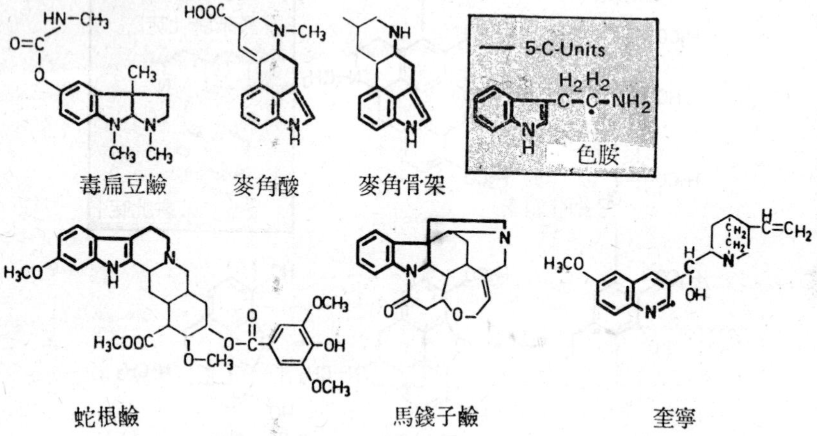

毒扁豆鹼　　麥角酸　　麥角骨架　　色胺

蛇根鹼　　　　　馬錢子鹼　　　　奎寧

圖130：吲哚生物鹼 (indole alkaloid)。它們的生物合成始於色胺酸去羧基變成色胺。

現在讓我們進行到更複雜構造的吲哚生物鹼。在麥角菌屬 (*Claviceps*) 的眞菌 (特別是在「麥角」，卽麥角病菌 (*Claviceps purpurea*) 的菌核 (sclerotia)，其生物鹼經發現均具有「麥角骨架」(ergoline skeleton) 的特性 (圖130)。令人驚奇的是這些麥角生物鹼也在高等植物的旋花科 (*Convolvulaceae*) 中發現。麥角酸 (lysergic acid) (圖130)是著名的例子，它在麥角菌屬和旋花科中(例如牽牛屬(*Ipomaea*))以醯胺 (amide) 或胜肽衍生物的形式存在。

只要注意到它的生物合成很快就能確定吲哚核心是從色胺酸衍生而

來，要決定其碳骨架殘基的來源就困難多了。但近幾年已發現碳骨架是由二羥基甲戊酸或異戊烯基焦磷酸所供給。因此在麥角生物鹼中吲哚核心是和由萜類代謝衍生而來的五碳單位連接。

在夾竹桃科 (*Apocyanaceae*)、馬錢科 (*Loganiaceae*)、茜草科 (*Rubiaceae*) 和大戟科 (*Euphorbiaceae*) 等科中所發現複雜構造的吲哚生物鹼能分佈在不同群中。我們可以印度蛇木 (*Rauwolfia serpentina*) 得來的蛇根鹼 (reserpine) 爲例。除了色胺酸及兩個五碳單位的基本骨架外，白芥子酸殘基也是分子的一部分 (圖130)。最後，更複雜構造的物質像由馬錢木 (*strychnos nuxvomica*) 得來的馬錢子鹼 (strychnine) 是屬於吲哚生物鹼，然而它仍具有吲哚核心 (圖130)。這吲哚環能自行重新組合，在茜草科中的金雞納屬 (*Chinchona*) 即有此種情形。一些金雞納生物鹼仍具有吲哚核心。其他如藥學上相當重要的奎寧 (quinine) 其吲哚核心已轉變成苯駢吡啶系統 (圖130)。吲哚系統轉變成苯駢吡啶系統可視爲分二階段進行；首先，吲哚的含氮五分子環打開，然後這產物再重新排列成一含氮六分子環。

第四節　嘌呤生物鹼 (Purine Alkaloids)

由於核酸的嘌呤鹽基，我們對嘌呤環已經很熟悉了。在微生物、動物和植物，它們的合成過程都依據相同的原則，有一特徵即是並非先形成游離的嘌呤骨架再轉變成它的核苷酸，而是在一核糖磷酸單位(ribose phosphate unit) 上形成一個個的嘌呤環，因此，首先爲形成一個嘌呤核苷酸。

生物合成是由 5-磷酸核糖焦磷酸 (5-phosphoribosyl pyrophosphate) 開始，它先轉變成 5-磷酸核糖胺 (5-phosphoribosylamine)

（圖131）。 在高等植物中這化合物的 胺基是從天門多醯胺經轉胺作用而
得來。這個N以後變成嘌呤環的N-9。下一步是甘胺酸（glycine）以胜
肽鍵連到這胺基。所有增加的碳和氮都是一個原子一個原子地接上的。
碳原子是從細胞的「C_1 庫」（C_1 pool）而來。這表示甲醯基 （formyl
group）是由四氫葉酸（tetrahydrofolic acid）轉化而來，CO_2 則是來自
生物素。 氮原子是由麩胺酸 醯胺和天門多胺酸 的胺基而來。 在這生物
合成途徑中形成的第一個嘌呤核 苷酸是次嘌呤- 5′- 磷酸 （inosine-
5′-phosphate）。

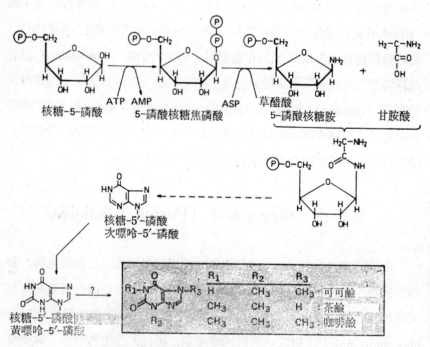

圖**131**：嘌呤核苷酸和嘌呤生物鹼的生物合成。

次嘌呤-5′-磷酸能被轉變成腺嘌呤及鳥糞嘌呤的核苷酸， 這些是有
名的核酸成分。然而在此我們考慮以其他方式來利用這些物質。因為人

們一提起嘌呤生物鹼主要就想到咖啡鹼、茶鹼（theophylline）和可可鹼（theobromine）（圖131）。這些甲基化的嘌呤生物鹼分佈得很廣，特別是咖啡鹼。它存在咖啡（其中之一為*Coffea arabica*）、茶（*Camellia sinensis*）和可可（*Theobroma cacao*）中均是著名的。

提過的這三種嘌呤生物鹼其生物合成只知道主要的特性而已。起始物質可能仍是次嘌呤-5′-磷酸，它首先被轉變成黃嘌呤-5′-磷酸（xanthosine-5′-phosphate）。這核苷酸含有嘌呤鹽基黃質（xanthine）。可能是此鹽基先被釋放出來再被甲基化成嘌呤生物鹼。

其他合成甲基化嘌呤的可能模式也都被討論了。我們曾提過 tRNA 之特徵是構造上含稀有的鹽基，其中有些是甲基化的嘌呤。已知甲基化作用是嘌呤和 tRNA 分子合併後才發生，只有在 tRNA 解離後甲基化的嘌呤才能被放出。

在自然界中，咖啡鹼、可可鹼和茶鹼是否為第二種模式仍很值得懷疑。然而，另有其他的嘌呤衍生物——植物分裂激素（cytokinin）——與 tRNA 有密切的關係，生理學家也對它們抱有很大的興趣。它們是一群植物荷爾蒙（phytohormone），其中異戊烯基腺嘌呤（isopentenyl adenine, IPA）就是一例。許多研究證實異戊烯基單位是加在早已併入 tRNA 分子的腺嘌呤殘基上（比較272頁）。

第五節　生化上的系統分類學 (Biochemical Systematics)

植物的系統分類學是比較植物的科學，進一步說，即研究植物親緣關係的科學。這可應用於不同的基準，諸如細胞學、解剖學、形態學，但我們同時必須努力以不同的方式去得到所有資料的完整性。

　　現在不論是在細胞學、解剖學或形態學上的每一特質的形成最後都歸於一些生化步驟。因此嘗試在化學和生化的基礎上去發展系統分類學應該是合理的。檢驗植物所含貯存的物質就可達到這目的。由於要檢驗的植物甚多，而這種創舉仍屬最早期，因此，意外的發現物經常出現。例如在旋花科發現麥角生物鹼就非常意外，因在那時，麥角生物鹼曾被認為是麥角屬眞菌的典型物質。然而，顯然許多植物物質是廣泛地分佈在整個植物界中。二次植物物質如咖啡鹼或花青素也是如此，然而少數例子顯示，二次植物物質的出現似乎限於某些系統分類上的單位，因此可被用為系統分類學上的標準。例如甜菜紅色素可在中心子目中除了石竹科和粟米草科以外的所有其他科中出現，這就能確定許多系統分類學者的觀點，認為石竹科和粟米草科應和中心子目的其他科分開。可是這並非表示所有其他具有甜菜紅色素的科是一群相近的單位。例如仙人掌科 (Cataceae) 不同於其他科，在於它具有一種形式上不同的花被 (perianth) 和不同的胎座型 (placentation)。這指引我們常被忽視了的一點：化學的標準只是許多可能的標準之一，它必須和其他的標準相提並論。當然，現在只注意一種物質的分佈是一個不適當的標準。因為就如形態學、解剖學的基準之趨同（例如我們想到仙人掌科、大戟科、省沽油科 (Stapeliaceae) 及其他科是具肉質的），在化學物質方面的形成也有趨同現象。菸鹼酸的生物合成卽是一例，它在不同群的個體中以不同的路徑合成。較深入的例子是新菸鹼的生物合成，在菸草屬的新菸鹼其嘌呤環的形成和豆科無細胞系統的方法不同。此種趨同的出現令人很懷疑，是否一植物中所必然存在的物質可用來作為系統分類的標準。當然，以後化學系統分類學會轉變成為一眞正的生化系統分類學。

　　化學系統分類學也可利用 DNA 雜交的方式從事探討，在此是最簡單不過的了。由二個體取來的 DNA 愈能雜交它們的關係就愈接近。當

然，這規則也有例外出現。因此化學系統分類學上的探討可用遺傳物質本身來進行研究。更進一步，轉錄和轉譯的產物多胜肽鏈或蛋白質也可做爲化學系統分類學上的評估。這本身已證實非常地成功，因爲技術上的困難已經克服，而且血清學上的資料和其他可信賴的資料一起評估，不是只以它本身的資料而已。

　　生物鹼代表在萜類和酚之後第三大群的二次植物物質。由生物合成的觀點來看，它們是胺基酸的衍生物，胺基酸供給生物鹼氮，而碳骨架能藉其他種類的成份，如異萜類（isoprenoid）單位併入而增大。

第十章 紫 質

(Porphyrins)

　　紫質是一群很少但很重要的二次植物物質。在我們討論葉綠素時曾經提到過它們的構造，它們的生物合成與檸檬酸循環及胺基酸代謝有關（圖132）。先驅物琥珀醯基輔酶A是由檸檬酸循環而來，而另一種先驅物甘胺酸（glycine）則由胺基酸代謝而來，這二種物質結合形成一不穩定的中間產物，此中間產物再放出 CO_2 形成 δ-胺基乙醯丙酸（δ-aminolevulinic acid）。二分子的 δ-胺基乙醯丙酸產生卟啉先質（porphobilinogen）。卟啉先質是一個吡咯（pyrrole）系統，為構成紫質類的骨架。四分子的卟啉先質經一連串的步驟結合成紫質（porphyrin）系統。生物合成過程中首先出現的紫質是小紫質原III（uroporphyrinogen III）。接著的中間產物原紫質IX（protoporphyrin IX）值得一提。因為若加入 Mg^{++} 則形成 Mg-原紫質IX，然後進一步形成葉綠素；然而若加入 Fe^{++} 則形成 Fe-原紫質IX，接著形成細胞血紅素（cell hemin）、血紅素（haem）、細胞色素（cytochrome）、細胞色素氧化酶（cytochrome oxidase）、過氧化酶及過氧化氫酶。

　　由 Mg-原紫質IX 到葉綠素的途徑還不完全了解，因此我們必須對只提到一些可能的中間產物感到滿足（圖132）。葉綠素 a 及 b 的生源關

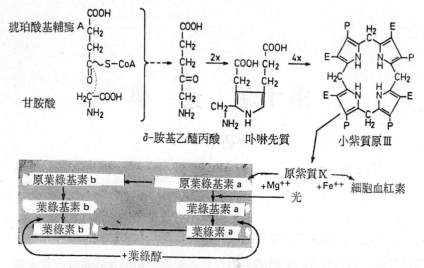

圖132: 紫質合成的圖解。 E＝醋酸鹽 (acetate)， P＝丙酸鹽 (propionate)。

係 (biogenetic relationship) 仍是一項爭論。葉綠素 a 有可能轉變成葉綠素 b，但也有可能在生物合成途徑早期的原葉綠基素 a (protochlorophyllide a) 時就彼此分開。對生理學家而言，關於葉綠素合成途徑的後期很重要的一點是高等植物葉綠素的生物合成需要光，光控制的反應使原葉綠基素 a 轉變成葉綠基素 a (chlorophyllide a)。

藻色素蛋白質 (phycobiliprotein)、動物體的膽汁色素 (bile pigment) 是一開放鏈的四吡咯 (tetrapyrrol)。它們是由細胞血紅素分解而來，這分解致使紫質環打開，因此產生開放鏈的四吡咯。

這種開放鏈的四吡咯也在植物中出現，由藍綠藻及綠藻得來的開放鏈四吡咯與蛋白質結合特別為大家所熟悉。由於存於綠藻且與蛋白質複合，故被稱為藻色素蛋白質。藻藍素 (phycocyanin) 及紅藻蛋白 (phycoerythrin) 都屬於這群。藻色素蛋白質的生物合成仍未了解，也許

在植物中它們也是由細胞血紅素而來。我們對這類物質感興趣不只因為它們是藍綠藻及綠藻的色素，且因為對高等植物形態發生（morphogenesis）極端重要的植物色素（phytochrome）系統也是藻色素蛋白質。紫質類及很可能所有的藻色素蛋白質是二群很重要的二次植物物質，其生物合成由兩個來源供給原料：由檸檬酸循環以琥珀醯基輔酶A的形式及由胺基酸代謝以甘胺酸的形式供給。

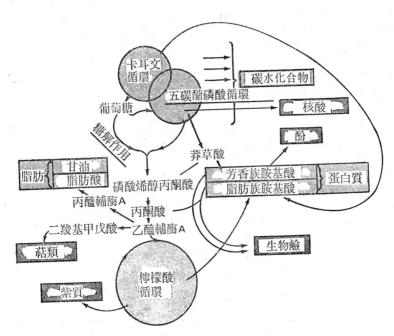

圖133：重要代謝步驟的概觀。為了簡明，此圖並未把所有的代謝關係都顯示出來，所以丙二酸和二羥基甲戊酸參與酚的合成被省略了。核酸在此根據它們的生物合成而被包括在「二次」（secondary）的名稱之下，這強調「初級」與「二次」物質的分類是人為的（129頁）。

第十一章　細胞分裂

(Cell Division)

第一節　發育——生長與分化 (Development——Growth and Differentiation)

在前面數章裏我們提到有關高等植物的代謝反應，由此基礎我們將進一步提出其發育的過程。

多細胞系統的高等植物藉著單一細胞——接合子(zygote)——之有性繁殖而生長，然而此生長僅代表發育之中的一個觀念，我們瞭解一株植物的每一個細胞間可以彼此不同，此發育的相異性卽是分化 (differentiation) 這是發育的第二觀念。

因此生長與分化乃是發育的基礎，我們現在必須適切的去定義這些名詞。我們爲生長所選的定義是依該問題如何被說明以及發問者研究的方向而定；有時選用乾重的增加，鮮重的增加或體積的增加做爲參數 (parameter)，另外其他情況的生化參數，如 DNA 或蛋白質的合成也是常被選用的。

高等植物的生長常被認爲是不可逆的體積增加，如果這定義被接

受，那麼在我們的腦海裏就應該記著：高等植物的生長可分爲細胞的分裂及細胞本身的生長，而依剛才的定義，細胞本身的生長又佔了較大的部分，但細胞的生長似乎又牽涉到早期的分化過程，因此細胞分裂的生長和細胞伸長的生長二者必須分開來討論。

依貝克 (Becker) 的建議，分化可定義爲：一個個體發展過程中細胞逐漸改變的現象。很顯然地，什麼是眞正漸進的過程，尤其在今日，更是值得商榷。

第二節　細胞分裂 (Cell Division)

一、有絲分裂循環 (The Mitotic Cycle)

生長是細胞經過有絲分裂產生的結果，有絲分裂在此被視爲當然的現象，經前期、中期、後期及末期等階段，每一個染色體縱向分離成二個同源染色分體 (homologous chromatid)，這些同源染色分體在二子細胞核間分開，每一個染色分體分別分配入一個子細胞核內，接著細胞質適切的改變形成二個子細胞，每個子細胞各具一個子細胞核。

在每一本著名的教科書裏都寫著有絲分裂不同於減數分裂，其必有染色體的複製，因此每個子細胞都帶有與母細胞相同的遺傳訊息。由於我們已知道 DNA 是高等生物遺傳的基本物質，當考慮到要證明此說法時必須將我們的注意力轉向 DNA。

假使每一子細胞皆含有與母細胞完全相同的互補的 DNA 時，那麼在有絲分裂以前 DNA 就必須先行相等的複製。先不考慮「相等」這個字，而考慮 DNA 的複製能否在定量上給予我們一些了解。的確沒錯，在植物的分生組織區域，細胞由一個有絲分裂到下一個有絲分裂經過了

有絲分裂循環或稱 DNA 合成的循環（圖134）。在剛好一次分裂之後有一個後有絲分裂期（postmitotic phase），這段時期沒有 DNA的合成，而其下面一段時間則可定量的證明 DNA 的倍增，在這之後的另一期，稱為前有絲分裂期（premitotic phase），卽下一個有絲分裂之前，亦無 DNA 的合成。然後卽進行有絲分裂及緊接著的細胞分裂。當子細胞產生時只要它們仍保有分裂的能力就可再經歷同樣的過程。

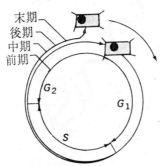

圖134: 有絲分裂循環的概要（DNA 合成循環）。G_1＝DNA 合成後之後有絲分裂 (postmitotic phase) (G＝gap)，S＝DNA 合成期，G_2＝沒有DNA合成的前有絲分裂(premitotic phase)。（仿 Bielka 1969）

二、DNA 的自動催化功能: 複製 (The Autocatalytic Function of DNA: Replication)

（一）半保存式的 DNA 複製 (Semiconservative DNA replication)

我們剛已證實有絲分裂前細胞內 DNA 倍增，其次我們需探討這倍增是否為相等的複製，唯有如此方能保證遺傳性質能相等的分配於子細胞中。就分子上的觀點來看，二個相等的 DNA 雙螺旋必定是由一個

DNA 雙螺旋於複製過程所產生。現有數個複製過程的模型，其中以半保存式的 DNA 複製爲正確者。半保存式的複製過程始於雙螺旋上的某點解開形成二條單股（圖135），然後在二單股上各自合成第二條互補之鏈。由鏈的解開及互補鏈之合成進行到最後形成二條相等的 DNA 雙螺旋爲止。

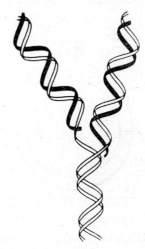

圖135: 半保存式的 DNA 複製，新股鏈之 DNA 以黑色表示。(仿 Stahl 1969)

(二) 無細胞系統之 DNA 合成 (DNA synthesis in a cell-free system)

某分離自不同來源的酵素可在一個無細胞系統中用來合成 DNA,此酵素稱爲 DNA 聚合酶 (DNA polymerase) 或 DNA 複製酶 (DNA replicase)。此外尙需其他輔助因子 (cofactor)，並需以 DNA 爲引物 (primer)，以及去氧核糖核苷—5′—三磷酸 (deoxyribonucleoside -5′- triphosphate) 做爲 DNA 之建材分子。根據鹽基配對的原理，三

磷酸自行排列於做為引物之 DNA 單股上：腺嘌呤核苷三磷酸與胸腺嘧啶配對，胞嘧啶核苷三磷酸與股上的鳥糞嘌呤配對等等，藉著 DNA 聚合酶之作用，建材分子依一定的位置連接在一起形成一條與原來互補的 DNA 股鏈，並放出焦磷酸（圖136）。

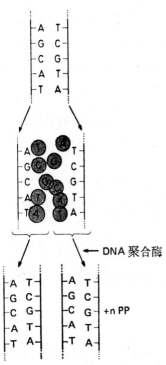

圖136：含有 DNA 聚合酶之無細胞系統中 DNA 半保存式的複製。圈起來的字母表示核苷－5－三磷酸（nucleoside-5-triphosphate）。（仿 Hess 1968）

孔褒（Kornberg）於1967年在無細胞系統下完成具有生物活性的 DNA 的合成，為分子遺傳學上的一大勝利。在他的實驗裏，將得自大腸菌的一個具有特殊完善功能的 DNA 聚合酶與來自 ΦX174 噬菌體之

DNA 引物混合，該噬菌體之染色體組 （genome） 由一條封閉環狀的 DNA 單股組成，這條 DNA 單股在無細胞系統下開始進行 DNA 的合成，而新合成的 DNA 在感染性試驗 （infectivity test） 中證明與原先的 ΦX174 DNA 作用類似，生物活性以及該實驗提供的許多細節很明顯的證明了 DNA 是以半保存式複製。

根據孔褒在無細胞系統中的發現，該 DNA 聚合酶似乎只能形成許多小片段的 DNA，第二種酵素—— DNA 鍵結酶 （DNA ligase） 才能連接這些小片段形成較長的鏈，或是如同 ΦX174 噬菌體的例子形成環狀。

首先被孔褒研究的 DNA 聚合酶對於生體內遭破壞的 DNA 的修補上似乎佔有重要的地位。正常 DNA 的複製乃藉其他 DNA 聚合酶來實行，作用原理大致相同。

（三）米塞爾森、斯塔爾實驗 （Meselson-Stahl experiment）

我們剛提到的是由病毒及微生物所得到的無細胞系統，然而半保存式的複製也曾在高等植物中得到證明，此證明被重覆多次，乃米塞爾森 （Meselson） 及斯塔爾 （Stahl） 二人以細菌為材料所做的，並命名為米塞爾森、斯塔爾實驗。

菸草的癒傷組織 （callus） 細胞能生長於液體培養基中，如同在固體培養基一樣。大約兩天光景，液體培養基內的細胞數目倍增，也就是說在大約兩天之中 DNA 經過一次的合成。現在先讓這些細胞在含有「重氮」——N^{15}——的培養基中，經過數代，使 N^{15} 進入 DNA 的嘌呤及嘧啶鹽基中，最後所有的DNA都形成含有 N^{15}鹽基的「重DNA」，在氯化銫 （cesium chloride） 中經超高速離心分離所形成的梯度 （gradient） 下可將重 DNA 與正常的 DNA 分離。

當所有 DNA 皆形成重 DNA 後將細胞移入含有正常 N^{14} 同位素的培養基中，隔一定時間取樣分離出 DNA，並在氯化銫梯度下查看其密度（圖137），兩天以後，含 N^{14} 培養基中所有的 DNA 皆以「半重」(medium heavy) 的形式存在。米塞爾森及斯塔爾已在先前所做的細菌實驗中說明此半重的雙螺旋 DNA 乃是由一條 N^{15} 及一條 N^{14} 股構成，即形成 N^{14}/N^{15} 的混成型式。四天以後，即經二代的 DNA 複製後正常與半重的 DNA 之比為一比一，如此經連續數個 DNA 複製世代後混成DNA的比例逐漸降低，這個實驗的結果只有以半保存方式的DNA複製為基礎來解釋方能為吾人所了解。

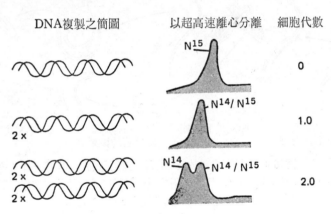

圖137：米塞爾森、斯塔爾實驗。中間之放射追蹤圖代表 N^{15}、N^{14} 以及混成的 DNA 在各代中的含量。（仿 Hess 1970）

（四）泰勒的蠶豆實驗（Taylor's experiment on *Vicia faba*）

就分子觀念，米塞爾森-斯塔爾實驗證實了 DNA 半保存複製的性質，然而在泰勒（Taylor）的實驗乃是就染色體層次，藉放射線自動顯影術說明了相同的性質。

蠶豆根尖培養於含放射性胸腺核苷（thymidine-H^3）及秋水仙素

的培養基中。在根的分生組織細胞分裂時放射性的胸腺核苷嵌入染色體中的 DNA 上，因此染色體即被放射性物質所標記；秋水仙素不影響染色體及 DNA 的複製，但會抑制紡錘體的形成，即抑制核分裂，這意味著子染色體仍完整的留在舊的核中，由於此結果，染色體的子裔可以很容易的觀察。在含有放射性胸腺核苷之培養基中，染色體開始複製後兩子染色體皆被標記（圖138）。假使在完成第一次染色體複製後，將根尖移至不含放射性胸腺核苷的培養基中使其進行第二次複製，結果在所有的四個染色體中有兩個被標記，而另兩個則沒有。

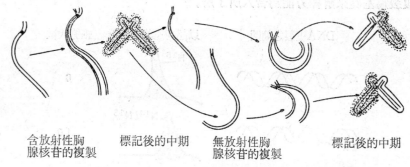

含放射性胸　　　標記後的中期　　　無放射性胸　　　標記後的中期
腺核苷的複製　　　　　　　　　　腺核苷的複製

圖138: 泰勒藉自動放射 顯影術之蠶豆實驗。僅繪一條染色體的半保存式複製，標記放射物質的股鏈藉重氫的放射作用（點狀）於照像板上形成黑色。（仿 Taylor 等1957）

現在來解釋這項發現。此實驗之染色體原先存有二股，這二股如何構成仍議論紛紛，為了解釋方便我們僅認為該二股是由 DNA 雙螺旋或一連串藉蛋白質聯繫二股的 DNA 雙螺旋所組成。含有放射性的胸腺核苷進行第一次複製時，雙螺旋的各單股形成含有放射性胸腺核苷之互補股，這條含放射性的股可由放射線自動顯影術測得。因此在第一次複製後二條被標記的染色體可以鑑別出來。

第二次複製在不含放射性的胸腺核苷下進行，則新合成的股與第一次複製得到的 每一股成互補， 結果得到四條雙股， 其中的兩 條未被標

記，另二條被標記的皆是由一標記與一未標記之股所組成，這後二條可在放射線自動顯影術中測得，所以在第二次複製後，二條標記及二條未標記的染色體被測出。泰勒的實驗基於「單股模型」(single strand model) 的染色體結構，支持 DNA 半保存式的複製理論。根據這個理論，未複製的染色體理論上是由 DNA 雙螺旋與蛋白質組成，這也是我們解釋假說的依據。

三、植物腫瘤: 冠癭 (Plant Tumors: Crown Galls)

把整株植物體當成一個單位，具有分裂活性的細胞僅限於根尖或莖頂分生組織周圍的特定區域，由莖頂而下或根尖而上細胞分裂活性逐漸減少，終至停止，當細胞停止分裂後可看出這些細胞互不相同，它們已開始分化。

調節細胞分裂轉變成細胞分化的方式我們甚不明瞭，稍後我們將討論此相關的事實 (301頁)。假使這調節的機構遭受干擾，則細胞分裂後沒有分化的發生；干擾現象有各種不同的種類，例如由整株植物取出組織放入一定的培養基中，在一定的狀況下，該培養的組織幾乎可以無限制的保存其分裂的能力 (319頁)。

另一種錯誤的調節現象就是形成腫瘤，像這種無限制的細胞分裂複雜物可由不同因素所產生，例如眾所周知的遺傳性腫瘤，特別是菸草屬的雜種，在其親代之一為 *N. langsdorffii* 時最常發生。此雜種及其他雜交種當兩親本雜交後，兩染色體組 (genome) 之間必須的交互作用大受干擾，以至於細胞分裂的活性不再受到適當的控制。有些腫瘤是由病毒引起，例如 *Aurigenus megnivena* 病毒，是由蚱蜢所傳染的，但是最為人所知的是冠癭。

冠癭是由癌腫菌 (*Agrobacterium tumefaciens*) 所引起的植物腫

瘤, 它們不僅發生在根部, 也可發生在植物體的其他任何部位(圖139)。受傷是發生腫瘤的必備條件, 由傷口細菌方能進入植物體內, 但除此外, 受傷可使植物細胞造成腫瘤產生的狀況; 若以細菌接種於未受傷害的植物, 則沒有腫瘤形成。什麼是其所造成的狀況仍不得知, 在傷口部位首先形成癒傷組織 (callus) 是傷害後常有的現象, 接著腫瘤由癒傷組織中長出。癒傷組織很容易與腫瘤區別, 因為前者組織的細胞呈平周分裂, 而後者組織的細胞分裂則沒有方向性。

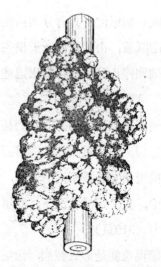

圖139: 番茄枝條上的「冠癭」。(仿 Nultsch 1968)

冠癭的特徵即是無限制的細胞分裂所形成的腫瘤, 由生長於培養基所分離出來的腫瘤也是如此。又, 腫瘤組織暴露於溫度 40°C 可與細菌分開, 在這溫度下癌腫菌被殺死而植物細胞並未遭受到顯著的傷害, 此不含細菌的腫瘤組織培養時仍具分裂能力, 而且不需加任何刺激分裂和延遲分化的因子; 相反地, 正常植物組織培養時如果要維持其分裂的能力

需加刺激因子，如 IAA。因此與正常組織相比較，腫瘤組織是完全改
變了。DNA 確實參與了這項改變，例如在波氏 (Bopp) 的落地生根
(*Bryophyllum daigremontianum*) 的實驗中所證明的，假使在落地
生根葉片的半邊弄個傷口，然後接種癌腫菌，則受傷之癒傷組織首先形
成，腫瘤再由其中生長出來，假使另半邊葉片除相同處理外並加上抑制
DNA 合成的5-氟去氧尿核苷 (5-flurodeoxyuridine)，則只有癒傷組織
形成而無腫瘤的形成 (圖140)。

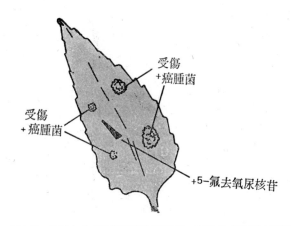

受傷
+癌腫菌

受傷
+癌腫菌

+5-氟去氧尿核苷

圖140: DNA 參與冠癭形成的證明。落地生根葉片兩邊均受
傷並感染癌腫菌；葉片的左半邊更加上5-氟去氧尿核苷 (這是一
種胸腺核苷酸合成時的競爭性抑制劑)，這邊沒有腫瘤形成，僅
形成受傷之癒傷組織。(仿 Bopp 1963)

　　DNA 因此具有關連，但開始時不明白到底是細菌的 DNA 還是植
物體本身的 DNA 與此有關。許多實驗有力的指出，一種由細菌細胞釋
放出來的物質——腫瘤誘導因子 (tumor-inducing principle (TIP))
——的存在，促使植物細胞開始改變 (轉形作用transformation)。現在
看來 TIP 似乎確實是細菌的 DNA，DNA 由細菌進入植物細胞中然後

自我複製並誘導合成細菌特有的蛋白質。如此說來，DNA 似乎是引起腫瘤的最終原因了。

我們來總結一下。植物細胞物質由有絲分裂時的生長所供給，有絲分裂循環時染色體 DNA 是以半保存式來複製，至少就染色體的遺傳而論，有絲分裂是將遺傳物質相等地分配，該分裂能力受生物體的控制，當這控制被破壞時，若以腫瘤形成爲例，則更易爲我們所了解。

第十二章 基因活性差異的分化理論
(Differential Gene Activity As Principle Of Differentiation)

第一節 全能性 (Totipotency)

幾乎所有高等植物細胞的組合皆導源於結合子 (zygote) 的有絲分裂，唯一的例外是行減數分裂 (meiosis) 的大小配子體的單套體細胞。我們前面提過有絲分裂時將遺傳物質等分為相等的成分，結果所有高等植物的雙套體細胞皆配備有相同的基因。那麼我們如何解釋植物細胞以不同方式進行分化的事實？這些具有相同基因之細胞又如何形成不同形式的細胞、組織及器官？

最簡單的假設是有絲分裂時並未將遺傳物質均等的分配，或者甚至可能是細胞停止分裂後其遺傳組成發生改變所致。這兩種情形下，多細胞植物可能是由基因上不同的細胞及細胞的組合所鑲嵌而成，這種遺傳上的差異性使不同型的分化得以明瞭。事實上，遺傳上有不等的有絲分裂的實例，然而這屬特殊的情形；平常所有高等植物的細胞皆配備了所有的遺傳訊息，這些細胞乃是遺傳上的全能性的 (totipotent or omni-potent)。這項證明得自有關再生作用的實驗，如衆所周知的例子，一個完全新的秋海棠植物體可以由其葉片的一個表皮細胞發育而成，亦卽

該具高度分化能力的表皮細胞具備了所有的遺傳訊息（圖141）。

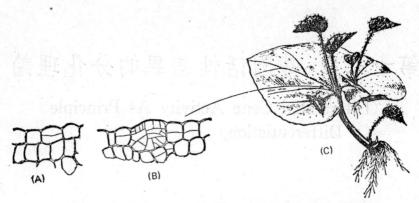

圖141: 秋海棠的再生作用。平置一片秋海棠 葉片可發育成一根系 (c)，其葉脈也部分處理，在切口的位置的區域形成新的秋海棠。甚至由單一的表皮細胞亦可生成一棵新的、完全的植株。（仿 Strasburger 1967）

　　更多分離的單細胞實驗證實，由胡蘿蔔及菸草取出的靭皮部在組織培養中生長，由該組織培養中所得之單細胞可以生長成具繁殖能力的植株（圖142）。所以不管它們的分化能力如何，被研究的該細胞仍處於遺傳上的全能性。

　　我們可再進一步探討。用適當的酵素（如果膠酶、纖維素酶等）處理細胞移去其細胞壁就可得到原生質，分離的原生質可以生長成整株植物。這項實驗不僅在一般試驗 材料上獲得成功，諸如在再生 實驗的菸草、胡蘿蔔，亦可由花生得到相同的結果。

　　剛剛實驗所提到的原生質是由葉肉細胞分離而來，這是高度特化的細胞，故這項實驗又 為全能性提供了 進一步的證明。然而在此必須提到的是原生質是在完全不同的理由下令我們感到興趣，它在遺傳的操作及體細胞雜交上與轉形作用 (transformation) 一樣是一種有用的材料

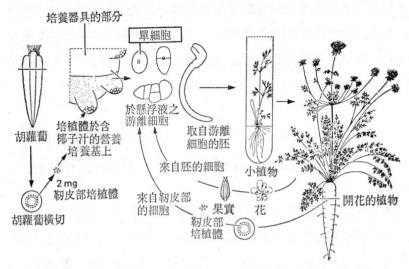

培養器具的部分

單細胞

胡蘿蔔

培植體於含椰子汁的營養培養基上

2 mg
韌皮部培植體

胡蘿蔔橫切

於懸浮液之游離細胞

取自游離細胞的胚

來自胚的細胞

來自韌皮部的細胞

小植物

果實　花

韌皮部培植體

開花的植物

圖142：由相關的單一細胞形成具繁殖能力之胡蘿蔔的再生
作用。(仿 Steward 等 1964)

（8頁）。

　　屬於這類的一個實驗——不同種間原生質的融合——在動物細胞方
面於 1960 年代初期已是可能的事，而植物方面則於十年後方由庫金
(Cocking) 首度成功的完成，爾後其他工作者亦相繼完成。起初只有
細胞質可以融合，核則不行，然而真正雜交的先決條件乃是二雙套體營
養細胞間核的融合（「體」雜交）。於1972年，二種菸草——*Nicotiana
langs dorfii* 的原生質與 *Nicotiana glauca* 的原生質成功地融合起來，
而且由這混成的原生質發育成為完整的雜交植物，這些雜交的植物難與
不同種間傳統的雜交 (cross) 區別，由此第一個體雜交形成了。自此以
後葛恩柏 (Gamborg) 及其同僚也完成了穀類及豆科植物體雜交的生
長，至少已到了第一次分裂的階段。此結果不禁令人推想，馬鈴薯與番
茄間的體雜交也並非是不可能的事了。

原生質體很利 於提供轉形作 用的實驗，這是因爲在移 去細胞壁之後，原生質體特別容易接納 DNA，一旦原生質體與外加的 DNA 合在一起後，它們應可能生長成轉形的植物體。藉這個方法人們可以增加植物的變異，而這種變異率在平常是很低的。

第二節　基因活性差異：現象 (Differential Gene Activity: the Phenomenon)

所有雙套體細胞 皆配備所有的 遺傳訊息，可以藉此而 形成各種特性，但這並不是說所有的基因必須同時作用，可以想見一種情況，卽在某特殊組織及某特殊發育階段，某一特定的基因具有活性，而在另一組織於發育的另一階段，另一特定的基因開始其作用。一個或一組十分專一性的分化事件反應著各個不同基因的活性，這項可能性提供分化一種交替式的解釋：卽基因活性的不同，造成各種不同的性狀，而非儲存不同的基因所致。

我們必須爲將 要用到的名詞 先下定義：基因的活性可 分爲初級的 (primary) 及次級的 (secondary) 過程二類。在初級的基因活性下產生 mRNA，也就是轉錄作用 (transcription)，而所有緊接著發生的過程導致特性的形成者，包括轉譯作用 (translation) 皆屬次級的過程。假使一基因座 (gene locus) 顯示出對某組織與某一發育階段有不同的初級活性，我們稱之爲基因活性差異 (differential gene activity)。它並非促成分化的唯一力量，但却是很重要的一個因素。

現在我們暫且只關注高等植物基因活性差異的證明，而把有關基因活性差異原因的進一步的問題擱在一邊。

一、巨大染色體上 RNA 的合成 (RNA Synthesis on Giant Chromosomes)

染色體本身卽爲說明基因活性差異的適當材料，諸如巨大染色體 (giant chromosome) 及燈刷染色體 (lampbrush chromosome) 卽被選中並且應用適當的方法加以研究。

巨大染色體，尤其被發現於雙翅目 (*Diptera*) 諸如果蠅 (*Drosophila*)、搖蚊 (*Chironomus*)、*Acricotopus* 及田蕈蠅 (*sciara*) 等的唾腺中，它們由數千同源染色分體 (homologous chromatid)，平行排列成束，同時像繩索的股般稍微傾斜，扭曲排列（圖143）。每條染色分體似縱向分開：染色粒 (chromomere) 如串珠般貫穿於染色線 (chromonema) 上。

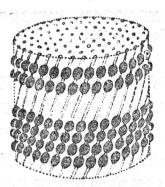

圖143：巨大染色體略圖。(仿Kuhn 1965)

在巨大染色體上同源染色分體邊靠邊排列，因此縱向排列的巨大染色體有橫帶形成，並與相關的縱向排列染色分體相連繫，於顯微鏡下可見到這種形像。更詳細的工作顯示基因位於橫帶上，假使在該基因位置上開啓了初期的活性，則可導致該橫帶結構的改變，卽橫帶上的 DNA

解開，形成一膨大的部位（puff）（圖144）。一種特別廣大綿亘的膨大，如巴氏環（Balbiani ring），mRNA 卽在該解開膨大部位的 DNA 上形成，所以膨大部位是較高級的主要基因活性的部位。

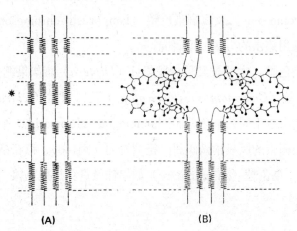

(A)   (B)

圖144：膨大部位形成的略圖。 僅以許多染色 分體的其中四個為代表。（仿 Beermann 1966）

　　該膨大的部位並沒有固定的結構，其發育的過程為現已存在巨大染色體中的膨大部位收縮，並形成新的膨大部位。任何巨大染色體上膨大部位形成的差異也可在不同的組織間發現，這類膨大部位的樣式對於組織及發育階段有其專一性，使基因活性之差異於顯微鏡下可見。

　　雖然頻率很小， 巨大染色體也 在高等植 物中被發現， 例如在菜豆（*Phaseolus vulgaris*）的胚柄（suspensor）之細胞。很不幸地，植物的巨大染色體較之雙翅目的更難研究。儘管如此，納格爾（Nagl）仍能證明其平行排列的情形。植物巨大染色體亦顯示在某一發育時期對應某一膨大部位的樣式，其染色體結構之局部性的膨大就如同双翅目一般，於該膨大部位有 RNA 的形成 （圖145）。於溫度太高或太低， 以及用

放線菌素 C_1 處理會使該似膨大部位的膨脹收縮，同時該部位的 RNA
合成亦停止。所以高等植物膨大部位樣式的專一性於顯微鏡下可見，亦
卽表示其基因活性差異的存在，雖然與双翅目相較之下缺乏較明確的差
異界線。

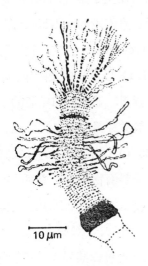

10 μm

圖145：得自菜豆胚柄的 巨大染色體， 結構上鬆弛的區域代
表形成一個膨大的部位。(仿 Nagl 1970)

二、形態專一性的 mRNA (Phase-specific mRNA)

形態與組織所具有的特殊專一性的膨大模式卽爲顯微鏡下可見的活
性基因模式：然而基因活性意味著 mRNA 的產生，每一個特殊位置所
產生之 mRNA 對應其特殊的活性基因模式，所以藉發育時不同的形態
或者不同組織之間來比較分析其產生的 mRNA， 可以用來說明基因活
性差異。

幼苗 (seedling) 爲研究這類問題適當的材料。在幼苗的每一發育階段，如果發育要進行則定有許多基因必須被活化，利用非常靈敏的方法證明一發育至另一發育階段該幼苗所產生 mRNA 結構的改變，實屬可能。

依不同時間分離出落花生子葉 (*Arachis hypogaea*) 的 mRNA 進行實驗，比較得自不同發育階段的 mRNA，此法是藉所謂的雙重標記技術(double labeling technique) 完成。我們將僅考慮一連串的實驗。首先對照組實驗 (圖146a) 以重氫標記的尿核苷 (uridine-H³) 做爲一準備好的落花生幼苗的養料，並以碳14標記的尿核苷 (uridine-C¹⁴) 做爲另一落花生之養料，於發芽後的第二天分離各材料的核酸，混合並應用 MAK 管柱 (參看30頁)，此混合物的分離實爲此法之決定性點，應用此法所用以比較的核酸製備物易遭受相同的人工影響而影響到任一標準化過程的結果。核酸經由管柱依下列順序冲提 (elute)出來：tRNA、DNA 和 DNA-RNA 複合物、rRNA 以及 mRNA，每一 RNA 各包括許多不同的分子，每一群可由其形成「峯」(peak) 的輪廓指出，利用特殊測定儀器可將標記 H³ 及 C¹⁴ 之放射性尿核苷分別記錄，分辨之，由 H³-mRNA 及 C¹⁴-mRNA 冲提所得的圖形相當一致，此一致性說明了此法的可靠性。

現在主要的實驗 (圖 146b) 應用前面所說的技術，比較生長二天的子葉所得 H³-mRNA 與生長十四天子葉所得 C¹⁴-mRNA，由冲提所得圖形顯示二者有很大的差異，特別是在 rRNA 及 mRNA 的範圍。讓我們感興趣的是，由不同發育階段幼苗所得之 mRNA 不同，所以基因活性差異可由 mRNA 說明之。

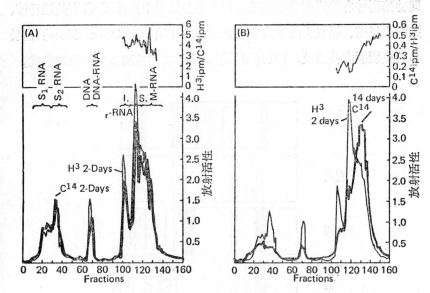

圖146：落花生子葉中不同 mRNA 的證明，其具有形態上的專一性。(A) 為對照組，H^3 及 C^{14} 核酸得自發芽二天後的子葉，(B) 為實驗組，H^3 核酸得自第二天的子葉，C^{14} 得自發芽後第十四天的子葉。比較 C^{14} 與 H^3 間圖形的不同，特別是在 mRNA 的部位（圖形的右邊）。(仿 Key 與 Ingle 1966)

三、形態與組織專一性的蛋白質模式 (Phase-and Tissue-specific Protein Patterns)

我們可更進一步 的比較分 析第一個次級 基因產物，多胜肽或蛋白質。由於適當方法的引用——一種叫做帶狀電泳分析法（zone electrophoresis）——在近數年來有許多實驗在不同的支持物（support）上測得蛋白質特有的形態及組織模式。圖 147 為由鬱金香之不同部位取得的可溶性蛋白質所得的特有組織模式。當然酵素於蛋白質中佔有相當的數量，我們曾討論過同功酶為一特殊酵素活性的多重形狀，種種不同的

同功酶所特有的形態及組織模式已在許多植物中被發現, 特別是澱粉酶、過氧化氫酶、過氧化酶及許多去氫酶, 胺肽酶 (aminopeptidase) 由於易於鑑別而常被論及。圖148顯示了過氧化酶同功酶特有的組織模式。

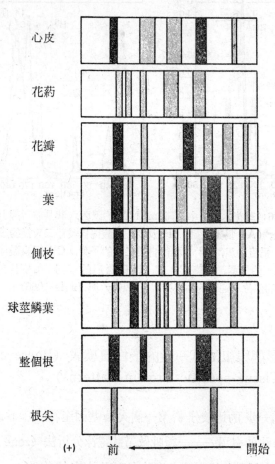

心皮

花葯

花瓣

葉

側枝

球莖鱗葉

整個根

根尖

(+)　前 ←————— 開始

圖147: 鬱金香組織特有的蛋白質模式, 由帶狀電泳法分離。
(仿 Steward 1965)

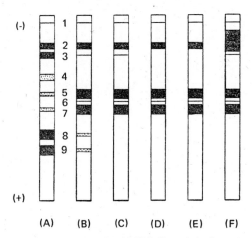

圖148：矮牽牛過氧化酶組織特有的同功酶（isoenzyme）的模式。（A）花芽、（B）幼葉、（C）老葉、（D）幼枝、（E）老枝、（F）根。（仿 Hess 1967）

基於此，基因活性差異也能以蛋白質加以說明，我們可更進一步由初級基因活性出發並考慮可見特性的形成。特性的形成乃依序進行，首先發育成為A特性，其次為B特性等等，這等可見順序的發生是根據我們具有之基因活性差異的觀念。在若干實驗中利用轉錄及轉譯作用的抗代謝物質曾予以證實，藉此，在一順序中某特別性質的發育，譬如B特性，即被防止。在後面378頁我們將會更詳細的討論該例。

第十三章　調節作用

(Regulation)

第一節　基因活性的形式 (States of Activity of the Gene)

　　多細胞生物體的所有細胞物質皆導源於合子的有絲分裂，這個論點已爲我們所知。有絲分裂循環過程中位於染色體內之遺傳物質以半保存式的方法複製，所以所有子細胞染色體內皆携帶著與母細胞相似的遺傳訊息。準此，更由於藉再生能力的實驗，支持了所有遺傳能力於其後的分化過程中皆能被保存下來的論點。

　　這點暗示著至少在大多數情況下，細胞的分化不可能是由於遺傳物質的改變所致；相反的，我們已提出證明：形態與組織所特有的基因活性差異爲促成分化作用的力量之一。次一個問題必是：這種基因活性差異是如何發生的呢？這個問題遠較我們先前猜測的更爲重要。到目前爲止，我們只提到活性基因，特別的發育階段或特別的組織可藉特有的形態及組織模式而鑑別之，該模式在發育的不同階段及不同的組織中皆不相同，其間的變遷暗示著活性基因被轉成不活性，而不活性基因成爲活

性，則可由所給予刺激的效應將基因活性區分爲下列四種形式：

(1)活性基因（active gene），是於刺激前後皆維持其活性者。

(2)不活性基因(inactive gene)，是於刺激前後皆維持其不活性者。

(3)可活化基因（activatable gene），是具有潛在活性能力者，於刺激前爲不活性，而刺激後轉爲活性。

(4)可不活化基因（inactivatable gene），爲可壓抑基因，具潛在不活性的能力，於刺激前有活性，而刺激後變爲不活性。

我們所關心的是基因活性差異的原因，也就是到底是什麼因素使基因成爲活性或不活性。這一章我們將討論基因活性的調節作用，這是只有在整個代謝過程的調節系統中方能被了解的。

第二節　調節作用：出發點 (Regulation: Point of Departure)

1903年，植物生理學家卡萊波 （Klebs） 提出生物體的發育乃是其「特異結構」與「外界」「內在」的情況交互作用而成。 該特異結構已被證實爲遺傳物質，雖然當時卡萊波並未能給予完全的證實。在今日，發育生理學家談及 反應的標準總是基 於遺傳物質， 並且由於 此遺傳物質，外界或內在的因子能對生長或分化引起規律的影響。

我們也必須牢記我們討論的是多細胞生物而非單細胞生物，因此驅使我們必須區分細胞內及細胞間的調節，或是細胞內及細胞間調節的因子。

已再三的 強調過， 一種特性的形成 乃是一個或多個代 謝反應的結果， 所以我們可將「代謝過程的調節作用」與調節作用視爲一體，假使進一步地想，每一代謝過程乃是一個或多個基因作用的結果，那麼我們

又再次的與基因活性建立了關係。表六爲提供大多數重要調節作用種類的一個指引，基因活性的調節佔其樞紐地位。卽使在某酵素的活性被影響下而非基因被影響，該改變了的代謝情況可附帶地導致某基因活性的變動，由此就細胞間微細的交感過程觀之，這類就遺傳物質所產生的副作用幾乎是不可避免的。

表 6： 植物調節作用種類概要。

內在因素的調節作用
1. 細胞內的調節作用
　a.　基因活性的調節
　　aa.　轉錄作用的調節
　　　　基質誘導作用
　　　　終產物壓抑作用
　　　　組織蛋白的壓抑作用
　　bb.　轉譯作用的調節
　b.　酵素活性的調節
　　　酵素的調節作用
　　　同位調節作用：競爭性抑制作用
　　　異位調節作用：終產物抑制作用與終產物活化作用
2. 細胞間的調節作用
　　植物激素
外在因素的調節作用

第三節　　內在因子的調節作用 (Regulation by Internal Factors)

首先讓我們看看內在因子所引起的調節作用，卽已存於生物體內的因子，據此我們必須區分細胞內及細胞間的調節作用，如前述。

一、細胞內的調節作用 (Intracellular Regulation)

（一）基因活性的調節作用 (Regulation of gene activity)

基因活性的調節作用不僅包括轉錄作用的調節，還包括了轉譯作用的調節，乃因此二現象一般爲接續發生之故，它們的作用導致多胜肽鏈或蛋白質的合成，其中酵素蛋白質特別受人注意，在大多數但非全部的情況下，基因活性的調節皆指酵素合成的調節作用。

● 轉錄作用的調節 (Regulation of transcription)

1961年，賈可布 (Jacob) 與莫諾德 (Monod) 發表轉錄作用調節的假說，也就是今日衆所週知的賈可布-莫諾德模型 (Jacob-Monod model)，所有以後有關基因活性調節的重要研究本質上皆在企圖證實此模型，或者在我們所能了解的情況下就同等重要的進行方式去反駁它。此模型在許多情 形中證實對 細菌很適宜。根據此模型，基因可分爲三群：調節基因 (regulator gene)、操縱基因 (operator gene) 以及構造基因 (structural gene)，此三種基因間的關係可以嚴格的階級順序看出其特性。該順序的頭一個即是調節基因，它控制著操縱基因的活性，因爲調節基因通常與操縱基因分離，所以藉產生某抑制物抑制基因活性而達成其控制的功能，該抑制物稱爲壓抑子 (repressor)。有數種壓抑子屬蛋白質，如首先在 1966/67 年間由吉爾伯特 (Gilbert) 所提出在大腸菌之lac操縱組 (lac operon) 的壓抑子一般。（見下述）

操縱基因在基因順序上佔第二位置，就如上述的其活性受調節基因的控制，而操縱基因本身事實上也控制著構造基因，而與該構造基因相比鄰。

　　構造基因我們已很熟悉，經轉錄及轉譯作用形成多胜肽鏈以供代謝反應所需。微生物在許多情況下所有合成某終產物的構造基因在基因組 (genome) 上按順序排列； 甚而所有此連續排列的構造基因之活性受比鄰於第一個構造基因之操縱基因所控制， 諸如此種機能上相關的構造基因與控制它們的操縱基因合稱爲操縱組 (operon)。

　　調節基因、操縱基因以及構造基因間的交互作用乃是經基質 (substrate) 的誘導作用而導致基因的活化， 並受終產物的抑制而失去其活性，決定性的關鍵落在壓抑子的身上，而其活性的狀態乃受某低分子量代謝物之控制，此代謝物卽效應子 (effector)。

　　基質誘導作用 (substrate induction) (圖149)。 首先， 一般基質誘導的圖解： 調節基因產生的壓抑子具活性而阻礙操縱基因的作用， 因此導致整個操縱組活性的停止，使操縱組上的構造基因沒有任何一個可以形成mRNA；然而壓抑子可被某低分子量的效應子作用而成不活化，該效應子改變了壓抑子的立體構形 (steric configuration)， 使之不適合控制操縱基因，整個操縱組的作用也因此恢復，構造基因就開始進行mRNA 的合成。 前述之效應子可以是某個酵素的基質——此酵素是由操縱組的基因鑄造出來——在此表現出基質誘導作用。「適應性酵素的形成」(adaptive enzyme formation) 之說法仍常常被使用， 因爲酵素的形成乃由於適應新的代謝情況， 亦卽適應酵素基質的供應。

　　基質的誘導作用提供了生物相當迅速的適應性——酵素合成本身的期間會引起一定的遲滯。微生物中常發現必須適應短時間中環境情況的巨大改變，最爲人所熟知的例子是大腸菌的 lac 操縱組。在此有三個構造基因排列相連在一起， 其中之一形成 β-半乳糖酶 (β-galactosidase)，該酵素能斷裂基質——如乳糖——的 β-半乳糖鍵結 (β-galactosidic linkage)。在此例中， 壓抑子被證明是一種蛋白質， 它由於乳糖的存在

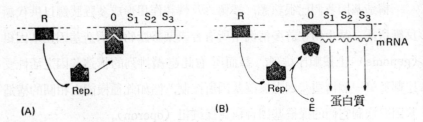

圖149: 基質誘導圖解。壓抑子 (Rep) 由調節基因R形成,
抑制操縱基因 O, 因此使所有操縱組上之構造基因 (S_1-S_3) 不
活化(A); 壓抑子被某低分子量的效應子 E 變爲不活化, E 是操縱
組上構造基因所形成的酵素的基質, 當壓抑子不活化時則操縱組
致活, 其上的構造基因可用以形成蛋白質, 後者之中的酵素可利
用效應子做爲基質(B)。 (仿 Hess 1968)

而失去活性。 因此在大腸菌中加入乳糖, 導致 β-半乳糖酶適應性的合
成, 其機轉正如前述。

　　高等植物亦發現許多可以用基質誘導作用之關係來說明的, 其中之
一是百合科的胸腺核苷激酶 (thymidine kinase) 之誘導, 其基質是胸
腺核苷, 胸腺核苷激酶藉 ATP 之助將 d-胸腺核苷轉變爲 d-胸腺核苷
-5′-磷酸, 而用來合成 DNA。 通常 DNA 之建材分子胸腺核苷-5′-磷
酸是由其他途徑供應 (圖14)。 但無論如何, 只要胸腺嘧啶是以其主要
可利用的形態存在 (胸腺核苷), 而 DNA 也必須合成, 則胸腺核苷激
酶的活性是很重要的, 此乃百合科花粉發育之特殊相。 首先, 胸腺核苷
於花藥上聚積, 其後胸腺核苷激酶的活性很快的增加, 該活性的增加乃
由於新酵素的合成。實驗上外加胸腺核苷亦可觸發該反應的發生,至少可
得到更進一步有趣的發現: 由分離的糙莖麝香百合 (*Lilium longiflo-
rum*) 花芽, 外加胸腺核苷以誘導胸腺核苷激酶的合成, 惟有在其發育
階段, 即在胸腺核苷激酶於自然情況下被誘導的時期, 此酵素方能被誘
導出來 (圖150)。 所以基質誘導作用被較高層次的 未知調節機制所限

制。

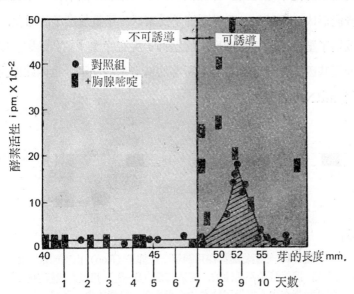

圖150: 糙莖麝香百合 (*Lilium longiflorum*) 的胸腺核苷
激酶之誘導能力。對照組: 自然情況下芽發育階段的酵素活性。
＋胸腺嘧啶: 外加胸腺核苷對酵素活性的誘導能力。(仿 Hotta
與 Stern 1963)

胸腺核苷激酶的例子提示我們:

(1)基質誘導的原理至少在高等植物中亦屬實。

(2)基質誘導易受某未知物暫時的控制。基質誘導及其較高層次暫時
的控制作用被發現於少數例子, 諸如不同種類之硝酸還原酶 (nitrate
reductase) 以及矮牽牛的花青素合成酵素, 除此之外尚有許多酵素被提
出具基質誘導或者暫時的控制作用等。稍後我們將舉例說明後一現象使
其更令人熟悉。

終產物壓抑作用 (**end product repression**)。再次, 我們將首先描

述終產物壓抑作用的一般機制（圖151）。調節基因所產生的壓抑子在這種情況開始時是不活化的，卽操縱基因不受阻礙，所有操縱組上之構造基因皆能形成 mRNA，然後壓抑子受某低分子量效應子的活化，該效應子改變了壓抑子的立體構形，使壓抑子現在好像「鎖和鑰匙」般的鍥合在操縱基因上，造成操縱組上所有的構造基因受阻，也因此停止了某些酵素 mRNA 的形成。

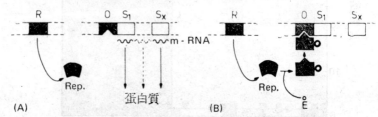

圖151：終產物壓抑作用圖解。壓抑子 (Rep) 由調節基因R錄成，開始時是不活性的，構造基因 (S_1-S_x) 用以合成蛋白質，包括酵素在內，提供了特有的終產物(A)。終產物之一做為一效應子E來活化壓抑子，壓抑子現在卽能抑制控制著操縱組的操縱基因0，而構造基因的活性也因而停止(B)。（仿 Hess 1968）

　　該效應子在此乃是某反應或一連串反應的終產物，該終產物之酵素乃由操縱組視情況而供應，例如大腸菌，所有形成精胺酸 (arginine) 的構造基因在操縱組上排列在一起，因此該精胺酸之操縱組供應了合成精胺酸所有必需的酵素，此由酵素活化的終產物——精胺酸——做為效應子，活化了精胺酸操縱組的壓抑子。

　　終產物壓抑作用也能對變換中的環境作一較快的協調。細菌中如果某物質過量存在，當其遇到下列二種情形時該物質可藉終產物壓抑作用抑制本身進一步的合成：

　　(1) mRAN 在調查中已經由操縱組轉錄形成。

⑵且已由此 mRNA 轉譯形成的酵素必須除去。

　　若是該 mRNA 與酵素够穩定的話卽使是不再有任何需要，它們也會導致更多終產物的形成；幸好除了少數例外，只要是細菌的 mRNA 一般壽命是很短的，它的半衰期（half life）（指分解一半特殊的 mRNA 所需的時間）總共也不過幾分鐘，所以平常這些受阻礙的操縱組之 mRNA 多在終產物抑制作用開始後短時間內卽被細胞除去。

　　酵素的壽命一般較長，然而細菌在此情況下具有兩全的辦法：它進行分裂，由再次的分裂使非所需的酵素被稀釋，藉同法，任何穩定的 mRNA 也可因分裂而漸被稀釋掉。

　　結果細菌之終產物壓抑作用只有在其仍進行分裂時才完全有效，然而類似此種分裂在高等植物細胞中遠少於細菌，且由於高等植物分化過程的明顯，故終產物壓抑作用變爲不可能。因此在較大範圍內終產物壓抑將毫無價值，有少數數據支持酵素的分解取代了細胞分裂的可能性。

　　就我們目前的知識尚不足以對高等植物終產物壓抑作用之意義做最後決定。雖然如此，當比較高等植物許多已爲人所知的基質抑制作用的例子時，確是很引人注意的。只有少數例子具有終產物壓抑作用的現象，其中之一是植酸酶（phytase）的抑制作用。這是一種水解酶，用來分解磷酸鹽的貯藏物質——植酸（phytic acid），使之成爲肌醇（inositol）及無機磷（圖152）。小麥正發芽時胚的子葉盤（scutellum）於發芽開始的六小時內，合成植酸酶的 mRNA 形成，很顯然地，外在無機磷的加入可造成 mRNA 合成的停止，此乃因無機磷爲植酸酶活性的終產物之一，此可算是終產物壓抑作用的一例。

　　組織蛋白的壓抑作用（repression by histones）。在染色體上DNA與蛋白質結合在一起，其所含之蛋白質包含鹼性組織蛋白以及少數酸性及中性之核蛋白，其中還伴有 DNA 聚合酶及 RNA 聚合酶。組織蛋白

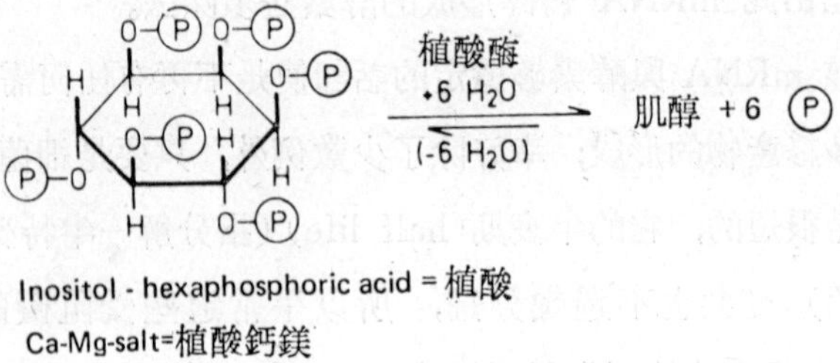

圖152：植酸酶 (phytase) 的功能。

(histone) 之鹼性特質乃是由於 含有高 比例 的鹼性 胺基酸——精胺酸和離胺酸——之故，依此二胺基酸含量的多寡而稱爲多精胺酸組織蛋白 (arginine-rich histone) 或多離胺酸組織蛋白 (lysine-rich histone)。組織蛋白及酸性核蛋白皆屬結構蛋白，但它們似乎也參與了基因活性的調節作用，只要是高等植物，有數據支持該項推測，尤其是組織蛋白。

無細胞系統轉錄作用的壓抑 (repression of transcription in a cell-free system)。 如同植物，動物中也有些證據證明組織蛋白可在無細胞系統下抑制轉錄作用。只要說到植物，勢必要提到波那(J. Bonner)的研究，豌豆萌芽種子之子葉形成某種貯存的球蛋白爲豆科植物所具有之彼此或相同或相似之典型物質。該萌芽種子之其他部位則沒有或只含一點之貯存 性球蛋白。現在已可以從萌 芽種子之各部位分 離出染色質 (chromatin)，該物質包含複雜的 DNA 及組織蛋白。將染色質加入含所有酵素及輔因子之無細胞系統中，其中亦含核糖體，以便從事基因的轉錄與轉譯。來自子葉的染色質在此系統中誘導貯存性球蛋白的合成，而枝尖的染色質則否；然而只供給 DNA 而移去組織蛋白時，則子葉與枝尖皆可形成貯存性球蛋白；枝尖染色質用以形成球蛋白的遺傳物質受到組織蛋白的抑制，而子葉的染色質則否（表三， 37頁），該實驗數據著重於爭論組織蛋白壓抑作用的專一性（參考248頁），但它們曾被方法

學上的論點所駁斥，此事實亦不能掩飾。

　　活體內組織蛋白的壓抑 (repression by histones in vivo)。 無細胞系統實驗仍留下數個未決的懸疑，故嘗試由另一不同的角度來探討組織蛋白的壓抑作用。菲林勃格 (Fellenberg) 及波 (Bopp) 成功地損害一些形態遺傳的過程，該過程需藉組織蛋白而獲得其遺傳上的活性。分離豌豆的上胚軸 (epicotyl)，藉 IAA 誘導形成新的根，在銳葉掌上珠 (*Kalanchoe daigremontianum*) 中形成受傷的皮層以及冠癭的形成等，皆可被來自數種不同來源的組織蛋白所抑制。組織蛋白經化學修飾（乙醯化、氧化、磷酸化以及熱變性）亦能導致其抑制作用的改變。

　　鹼性植物蛋白與動物之癌 (basic plant proteins and cancer in animal organisms)。 剛才我們提到組織蛋白，亦卽鹼性蛋白質，能抑制冠癭的形成，而令人感到有趣且相關的是鹼性蛋白質能抑制動物癌細胞的生長。槲寄生 (mistletoe, *Viscum album*) 具有的鹼性蛋白質近十年來被研究得很詳細，尤其是偉斯特 (Vester) 的老鼠及組織培養的實驗皆證明該蛋白質具有抑制癌生長的能力。實驗發現活的老鼠體內有一些蛋白質成份，每個細胞約有三十八分子的蛋白質，而在細胞組織培養中每個細胞約有十五分子的蛋白質能產生抑制的能力。根據所作的實驗，槲寄生蛋白質主要抑制轉錄作用，但進一步處理亦會導致抑制DNA的再複製。唯該蛋白質對變性作用 (denaturing effect) 非常敏感，使它不能應用在醫學上。

　　所以槲寄生的鹼性蛋白質如同組織蛋白一樣可以抑制基因的轉錄作用，也許進一步的研究或許能對該抑制系統有所提示，甚而對組織蛋白的作用機制有所了解。

　　發育時期貯存性組織蛋白的改變 (changes in the stock of hist-

ones during development)。假使如同所料組織蛋白眞能參與基因活性的調節作用，則發育階段中組織蛋白定性或定量的改變是可以了解並可藉分析加以說明的，這種改變事實上也曾被測定了數次，例如開花時期的分化作用或者花粉的發育等，一般證明皆得自某顏色反應，然而不能回答是否有定性或定量上的改變或者兩者皆備。定性上的變化於數種植物可用減數分裂時期予以說明：在這例子中有一新的「減數的」（meiotic）組織蛋白的出現，此類貯存性組織蛋白的改變很完美地契合了組織蛋白參與基因活性調節作用的假說。然而我們不能忘了，就它們本身來說並不能代表任何該類的證明。

有關組織蛋白作用機制的假說 （hypotheses concerning the mechanism of action of histones）。誰能想像出組織蛋白在基因活性抑制方面的作用機制，或者說的更確切些，對轉錄作用的抑制機制？且讓我們更進一步的探討二極端之可能性，但別忘了可能二者皆屬實。

可能性 1。就結構蛋白質來說，組織蛋白非專一性的抑制整個或部分染色體的基因活性。在分裂時期染色體收縮聚集成可運輸的形式，分裂後染色體鬆弛；相反地，某些染色體或其一部分可保持其收縮的狀態直到下次分裂進行時，如果沒有分裂發生則此收縮情況可維持不變。該收縮態染色體或其一部分稱爲異染色質體（heterochromatic），含有異染色質體部位之染色體其基因活性大大地減小或完全停止。假設組織蛋白做爲結構蛋白，可在染色體的收縮上扮演中樞角色，如此它能非專一性地抑制基因活性，這是因爲，在所有染色體收縮部位的基因活性受到或大或小的抑制。

可能性 2。組織蛋白可能專一性地抑制某特定的基因活性，因此它就彷如裁縫師只作用某特殊基因的位置，這引發了疑問，卽是：組織蛋白如何獲得此專一性作用的特性？由小牛及豌豆等來源不同的組織蛋白

僅顯示極少可測出的區別，也就是說沒有專一性。現在已可以證明以改進的分析方法可能使至今仍未決的專一性有所發現。再者另一可能性業已提出，卽組織蛋白與 RNA 形成複合物，本身不需存有專一性的差異，然而該複合物之 RNA 成分則與特別的 DNA 片段有專一性的關連，卽是基因座（gene locus）；根據鹽基配對原理它與其同源之 DNA 鹽基對合，藉此方法，所有非專一性的組織蛋白被帶至其位置，並且停止該位置基因的轉錄作用（圖153）。所以 RNA 成分負有專一性的責任。

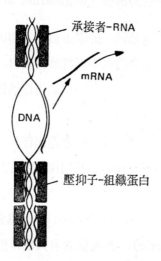

承接者-RNA

mRNA

DNA

壓抑子-組織蛋白

圖153: 組織蛋白壓抑作用之承接假說。

可能性 1 或可能性 2 皆不適合賈可布-莫諾德模型，不足為奇的是為什麼更為複雜的高等生物不必配備另外的調節機構？簡略的說，由體內與體外所發現的情形認為核蛋白（特別是組織蛋白）可以抑制轉錄作用，至於它們如何來完成仍屬未知，無一現行的假說證實賈可布-莫諾

德模型。

● 轉譯作用的調節 (Regulation of translation)

高等植物可就轉譯作用之調節說明者為數甚少，其中一例是甘蔗的轉化酶 (invertase)（85頁），為人熟知的轉化酶其終產物為葡萄糖及果糖，有少數數據指出該終產物中之葡萄糖誘導合成轉化酶之 mRNA 的分解，結果以葡萄糖處理之甘蔗其轉化酶活性降低，但轉錄作用──即轉化酶 mRNA 之形成──則未受到葡萄糖之損害。

（二）酵素活性的調節 (Regulation of enzyme activity)

在討論酵素活性的調節裡，酵素蛋白的調節與另外輔助的調節機構須加以區別。該輔助調節機構並不影響酵素蛋白，但卻透過輔酶及其他輔因子或基質而發生影響。該不影響酵素蛋白活性本身的調節機構常被歸類於「酵素調節」的名詞內。

這裏我們只想詳細考慮酵素蛋白之調節作用，因此我們必須區分所謂異位調節作用(allosteric effect)及同位調節作用 (isosteric effect)。同位調節作用我們已熟知，某特殊物質結構上類似正常的基質，而與正常基質一樣嵌入酵素之相同位置（圖154），因為它們能嵌入相同位置，故稱「同位的」(isosteric)。 然而儘管有其類似性， 該物質仍大大不同於正常者，因而不能被代謝，此即意味著該酵素蛋白受到抑制，這種形式的抑制作用即為所謂的「競爭性抑制」(competitive inhibition)。競爭性抑制的例子如5-氟去氧尿核苷對胸腺核苷酸合成酶的抑制（26頁）以及丙二酸對琥珀酸去氫酶的作用（105頁）。

在異位調節作用的情形中物質之抑制或刺激活性並不嵌入與基質相同的結合位置，而在另一位置，故有此名。假使酵素的異位調節結合位

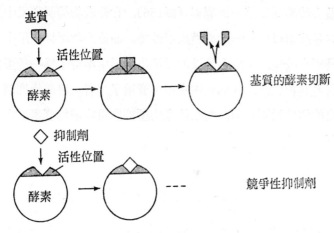

圖154: 競爭性抑制作用（同位調節作用）。

置被某抑制物或刺激物質嵌入，則誘使該酵素蛋白之組態發生變化，結果導致酵素活性的增加或抑制。異位調節抑制作用大多已被研究的很徹底，於此情況抑制物質乃代謝途徑的終產物，由於此理由，「終產物抑制」（end product inhibition）的名詞常被用到，可別與我們先前提過的「終產物壓抑」（end product repression）混淆不清。這類終產物抑制只特別作用在其合成之代謝路徑的第一個酵素（圖155）。

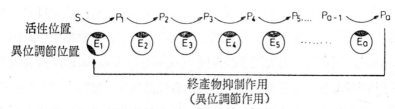

圖155: 終產物抑制作用（異位調節作用）。（仿 Lehninger 1969）

L-異白胺酸（L-isoleucine）對息寧胺酸去胺酶（threonine deaminase）的抑制即為一例。L-異白胺酸為該代謝途徑的終產物，而

息寧胺酸去胺酶則爲第一個酵素（圖156），在終產物抑制作用中蛋白質
——也就是酵素蛋白——的立體構形改變，而終產物壓抑作用中蛋白質
的立體構形亦改變，至少在乳糖的操縱組情形中壓抑子爲一種蛋白質。
卽使二者有其相似性，我們應注意不要混淆了二者。終產物抑制作用是
酵素蛋白的活性受到抑制，而在終產物壓抑作用時則爲酵素蛋白的合成
受到抑制。

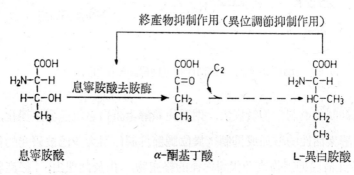

圖156: 終產物抑制作用: 異白胺酸對息寧胺酸去胺酶的抑制作用。

同功酶的微調節作用 (**fine regulation by isoenzymes**)。我們剛
提到 L- 異白胺酸對息寧胺酸去胺酶的終產物抑制作用；異白胺酸與息
寧胺酸、甲硫胺酸、離胺酸皆屬於天門多胺酸系之胺基酸（圖118），這
些胺基酸的合成途徑皆起源於天門多胺酸，藉天門多胺酸激酶 (aspar-
tokinase) 催化轉變爲天門多醯磷酸 (aspartyl phosphate)，接著代謝
途徑才開始分枝，分途形成剛所提到的各胺基酸（圖157）。這一分枝使
細胞內的調節作用產生很嚴重的問題。比方說細胞內息寧胺酸的含量遠
超過所需的量，此過多的息寧胺酸的供應很容易藉終產物抑制或終產物
壓抑作用來停止，然而如此一來離胺酸及甲硫胺酸的合成也受阻止，卽
使此二胺基酸正迫切需要。由於大腸菌天門多胺酸激酶三個同功酶的發

現解決了上述的問題。藉終產物壓抑或抑制作用，同功酶其中之一可被息寧胺酸，另一可被離胺酸所阻礙，而第三個同功酶之活性稍後也在其代謝途徑中遭到適當的調節。固然這項發現是在細菌中，但也有許多高等植物的情形也大抵類似於此。

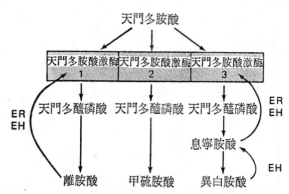

圖157: 同功酶的微調節作用: 天門多胺酸族的胺基酸合成。ER＝終產物壓抑作用，EH＝終產物抑制作用。甲硫胺酸的合成亦遭到廻饋機制的作用，然未在此圖顯示出。(參考圖156)

天門多胺酸系之微調節似乎已夠複雜，然而比較起來仍屬較簡單的，我們只須考慮的事實是: 除了終產物壓抑作用外仍有基質誘導，除了終產物抑制作用外仍有終產物活化作用 (異位調節刺激作用)。以上所提之四種調節機制均參與酵母菌 (*Saccharomyces cerevisiae*) 芳香族胺基酸合成的調節。就如同天門多胺酸系一樣，一開始即將磷酸烯醇丙酮酸連於D-原藻醛糖-4-磷酸上，形成七個碳的化合物，該反應伴著三種同功酶的催化作用 (圖158)。該結果得自酵母菌，然而就近來之研究相信較高等的植物亦有此類似的調節機構。

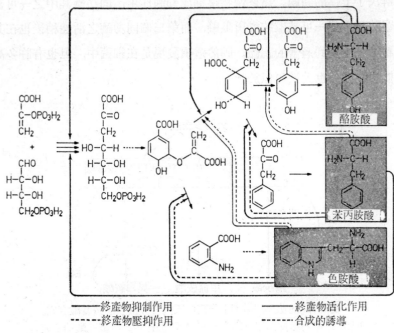

——終產物抑制作用　　　　——終產物活化作用
-----終產物壓抑作用　　　　-----合成的誘導

圖158: 同功酶的微調節作用: 芳香胺基酸的合成。(仿 Lingens 1969)

二、細胞間的調節作用: 植物激素 (Intercellular Regulation:Phytohormones)

　　動物之調節作用乃是藉神經或激素在細胞與細胞間協調, 植物欲藉神經系統來調節實屬不可能, 因此其調節作用之可能性就存於某特定的調節因子在維管系統中運輸, 而由一細胞傳至另一細胞, 並由一器官傳至另一器官。植物荷爾蒙—植物激素 (phytohormone) 在此過程中擔任主要的角色, 就如同所有的荷爾蒙一樣, 植物激素也是一種訊息物質, 它只要微量即可作用且其合成與作用部位也不相同, 由合成部位傳送至作用部位乃是於植物的維管束系統中進行, 當然在許多例子中植物激素

也作用在其合成部位。動物荷爾蒙有時候顯示較大的作用範圍，但這種情形在植物激素中卻較爲平常，同一植物激素對許多完全不同的過程具有影響的能力（圖159），這就是使所有有關植物激素作用機制之假說皆須再予以考慮的原因所在。

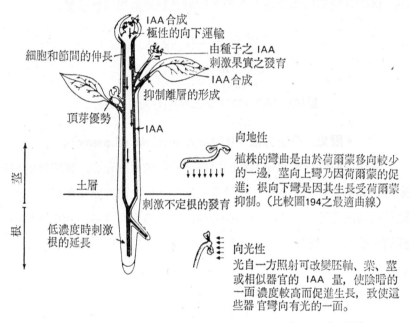

圖159: 部分受 IAA 調節的數種發育過程。（仿 Steward 1969）

四類最重要且化學上最爲人所知的植物激素是吲哚衍生物（indole derivative）、激勃素（gibberellin）、細胞分裂激素（cytokinin）及離層素（abscisin），下面數節我們將先個別予以討論，再進一步詳細探討其作用機制。

（一）吲哚衍生物: IAA（Indole derivatives:IAA）

• 化學組成（Chemical constitution）

少數吲哚衍生 物為植 物激素，其中最重要的是 β-吲哚乙酸 (β-indolylacetic acid)，吲哚-3-乙酸 (indole-3-acetic acid) 或簡寫為 IAA (圖160)，首先由柯葛爾 (Kogl) 在人尿中發現，接著在微生物中，最後亦發現於高等植物中。 IAA 以自由或連結的形式存於植物體中，例如與葡萄糖酯化或與天門多胺酸及麩胺酸形成胜肽鏈。

$$\text{(indole ring)}-CH_2-COOH$$

IAA

圖160: IAA＝吲哚-3-乙酸＝ β-吲哚-乙酸。

• 歷史、分析方法 (History, method of assay)

早在由植物分離出IAA前即已熟知植物激素的存在，確定性的證明來自1928年文特 (Went) 基於前一世紀傳統之研究實驗所得。他的實驗材料是燕麥芽鞘 (*Avena coleoptile*) (包裹在燕麥種子初生葉周圍的圓筒鞘狀物)， 將切下之芽鞘尖端置於洋菜塊上， 隔些時候將洋菜小塊

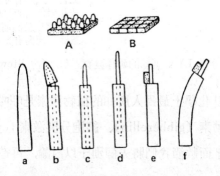

圖161: IAA在燕麥芽鞘尖端的證明 (文特的燕麥彎曲實驗)。芽鞘尖端置於洋菜上(A)， IAA擴散入洋菜後將洋菜切成小塊(B)。將芽鞘尖端切除 (b及c)，略抽出初生葉少許(d)，用少許膠質使含IAA之洋菜小塊黏於一邊(e)，IAA經洋菜小塊極性地向下轉移，誘使這邊芽鞘激烈的縱向生長(f)。(仿 Walter 1962)

側放於芽鞘殘株缺口上，則芽鞘向另外一側彎曲，這彎曲乃是由於洋菜小塊下相連的組織劇烈的縱向生長所致（圖161）。

所以植物激素由芽鞘尖端擴散至洋菜塊並由此向下移動至芽鞘，激起其強烈的縱向生長。今天我們知道在燕麥芽鞘中最重要的植物激素是IAA，已經被證實了，特別是保羅（Pohl）之研究，IAA 以非活性的形式經由燕麥種子擴散至芽鞘，在芽鞘內活化後向芽鞘下端傳送。IAA 以及類似作用之物質一般稱爲生長物質（growth substance）或生長激素（auxin），因其影響生長之故。

IAA 可用許多試驗系統加以定量測定，最常用的實驗材料仍是燕麥芽鞘，文特技術應用在燕麥彎曲試驗（*Avena* curvature test）中：在某濃度之範圍內，小洋菜塊所含的 IAA 量愈多，則芽鞘彎曲程度愈強。另一較常用且較容易作的試驗是燕麥片段試驗（Avena section test）：將芽鞘尖端下面緊鄰部位切下一段一定長度的圓筒形片段，並從該片段除去周圍之初生葉，結果成一中空之圓筒，將此圓筒置於 IAA 溶液中，在某濃度範圍內 IAA 含量愈多則該片段愈伸長（圖162）。

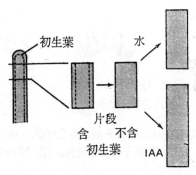

圖162: 燕麥芽鞘片段試驗原理。

● 生物合成與分解 (Biosynthesis and degradation)

IAA 的生物合成與分解可調節細胞內 IAA 的含量，藉此來調節細胞的生長。我們曾簡述過 IAA 的生物合成 (153頁)，在微生物是由色胺酸衍生而來，在高等植物很可能也是如此。IAA的合成特別是在分生組織或是植物體的年輕部位，雙子葉植物之頂點，即主枝之尖端是 IAA 合成最重要的部位；胚也產生 IAA，例如草莓的發育假使將種子與胚一起移去則受到抑制，如用 IAA 處理則草莓的發育正常 (圖163)。落葉性的葉子在其展開葉片時亦須 IAA 的供應。在催化劑，如核黃素的存在下，IAA的分解可經由光線，特別是紫外線而引起，或者可經酵素作用而分解。過氧化酶即為熟知的 IAA 氧化酵素，為 IAA 分解酶之一，它們需要二價錳離子及單酚類 (monophenol)，諸如對-羥基苯酸 (p-hydroxybenzoic acid) 或黃酮醇堪非醇 (flavonole kaempferol) 當做輔因子。而鄰-二酚類 (o-diphenol) 諸如兒茶酚 (catechol) 或黃酮醇櫟精 (flavonole quercetin) 為許多 IAA 氧化酶之抑制劑，或許黃酮醇的生理功能之一即是調節 IAA 氧化酶的活性。

種子
多果肉的花序軸

圖163: 草莓去除部分種子 後產生之變形，只有在花序軸之部分用 IAA 處理，則種子可正常發育。(仿 Nitsch 1968)

● IAA 的數種功能 (Several functions of IAA)

(1)縱向生長 (longitudinal growth)。稍後我們將討 論縱向生長及

IAA 對它的調節作用（308頁）。

(2)形成層的細胞分裂（cell division in the cambium）。IAA 為刺激形成層活性的因子之一，　IAA　促進細胞分裂的作用特別是對春天時的落葉樹最為重要，刺激形成層分裂的物質由發育中的葉芽經枝及樹幹向下傳送，而 IAA 為該類物質之一。

(3)細胞分裂與根的形成（cell division and root formation）。不定根與支根由某特定部位之細胞分裂放射形成，如支根由周鞘（pericycle）的部位形成，而細胞分裂導致根的形成乃是受到 IAA 刺激所致，所以 IAA或具有類似功能的合成物質被植物栽培者應用在挿枝法（cutting）上以誘導根的形成。

(4)組織培養之細胞分裂（cell division in tissue culture）。由上述之功能(2)與(3)得知 IAA 不僅促進細胞延長並促進細胞分裂，後者在組織培養時更顯而易見，這是因為組織培養之細胞分裂大多只發生在促進分裂之物質存在下，而IAA為該類物質之一。

(5)頂芽優勢（apical dominance）。影響經由主枝的尖端卽莖頂（apex）而抑制側枝的發育，這可藉移去主枝的尖端而得到證明，若照此做，則側枝卽行發育，此現象稱為頂芽優勢。假使現在切去主枝並用IAA處理切口部位，則側枝發育仍然受到抑制，所以IAA是頂芽優勢的因素之一。根據最近的研究指出IAA僅是間接的作用——它誘導乙烯的形成，而乙烯（ethylene）才是側芽發育眞正的抑制者。

(6)葉與果實的脫落（shedding of leaves and fruit）。葉之脫落一般起始於葉柄基部形成離層區（separation zone）（圖164），該區之形成乃葉柄基部細胞之橫向分裂，使此離層區細胞間之連繫愈形減弱，促使連繫變弱之原因是酵素分解細胞壁內含物，諸如果膠、纖維素及半纖維素，結果細胞與細胞間的連接鬆弛，並因機械壓力而使其分離。常常

葉子起初仍掛在乾枯的木質纖維上，然而該僅存的連繫終於分離，葉子
落下，在此樹幹側邊該受傷部位即以保護層封住。賈可布與其他學者證
實IAA可抑制落葉。假使由彩葉草屬（*Coleus*）的植物上移去一葉片，
數天之後葉柄脫落；如果以IAA處理該葉柄表面，則葉柄仍留在枝上。
該實驗已經由葉片產生IAA之研究而得以證實，只要鞘蕊花的葉片能供
應葉柄足夠的IAA，則葉片仍能留在植物體上；只有在IAA產量低於葉
的最低濃度，如葉片的年齡增加時則發生落葉的現象。

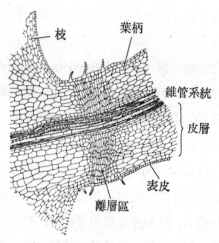

圖164: 彩葉草植物葉柄之縱向切面，包括離層區。（仿 Torrey 1968）

IAA抑制落葉的機制仍眾說紛紜，且由於IAA在某特定情況下能刺
激落葉，使問題更形複雜。姑且不論IAA的特別作用，有數種物質普遍
的皆能促進落葉：離層酸（abscisic acid）及乙烯，它們的作用機制似
較易了解（274頁），或許它們能提供某種方法以闡明其與 IAA 拮抗的
反應機構。

(7)單性結果（parthenocarpy）。IAA可誘導單性結果，即在許多植

物中不必受精而形成果實。番茄、蘋果、胡瓜以及其他數種植物經IAA處理後的單性結果現象是爲人所知的。

(8)酵素活性 (enzymatic activity)。 IAA 能刺激或降低酵素的活性。在豌豆根及枝的片段中所含的植株本身具有的生長物質 (IAA) 以及合成的生長物質——如 α-萘乙酸(α-naphthylacetic acid) 及 2, 4-D (276頁)——可以誘導某些有機酸轉變爲與天門多胺酸成共軛的能力。 IAA 與 α-萘乙酸二者本身卽爲該有機酸，而苯甲酸爲另一個成員。

高爾思頓 (Galston) 以菸草組織培養說明 降低酵素活性的現象。在菸草之髓組織 (medullary tissue) 中可測得過氧化酶兩種同功酶的存在，假使將該組織置於培養基中生長則可發現過氧化酶的另外二種同功酶，但當加了IAA處理以後這些新的活性就不再測得出來了。

所以IAA可以刺激酵素的活性 (與天門多胺酸結合) 或降低酵素活性(過氧化酶之同功酶)，這種活性的變化可能是由於基因活性的改變，但也不一定是。在上二例中仍不知是否是基因活性作用於酵素活性，有很多證明顯示基因物質受到影響，因而暗示了某新的IAA作用機制。後面我們在提到縱向生長時會碰到IAA實際上如何致活基因物質的例子。實驗證明植物激素作用於基因活性首次是發現於激勃素而非IAA。

(二) 激勃素 (Gibberellins)

● 化學組成 (Chemical constitution)

激勃素爲植物激素，其化學結構之特性爲具一赤黴素烷(gibban)骨幹，而其生物作用的特性爲能刺激某矮突變種的生長。前已提及，激勃素常發現於高等植物中，而常用於實驗的是激勃素酸(gibberellic acid) (參考142頁，圖165)，除此以外已有二十餘種激勃素爲人所知。 通常在同一株植物可發現數種激勃素，相反地，其他種類的植物激素在同一

株植物中常僅能測得同種類的其中之一種。

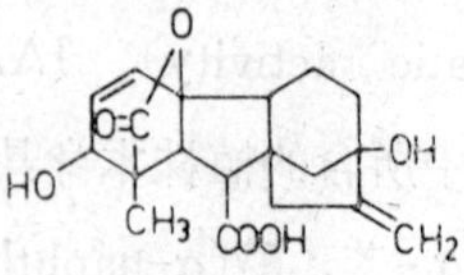

激勃素酸

圖165: 激勃素酸。

• 歷史, 分析方法 (History, method of assay)

　　東亞地區有一種稻米的病症, 該患病植株本身能特別迅速的縱向生長, 此病稱爲馬鹿病 (Bacanae), 爲幼苗發狂的疾病, 此病是由眞菌稻惡苗病菌 (*Gibberella fujikuroi* (=*Fusarium heterosporum*)) 所引起。1926年黑澤 (Kurosawa) 成功地以該眞菌之抽出液引起加速縱向生長的類似現象, 由於此生物試驗, 隨卽展開分離方法及鑑定該作用本質特性的工作。二次大戰後, 證實該作用物質, 以赤黴菌 (*Gibberella*) 命名, 此物質不僅在眞菌類中發現亦廣泛地分佈在高等植物中。

　　激勃素生物分析的基礎就和最初分離出來時一樣, 在於縱向生長的刺激作用。較適用的實驗材料是突變的矮種大豆及玉米, 它與野生種的不同在於其激勃素的合成受到阻礙, 以激勃素處理它們可恢復正常的生長。在矮株玉米的例子中, 可將試驗溶液加入初生葉中, 大約一週後, 卽可量出初生葉增加的長度 (圖166)。

• 激勃素的數種功能 (Several Functions of Gibberellins)

　　(1)由刺激生長引起 細胞分裂與 細胞延長 (cell division and cell elongation resulting from the stimulation of growth)。 激勃素最顯著的作用之一並且也是普遍通用的分析方法的基礎是對突變矮種或所謂的生理矮種 (physiological dwarf) 的縱向生長的刺激作用。植物正常

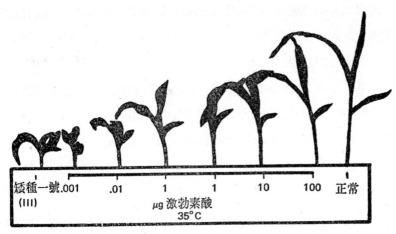

圖166: 激勃素酸對玉蜀黍矮化突變種矮種一號作用之實驗。

的縱向生長很少或完全不受激勃素的影響。前已提及有些矮生突變種之激勃素的合成受到抑制，而生理矮種存有正常縱向生長的遺傳潛能，但惟有在某特定外界條件存在下方能被活化，例如在寒冷或特殊光線的條件下。薔薇型植物 (rosette plant) 也包括在生理矮種的植物之中，它只叢生薔薇狀的葉子，第一年與土壤接觸，次年在寒多的影響之後開始發枝。寒冷的作用之一在於改變植株體內激勃素的含量，所以利用外加的激勃素以彌補如冷天的影響，促使薔薇型植物可在不暴露於寒多下卽可發枝，此實不足爲奇。

至於激勃素促進縱向生長是由於細胞分裂抑是細胞延長的問題，只有少數幾種植物曾被研究過，起初以爲只有細胞延長受到影響，然而令人驚奇的發現薔薇型植物例如韮沃斯 (Hyoscyamus) 或櫻草科植物 (Samolus) 的次頂端分生組織 (subapical meristem) 的細胞分裂確實有受刺激的現象。其他植物如豌豆其細胞分裂與細胞延長皆受激勃素的刺激。

(2)形成層的細胞分裂 (cell division in the cambium)。已有人提出激勃素能刺激春天落葉樹形成層的細胞分裂，所以 IAA 與激勃素共同刺激形成層的分裂。

(3)單性生殖 (parthenocarpy)。 單性生殖也可經激勃素處理誘導產生，例如番茄、蘋果、胡瓜等，與 IAA 作用相同。

(4)開花的誘導 (induction of flower formation)。長日植物以及有寒冷需求的植物在不能正常開花的狀況下激勃素能誘導其發生。稍後我們再討論此現象 (390頁)。

(5)芽的休眠 (dormancy in buds)。木本植物在秋天日漸短的時候其枝條逐漸轉變成休眠態。在短日照下抑制物如離層酸集中於芽的部位 (圖167)， 並且阻礙芽的活性， 該抑制在寒冬時逐漸被克服： 此時某些因子積聚於枝上並且促進其活性 (圖167)。因子的其中之一是激勃素，當芽遭受寒冷時其內部激勃素含量增高，此現象已多次被提出了，因此外加激勃素可以打破芽的休眠狀態， 這是可以預料得到的。

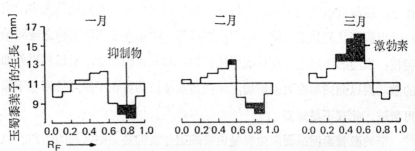

圖167: 寒冷對黑色紅醋栗 (black currant) 內含激勃素及抑制物 (可能是離層酸) 的影響。在此顯示的圖稱為生物分析圖 (autobiogram)： 以濾紙色層分析分離後將此濾紙切成帶狀，溶出內含物，以溶出液做玉蜀黍葉之生長實驗，以檢驗激勃素或抑制物的存在。各成分之 Rf 值顯示於橫軸上， 0.0＝色層分析濾紙的起點， 1.0＝色層分析濾紙溶劑的游動頂點。(仿 Wilkins 1969)

(6)頂芽優勢 (apical dominance)。 以激勃素酸處理可加强已存在的頂芽優勢的現象，此常被人提出。少數的例子指出激勃素酸似乎增加內在 IAA 的量，因而藉 IAA 加强對側枝生長的抑制，然而這種說法並未廣泛被接受。

(7)打破種子的休眠期 (breaking of the dormancy of seeds)。 許多種子的發芽只有在一定的光線存在下才能進行，例如許多種類需暴露在紅光之下 (332頁)，這些種子有許多可在黑暗狀況下經激勃素誘導而發芽，例如啤酒廠卽利用激勃素刺激發芽，大麥以激勃素酸處理可使種子終年保持其高的發芽率。

(8)與 IAA 的比較 (comparison with IAA)。 IAA 與激勃素對有些發育過程的影響是相同的，這可由二者功能比較之表看出，所以曾被認為激勃素藉影響內含 IAA 的量而作用其功能。 少數例子符合此現象，然而廣泛比較二者對發育過程的功用時可看出這並非定律 (表7)。

表7： 比較不同植物激素形成數種特性之活性。一=抑制，＋=刺激，●=無作用。 所列出的不同行為其發現取決於植物體及特殊的實驗情況；此外必須記住的是數種植物激素的相互作用是決定性的，而非單獨某種植物激素的作用。

特 性 的 形 成	離層酸	IAA	激勃素	細胞分裂激素
葉與果實的脫落	＋	－	－	－
芽的休眠	＋	●	－	－
發芽	－	●	＋	＋
細胞延長	－	＋	＋	(＋)
細胞分裂	－	＋	＋	＋＋
花的形成（長日植物）	－	＋	＋	●
花的形成（短日植物）	(＋)	－	●	●
老化	＋	－	－	－
大麥α-澱粉酶的合成	－	●	＋	●
轉錄與／或轉譯作用	－	＋	＋	＋

(9)激勃素酸對基因的活化作用 （gene activation by gibberellic acid）。 當種子發芽時貯存於胚乳、子葉或其他組織中之儲藏物質必須移動運輸，而促使移動的訊號來自胚中。1960年，日本的矢野 (Yomo) 及澳洲的巴雷戈 (Paleg) 分別發現激勃素酸可能是引發訊號的因子，進一步實驗，特別是瓦諾 (Varner) 在美國於1964年所提出之證明指出激勃素酸可活化基因物質。有關荷爾蒙控制基因活性最早的報告是1960年克雷弗 (Clever) 及卡爾森 (Karlson) 研究昆虫蛻變荷爾蒙蛻皮酮的作用 機制時所發現的。 大麥為植物方面 的研究材料， 在發芽階段特別是澱粉必須在大麥中移動， 此則藉助於澱粉酶的水解活性 (91頁), 將大麥種子切成兩半， 一半具胚另一半則無， 結果只有有胚的那一半有澱粉水解現象，但假使以激勃素酸處理無胚的那一半，則其澱粉也會發生水解 (圖168)。此發現指出在正常情形下， 胚放出激勃素酸入胚乳中而開始澱粉的水解作用。

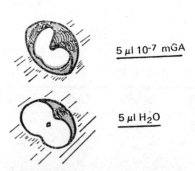

5 μl 10⁻⁷ mGA

5 μl H₂O

圖168: 激勃素酸對去胚大麥種子內澱粉水解的作用 (仿 Plant Research 66)

此假定已被證實，在大麥儲存物質之移動中發生下列情形： 胚釋放激勃素酸至胚乳的最外層——糊粉層 (aleuron)，結果在糊粉層中用來合成許多分解酶的基因被活化，這項過程的高潮在合成這些酵素，而酵

素的其中之一爲 α - 澱粉酶，此酵素接著由糊粉層釋放入含有澱粉的胚乳中，在此 α - 澱粉酶水解澱粉，而其他新合成的酵素則水解蛋白質及核酸。

以實驗證實 α - 澱粉酶 及其他水解 酶是新合成 的這是非 常重要的事。詳細的研究已掃除有關的疑慮，確定此事實是必要的，因爲有些酵素已經存在種子中，並非發芽時才新合成，而僅是被活化罷了。

（三）細胞分裂激素（Cytokinins）（Phytokinins）

• 化學組成 （Chemical constitution）

至今所有已知的細胞分裂激素根據其化學組成皆爲嘌呤衍生物，特別是腺嘌呤的衍生物，而在其第六位置的胺基常代有特別的取代物。抗萎素（kinetin）（6-甲醛 - 胺基嘌呤 （6-furfuryl-aminopurine））及6-苯基 - 胺基嘌呤 （6-benzyl-aminopurine）爲實驗上常用到的合成細胞分裂激素，玉米素（zeatin）及 N^6-（$\triangle^2$－異戊烯胺基）－嘌呤 （N^6－（$\triangle^2$－isopentenylamino）－purine）（IPA）則爲自然存在的細胞分裂激素（圖169）。

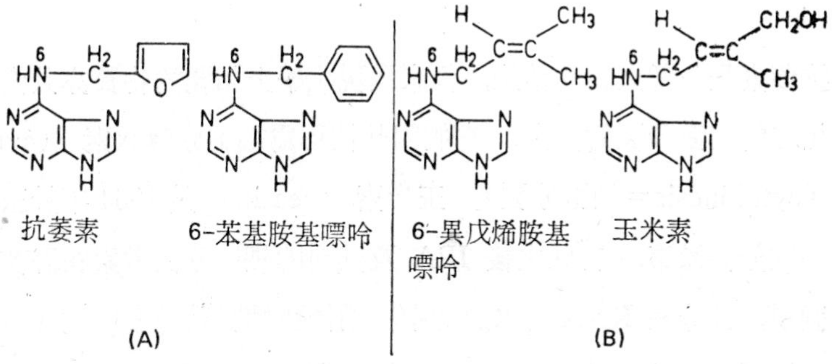

圖169: 細胞分裂激素: (A)合成者, (B)自然發生者。

● 歷史，分析方法 (History, method of assay)

早在1913年赫勃蘭得特 (Haberlandt) 已提供詳細的證明指出靱皮部抽出物可以促進馬鈴薯薄壁組織的細胞分裂，然而對該具誘導細胞分裂之物質的研究一直到適當的分析方法開始發展後方露曙光。最可靠的試驗是由組織培養做出來的，在培養中細胞的分裂常依培養基中所含的礦物質、醣類、胺基酸及維生素之含量而有所變化；生長物質如IAA固然可支持細胞分裂，但並非所有情況下皆然。

1941年凡·歐弗貝克 (Van Overbeck) 發現椰子胚乳的汁液——椰子奶——可以誘導生長於培養基中之胚的細胞分裂；緊接著史提渥得 (Steward) 及其同仁詳細的研究椰子奶對組織培養的影響，他們也確定了椰子奶在組織培養中有促進細胞分裂的作用。然而在多數情況下如果要獲得強而持久的分裂能力，則必須要有生長物質諸如 IAA、α-荼乙酸或 2,4-D 等與椰子奶共同作用方可。

眞正的細胞分裂激素發現的進展是史庫 (Skoog) 所領導的研究團體完成的，他們是較別人幸運一點。置備的舊 DNA、經高溫高壓滅菌分解的酵母、鯡魚的精細胞都曾被拿來作於草癒傷組織的試驗，它們皆能誘導細胞分裂。1955年此具活性的物質被分離出來，稱爲抗萎素 (kinetin)。

抗萎素是一種人爲的結果，後來發現化學上相關的物質亦具備與抗萎素相似的刺激分裂的能力，它們因此被稱爲細胞分裂激素 (cytokinin) (cytokinesis＝細胞分裂)。玉米素 (zeatin) 是1964年於玉米發現的細胞分裂激素，自此之後 IPA 及其他的細胞分裂激素在許多植物中被發現，部分在 RNA 的水解物中。稍後我們將重提它們在 RNA 中出現的情形。

● 生物合成與分解 (Biosynthesis and degradation)

細胞分裂激素的嘌呤核很可能是經由一般嘌呤的生物合成途徑所供應（203頁），而其胺基上取代物的來源被用以來硏究 IPA，異戊烯基殘基（isopentenyl residue）得自二羥基甲戊酸（mevalonic acid）。根爲細胞分裂激素生物合成的部位。

細胞分裂激素在高等植物中的分解至今了解的仍很少，很顯然的，嘌呤核可以轉變成許多其他的嘌呤衍生物。

● 細胞分裂激素的數種功能（Several functions of the cytokinins）

(1)細胞伸長及細胞分裂（cell elongation and cell division）。根據數項發現，細胞分裂激素可以刺激細胞的伸長。我們由前面數節所導衍出的僅有事實，卽是在大多數各不相同的發育過程中植物激素具有非專一性的調節作用，然而對於細胞分裂激素而言刺激細胞分裂確是它們最重要的作用。

(2)種子的休眠（dormancy of seeds）。抗萎素可以打破種子的休眠，舉個例說：萵苣的種子（*Lactuca sativa*）可以紅光照射刺激其發芽，該光的作用稍後將更會引起我們的興趣（332頁），在這裡最重要的關鍵是細胞分裂激素可以代替紅光，它甚至可在黑暗的情況下刺激萵苣的種子發芽，如果共同使用細胞分裂激素及紅光則會加強促進發芽的效果。

(3)頂芽優勢（apical dominance）。我們已知 IAA 及激勃素爲頂芽優勢的因素之一，它們抑制側枝向外伸長。我們也知道細胞分裂激素在組織培養中能刺激芽的形成，稍後我們將討論到這個問題（319頁）。在此有一點是最重要的：抗萎素在組織培養中誘導枝的形成，在其發育階段抑制現象並不存在，所以並未顯示出先形成的較老枝條對新的枝條有任何優勢存在。細胞分裂激素在完整的植物中已確定普遍地促進枝條的

生長，這種促進作用可能很強，以致於側枝發育得很好而掩蓋了頂芽優勢的現象。

討論激勃素時我們知道真菌類可以產生激勃素，此為一種在高等植物中作為調節功能的因子，細胞分裂激素也是類似的情況。紫膠盤菌 (*Corynebacterium fascians*) 可以導致植物枝條的截短 (叢生)，甚至因頂芽優勢的消失，使已生長至某個程度的枝條形成「掃帚柄」的形狀。克萊姆特 (Klaembt) 在細菌的抽出液中測得細胞分裂激素的存在，而鑑定的工作則在稍後由其他研究者完成。細菌的細胞分裂激素之一是 IPA，即我們所熟悉的，植物的病原細菌可以產生與高等植物類似的物質並被植物利用，在其他方面可用來調節枝條的生長。

(4)遲緩老化(delay of senescence)。細胞分裂激素可以遲緩葉子的老化。老化現象可由葉綠素分解看出，並且伴隨有葉內蛋白質的分解作用。1957年里須孟 (Richmond) 及朗格 (Lang) 注意到由蒼耳 (*Xanthium strumarium*) 切下來的葉片以抗萎素處理後老化的現象可以遲延數日之久，接著這種老化現象的遲延被歐斯本 (Osborne)、默德士 (Mothes) 以及其同仁更仔細的研究。

我們來看幾個例子。若將切下的菸草葉子置於一潮濕的箱中，則漸變枯黃，而此枯黃的現象的發生可以抗萎素延遲。此項基本實驗可用不同的方法加以改變，例如將切下的菸草葉子一半以抗萎素處理，另一半不處理，結果未處理的一半很快的枯黃而處理過的則保持綠色至相當長的時間 (圖170)。應用放射性同位素標記物質追蹤可以知道胺基酸及其他物質 —— 如生長激素 —— 由老化的葉子向抗萎素處理過的部位移動，如果抗萎素處理過的葉子仍留在枝條上，則物質會由枝經葉柄傳送至處理的葉上，這即是抗萎素的一種吸引作用。物質只要一流進去就被滯留在抗萎素處理的部位，故吸引作用伴著滯留作用 (retention) 一起

發生，也就是說抗萎素及自然產生的細胞分裂激素刺激 RNA 及蛋白質的合成; C¹⁴ 標記之胺基酸傳送至抗萎素處理過的部分即被併入蛋白質中。細胞分裂激素刺激 RNA 及蛋白質的合成可能是延緩老化現象的基本因素之一。

抗萎素
36 mg/l

圖170: 抗萎素 (kinetin) 延遲老化的作用。菸草葉的一半用抗萎素處理較未處理的一半維持更久的綠色。 (仿 Hess 1968)

在有些例子中，IAA、合成的生長物質及激勃素酸亦可以產生延遲老化的現象，然而這些植物激素的作用並不很明顯，而細胞分裂激素的作用卻非常顯著，所以一些分析細胞分裂激素的過程就是以此特點為基礎來做的。

(5)酵素誘導作用 (induction of enzymes)。刺激 RNA 及蛋白質的合成可能意味著遺傳物質的活化作用，有些發現亦認為細胞分裂激素有使基因活化的可能性，所以就有些研究指出細胞分裂激素可以誘導酵素的合成。其中之一是由鮑瑞思 (Borris) 在水冠草屬之麥仙翁 (corncockle (*Agrostemma githago*)) 發現的，在其休眠的種子中並未存有可測得的硝酸鹽還原酶，該酵素的合成可經由浸泡的胚並以硝酸鹽處理誘導之，這是基質誘導作用的實例之一，已在硝酸鹽還原酶中提到數次 (243頁)。然而細胞分裂激素 (抗萎素及6-苯基胺基嘌呤) 也能誘導酵

素的合成。轉錄及轉譯作用的抑制物與硝酸鹽離子及細胞分裂激素的效應交互作用；細胞分裂激素與硝酸鹽離子一樣能誘導麥仙翁新酵素的合成，此事已被證實了。

● 細胞分裂激素爲 tRNA 的一部分 (Cytokinins as components of tRNA)

抗萎素是第一個被發現存在分解的 DNA 中的細胞分裂激素，它被證實爲一種人爲的結果所造成的。舉例來說，抗萎素可經由腺嘌呤——即核酸的嘌呤鹽基之一——與呋醛醇 (furfuryl alcohol) (此可得自醣類的酸水解) 共處於高溫高壓下而獲得。雖然如此，後來經證明細胞分裂激素與核酸間有相近的關係存在，只是這裡所指的核酸是某特定形式的 tRNA 而不是 DNA。具有細胞分裂激素活性的物質可由不同來源 (細菌、酵母、小牛肝及高等植物) 的 tRNA 水解物中測得，第一個獲得確認的細胞分裂激素於1966年在酵母的 tRNA 中發現，它被證實是 IPA，後來又被證實出現在其他許多生物的 tRNA 中。

任何細胞均具有許多形式的 tRNA，一般每一個胺基酸皆有一個 tRNA 與之配合，故合成蛋白質時需一個以上的 tRNA 來決定。然而並非所有的 tRNA 皆含有 IPA，例如酵母絲胺酸的 tRNA 含有 IPA，而來自同一生物個體的丙胺酸及苯丙胺酸之 tRNA 則不含IPA。1966年那喬 (Zachau) 成功地將酵母絲胺酸 tRNA 上之 IPA 予以準確的定位，IPA 位在反密碼的正右邊 (圖10)。根據更進一步的實驗指出，細胞分裂激素對於反密碼與 mRNA 上密碼的對合是必須的。

這項發現可能導致我們猜測細胞分裂激素的作用機制在於它們嵌入特別的 tRNA 分子並且因此影響轉譯作用，如果此猜測沒錯的話則外加的細胞分裂激素勢必嵌入特別形式的 tRNA 中；但很不幸地，目前有關這項問題可資利用的研究報告卻相矛盾，有些例子指出細胞分裂激

素會嵌入 tRNA 中, 有些則否, 雖然這些供給實驗的細胞分裂激素確實都是有活性的。有更甚的, 有些發現指出完整的細胞分裂激素並不嵌入 tRNA 中。IPA 殘基出現在 tRNA 上的情形曾數度被提到, 其異戊烯殘基隨後連接到 tRNA 上腺嘌呤的部位。

總之, 在第三類植物激素——細胞分裂激素——的例子中, 它們被猜測與核酸有相近的關係存在, 已證實它們可能是在轉譯作用階段刺激基因活性; 然而細胞分裂激素時常被發現存在 tRNA 中的現象是否與細胞分裂激素的作用機制有任何關係, 在現階段仍是尚未解決的問題。

(四) 離層酸 (Abscisic Acid)

• 化學組成 (Chemical constitution)

離層酸是一種萜類 (圖171), 離層酸是最近才被建議的命名, 除此以外舊名休眠素 (dormin) 及離層素 II (abscisin II) 仍在使用中, 休眠素之名乃是根據它能引起芽的休眠這項事實而來, 而稱離層素則是根據它會促進落葉及落果的事實, 離層酸似乎在植物界無所不在, 化學上相關的物質亦存在, 在某些程度上亦曾屢次測出其具有相似的作用。

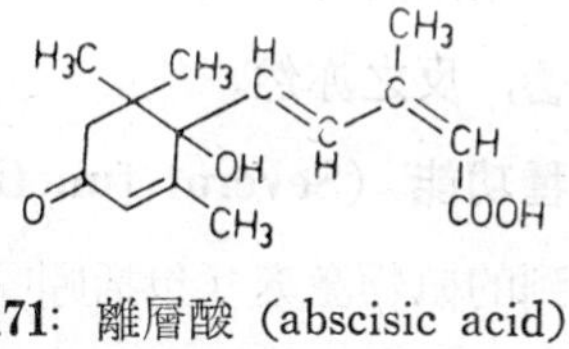

圖171: 離層酸 (abscisic acid)。

• 歷史及分析方法 (History, method of assay)

種種的發現導致人們懷疑猜測植物必定具有某種獨特的物質以促使落葉樹落葉及引起芽的休眠。一個由卡恩斯 (Carns) 及艾廸柯特 (Addicott) 領導的一群學者從事棉花莢殼脫落的生理研究, 在1963年已

分離出能刺激莢殼脫落的物質並於1965年找出其化學結構，此物質被命名爲離層素Ⅱ。也就在同時，另一個由威爾林（Wareing）及康霍斯（Cornforth）領導的團體正從事分離及鑑定使落葉樹的芽轉變爲休眠態之物質的研究，此物質被命名爲休眠素，是由楓香分離出來的。後來認爲休眠素與離層素Ⅱ是同一種物質。

離層酸（＝離層素Ⅱ＝休眠素）的試驗乃是基於其抑制生長、刺激落葉及落果、誘使芽進入休眠期並且抑制種子的發芽等等的特性，在這裡只提較重要的。

● 生物合成 (Biosynthesis)

有關離層酸的生物合成尚未明瞭，有些證明認爲它可能是由胡蘿蔔素（carotene zeaxanthin）分解而來，然而其他的發現則與下面的見解一致，卽離層酸乃是直接來自已知的二羥基甲戊酸一異戊烯基焦磷酸途徑（mevalonate-isopentenyl pyrophosphate pathway），而不是間接來自類胡蘿蔔素，而激勃素也是經由相同的途徑而來（142頁）。我們該了解，在化合物中離層酸是激勃素酸的拮抗物，在生化合成途徑上由合成離層酸的路徑轉變成激勃素酸將可導致二物質相對濃度的改變，並且因此造成形態發生上的影響，反之亦然。

● 離層酸的數種功能 (Several functions of abscisic acid)

到目前爲止所討論到的植物激素（包括吲哚體、激勃素及細胞分裂激素）皆賦有正的特性，除了少數例外，它們皆能促進特殊的過程；相反地，離層酸卻是一種道地的抑制物，因此可說具有負的特性。在許多情況下離層酸的作用皆與「正」作用的荷爾蒙相反，也就是「正」荷爾蒙的拮抗物質，離層酸與其他三類植物激素間的調節作用也就決定了某特殊的形態發生是否進行。假如離層酸佔優勢，則發育過程不發生；反

之，若另三類「正」的植物激素獲得較優的地位，則該發育過程可進行。然而這種想像是太簡化了。稍後我們將了解，例如該三類「正」的植物激素間的平衡亦是形態發生上重要的因素，如在根及莖的形成（319頁）。

我們來思考一個例子以用來說明平衡間的調節與其在形態發生上造成的結果（圖167）。當秋天來臨時落葉樹上芽的激勃素含量減少而離層酸的含量增加，這主要是短日照的影響。在元月時，幾乎無任何激勃素存在茶藨子（black currant（*Ribes nigrum*））的芽中，然而卻出現許多的生長抑制物質。茶藨子的抑制物質只是可能為離層酸而其他落葉樹的抑制物質則肯定為此。在寒多及日照漸長的影響下，植物內含的抑制物漸減而激勃素漸增，當激勃素之量高得足以克服抑制物時即在春天開始迫使芽生長。

表7中離層酸、IAA、激勃素及細胞分裂激素對某特定形態發生過程的影響彼此之間相反，該表格式的摘要已被簡化，然而其基本的原理並不受影響。離層素可在十分不同的形態發生過程上與其他的植物激素交互作用，可能有一個相同的機制構成該趨異性的基礎。離層酸抑制轉錄及轉譯作用，即抑制基因活性，此在其他系統中已獲得證實。然而其他三種正的植物激素至少對某些基因有促進的作用，這裡所提及的拮抗作用就分子觀點上看來是可以明瞭的，但是完全令人信服的實驗證據至今仍未獲得。

（五）合成的調節物（Synthetic regulators）

好多種合成物質已為人所知，其中有些有生長物質的功能，有些則是生長的抑制物，實際上人們時常寧可把它們認為是自然存在的調節物質，其中有些將在此討論。

● 合成的生長物質 (Synthetic growth substances) (圖172)

α-萘乙酸包含在許多商業製品中用以取代不穩定的 IAA，它常被應用在挿枝時促進根的形成、抑制番茄的發芽、誘導成熟的鳳梨開花。2,4-二氯苯氧乙酸 (2,4-dichlorophenoxyacetic acid, 2,4-D) 可做為許多雜草的除草劑、誘使雙子葉植物不正常的生長，例如形成帶有根的枝條，但卻抑制主根系生長；另外亦會造成嚴重的變形等。單子葉植物，包括穀類，則對2,4-D非常不敏感，證明指出它們以某種仍有異議的機制使2,4-D不活化，所以藉2,4-D來除去雙子葉的雜草而不致於對單子葉的穀物有任何傷害實屬可能。2,4-D更進一步可應用於抑制蘋果、梨、柑橘及棉花等的落果。

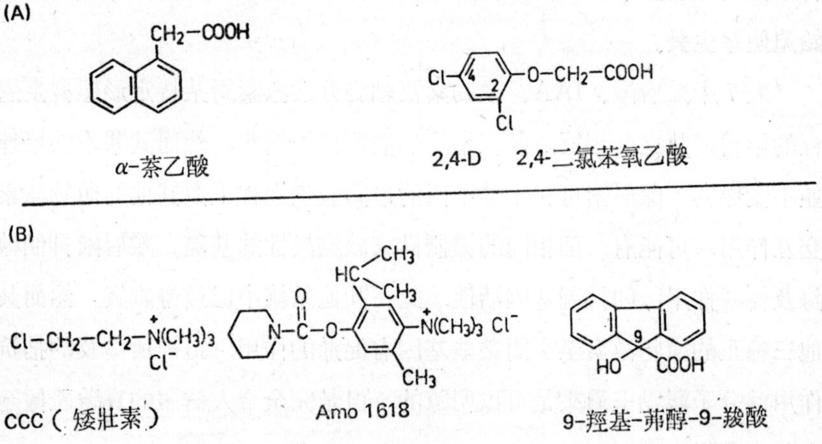

(A)

α-萘乙酸   2,4-D   2,4-二氯苯氧乙酸

(B)

CCC (矮壯素)   Amo 1618   9-羥基-茀醇-9-羧酸

圖172: 合成的(A)生長物質與(B)抑制物質。

● 合成的抑制物質 (Synthetic inhibitors) (圖172)

矮壯素 (chlorocholine chloride, CCC) 及 Amo 1618 阻礙激勃素的合成因而抑制植物生長，例如穀類經 CCC 處理會使節間縮短而更為強壯，以 Amo 1618 處理會使菊屬植物之柄變短，在有些例子中以

CCC 及 Amo 1618 處理可加速花的形成。

形態素(morphactin)為合成的調節物質，其效應主要在抑制作用，它具有 9-羥基莃醇-9-羧酸（9-hydroxyfluorene-9-carboxylic acid）（＝莃醇（fluorenol））的骨幹，在表面上它的化學組成與激勃素類似，但結構上則不同。兩個芳香族環位於兩側，中央為五碳環，這使得形態素形成一種盤狀的結構；另一方面，激勃素則以其幾乎飽和的碳骨幹以及幾近球形的形狀存在，所以此二物質的空間立體組態是完全不同的。

形態素的名稱導源於它們在形態發生上具活性，它們主要是抑制物，所以它們抑制種子的發芽及發芽種子的生長，枝的縱向生長及葉片的發育等(圖173)。頂芽優勢被消除，結果側枝可以繼續生長，導致掃帚形的生長形狀，而薔薇型植物的抽苔亦受抑制。實際上形態素是特別用來與其他合成調節物質共同使用的，所以莃醇與酚的生長物質如2, 4-D具有協同作用，故合用時抑制作用的效應增高，這種混合莃醇及2, 4-D的物質被用來控制稻穀及牧草中雜草的蔓長。混合的形態素及順丁烯二酸醯肼（maleic acid hydrazide）被用來當做草地「生長的壓抑」，順丁烯二酸醯肼特別可抑制牧草的生長，而氯基取代的莃醇衍生物則抑制雜草的生長，這種處理的結果使草坪生長低而免除常常除草的需要。

(六) 植物激素與基因活性（Phytohormones and gene activity）

植物激素以調節的方式交織於大部分不同的發育過程中，對於所有的現象而言吲哚體、激勃素以及細胞分裂激素皆屬十分非專一性的誘導者，而離層素則為形態發生上非專一性的抑制者，前三種「正」的植物激素可說是使遺傳物質活化，而具「負」作用的離層酸則抑制遺傳物質的活性。所有關於植物激素作用機制的假說皆須合乎這些事實（非專一性的作用及遺傳物質的活化），在此以簡單的形式提出一些假說，由於

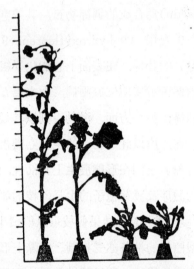

圖173: 氯茀醇 (chlorofluorenol) 為一種形態素 (morphactin),
對蓋苔植物 發育的效應, 愈往右所得的 形態素愈多。 (仿 Mohr 與
Ziegler 1969)

此種關連, 我們必須記住曾 經提過的基因活性四種狀態之可能性 (238
頁)。

(1)一般基因的活化或不活化作用(general activation or inactivation
of genes) (圖174)。「正」的植物激素活化所給予的組織及形相發育中
可活化的基因, 「負」的植物激素如離層酸則使所給予的組織及形相發
育中可活化的基因不活化。

(2)植物激素僅活化或不活化一個基因, 再更進一步進行次級活化或
不活化(activation or inactivation of only one gene by phytohormone,
further secondary activations or inactivations) (圖175)。「正」的植
物激素只活化一個基因位置, 「負」的也是只使一個基因位置不活化,

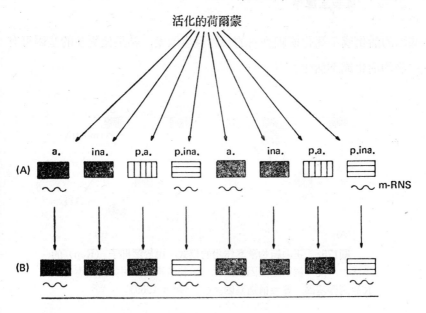

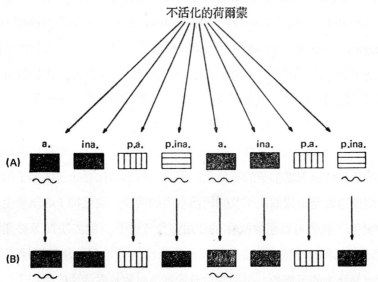

圖174:　植物激素作用的代表模式：　所有具潛在活性或不活性基因之一般致活或不致活作用。在植物荷爾蒙作用(A)以前，(B)以後。基因活性的形式：　a＝活化的，ina＝不活化的，p.a＝具潛在活性（可活化的），p.ina＝具潛在不活性（可抑制的）。（仿Hess 1968）

基因的活化或不活化使細胞內的代謝發生改變，結果使更多的基因可有
次級的活化或不活化。

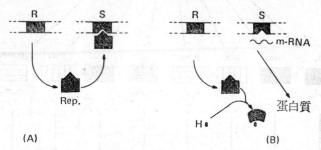

圖175: 「正」植物激素作用的模式: 由於壓抑子 (Rep) 的
不活化，使一個構造基因被活化，植物激素(H)作用如同效應子。
R＝調節基因，S＝構造基因。(仿 Hess 1969)

(3)代謝反應中刺激與抑制的交互作用，次級基因的活化或不活化作
用 (stimulatory or inhibitory intervention in a metabolic reaction,
secondary gene activations or inactivations) (圖176)。主要的作用機
制並不在於影響基因的活性而在調節某一特殊的代謝反應。由於所有代
謝反應間的相互依賴，細胞代謝作用的再調節因而發生，即如假說(2)所
說，並且進而引起該一連串基因的活化或不活化。

現在我們來回憶一下賈可布-莫諾德模型 (240 頁)，根據此模型，
基因的活化暗示著壓抑子的不活化，而基因的不活化意味著壓抑子的活
化。假使激素是根據假說(1)及(2)調節基因的活性，則壓抑子必須發生適
當的變化，我們可以想像激素的作用好像效應子，就如基質及終產物
一樣改變了壓抑子的空間立體組態及其活性。還有另一種可能性，我
們曾討論所有的可能性，組織蛋白是較高等生物基因活性的壓抑子；如
今菲林勃格 (Fellenberg) 已證明「正」的植物激素——IAA、激勃素
酸及抗萎素——能鬆弛組織蛋白與 DNA 間的連繫，如果組織蛋白壓抑

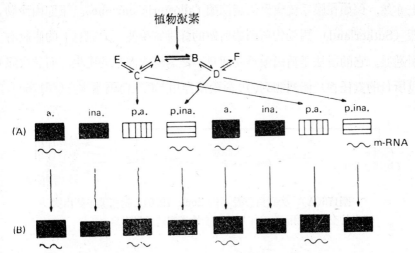

圖176: 植物激素作用的模式: 藉影響一個中樞代謝反應,
並且進而藉著供應或移去效應子而作用, 該效應子能活化或壓抑
整個一連串相關的基因。

子藉此由 DNA 上移去則轉錄作用開始在暴露的 DNA 上進行。

　　假使要我們在 這三種假說中 選擇的話, 我們會選擇(2)或(3), 這是
因為 「正」 的植物激素偶而也會抑制遺傳物質, 所以在一定狀況下,
IAA於菸草的組織培養中可以抑制過氧化酶的表現, 這類壓抑作用是可
了解的, 因為最具變化的效應子可經由與其次級聯繫的反應所供給, 包
括一些能活化特殊的壓抑子因而使相對的基因座 (gene locus) 不活化
者。總之, 假說(2)及(3)完全吻合事實; 即在活細胞中, 沒有一個反應能
在不影響其他多種反應系統下發生。

- 有關 「次訊息」 的假說 (The hypothesis concerning the
  "second messenger")

　　近幾年發現事實上許多荷爾蒙皆以間接的方式作用, 本質上與我們
第三假說相關, 此事實不僅在基因活性的調節上, 在其他荷爾蒙的作用

上亦然，例如在膜系統或異位調節酶 (allosteric enzyme)。下面由沙勒藍 (Sutherland) 對動物荷爾蒙所做的詳細實驗使「次訊息」的假說有所進展。它的說法是荷爾蒙為初訊息，能誘導次訊息的產生，而該次訊息所負的責任在於能觀測到的「荷爾蒙作用」而非荷爾蒙本身(圖176a)。

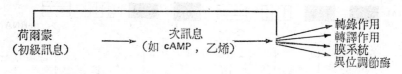

圖176(A)：次訊息假說（仿 Zenk 1970）。荷爾蒙不經由次訊息的交互作用而直接作用的可能性亦同時予以考慮。

● **環狀腺嘌呤單核苷酸 (cyclic adenosine monophosphate (cAMP))**。我們目前所知最重要的次訊息是環狀 $3', 5'$-腺嘌呤單核苷酸（圖176b）。初訊息即荷爾蒙刺激腺苷酸環化酶 (adenyl cyclase) 的活性，它一般連繫於膜上，使 ATP 斷裂焦磷酸以形成 cAMP，cAMP 接著刺激許多酶素的活性。我們現在只提一例：cAMP 刺激激酶 (kinase) 的活性使某特定的蛋白質磷酸化，包括組織蛋白在內，組織蛋白的磷酸化減少了它在轉錄作用上的抑制能力，至少在試管中的作用是如此。所以荷爾蒙透過次訊息 cAMP 刺激基因活性。

內含的 cAMP 之量可藉活化合成 cAMP 的腺苷酸環化酶，或是以磷酸雙酯酶 (phosphodiesterase) 分解cAMP來加以調節。磷酸雙酯酶對分子中一個磷酯鍵有專一性的作用，致使磷酸雙酯酶的活性相同地也受到調節。因而例如在黏菌 (slime mold)（細胞黏菌目 (Acrasiales)）中存有磷酸雙酯酶的蛋白質抑制物。細胞黏菌目中有些如盤基網柄菌 (Dictyostelium discoideum) 的 cAMP 與聚集素 (acrasin) 相同，聚集素為一種化學物質，在使變形菌體 (myxamoeba) 積聚成偽原形體

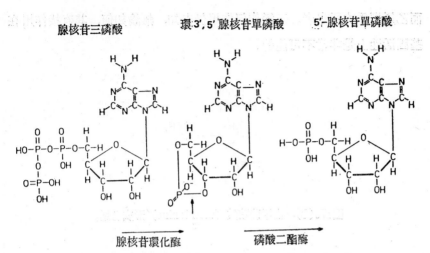

圖176(B): cAMP的分解與形成 (仿 Zenk 1970)。箭頭表示磷酸二酯酶斷裂鍵的位置。

(pseudoplasmodia) 的功能上擔任重要的角色。

下面是高等植物 cAMP 效應的一個例子: 在 266 頁已暗示過的例子, cAMP 可以取代激勃素酸, 促進大麥糊粉層中α-澱粉酶的形成, 因此 cAMP 在此被認爲是一種次訊息物質, 而它的合成乃是受激勃素酸的刺激。

乙烯 (ethylene)。 乙烯似乎是植物另一個典型的次訊息物質, 它可在任何細胞中形成, 即使濃度各有不同。在高等植物的大多數例子中甲硫胺酸 (methionine) 是該合成的起始物質 (圖176c)。 並不需要任何特別的分解機構, 因爲乙烯氣 體很容易 被釋放入大氣中。 我們也曾提到 IAA 誘導乙烯的合成, 這似乎才是造成頂芽優勢的主要抑制物質 (264頁)。同樣地, 對其他的形態發生也是如此, 下面這個例子應足以說明: 當生長物質如 α-萘乙酸促進鳳梨開花時乙烯是其最直接的活性要素, 諸如這類例子, 因此生長物質如 IAA 也就被認爲是初訊息者,

而乙烯則爲次訊息者。乙烯如何作用仍未知，無論如何，其直接作用在基因活性上是非常不可能的。

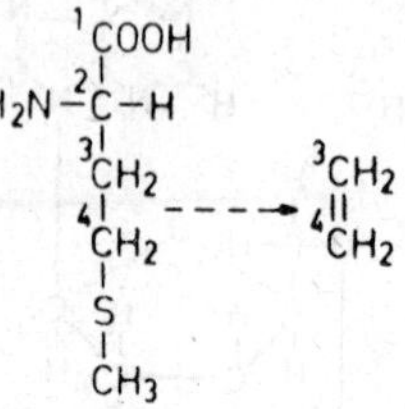

圖176(C)：由甲硫胺酸 (methionine) 形成乙烯。

第四節　外界因素的調節作用 (Regulation by External Factors)

到目前爲止我們所說的都是細胞內的調節因素，然而生物體外的條件對生物體內的影響是非常重要的，在衆多影響植物生長與分化的外界因素中，在此選擇溫度和光線來討論，進而我們可以指出溫度及光線的幾個基本的作用機構。

一、溫度 (Temperature)

每個代謝反應皆有其溫度係數的存在，也就是決定當溫度轉變時其反應速率改變的多寡。溫度係數 Q_{10} 代表溫度升高 $10°C$ 時反應速率的增加量。例如由 $0°C$ 增加至 $10°C$：

$$Q_{10} = 10°C \text{ 時之反應速率} / 0°C \text{時之反應速率}$$

高等植物Q_{10}之平均值爲2～3，適當的溫度範圍在28～32°C之間，溫度超過 $35°C$ 卽造成傷害。因每個反應各具稍微不同的溫度係數，所以當

溫度改變時可能適合某一反應的進行同時對另一反應的進行則不適宜，藉此溫度可以從事代謝及發育過程的調節。現在我們遭遇到複雜的問題了：在每一發育過程中有許多反應同時進行著，它們彼此之間溫度係數的差異有程度上或多或少的不同，這導致必存有一適當的平均溫度以便適合該發育階段，對於另一發育階段則有另一適當的溫度。關於這點的詳細研究由布勞瓦（Blaauw）於1930年代在荷蘭完成，他的目的在確定球莖植物（bullous plants）開花最迅速的條件。由於此目的，球莖栽培後分別置於不同溫度的環境下，發現每個發育過程皆在特別的溫度範圍下進行，各步驟的溫度範圍因種的不同而異，例如風信子（hyacinth）的溫度範圍就與鬱金香（tulip）非常的不同。

　　最後，別忘了自然界的植物並不只是受單一的外界因子而是所有環境因子共同作用的影響。例如某特別溫度與光線的共同作用，假如將矮牽牛的雜種「Kriemhilde」置於明亮陽光及 20°C 的溫度下64天，則花為純白色；如果縮短該條件（明亮陽光及 20°C）的時間，則花青素的形成會增加，經過30天的這種狀況下則只有花托仍呈白色；假如置於蔭蔽處及30°C溫度下，則花完全呈紫色。所以在此例中二種外界因子——溫度與光線——共同協調花青素性狀的形成（圖177）。

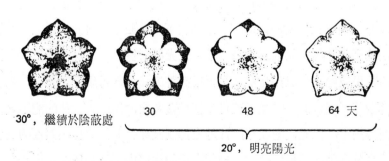

30°，繼續於陰蔽處　　30　　48　　64 天

20°，明亮陽光

圖177: 在矮牽牛雜交種的 「Kriemhilde」 品種之花青素合成依光線及溫度而定。

做「基因活性是受溫度 影響的代謝過程之一」這樣的假 設是可靠的, 此假設乃是基於植物巨大染色體產生 RNA（230頁）受低溫控制的事實，然而光線與基因活性的關係之證明至今仍未獲得。

二、光線 (Light)

（一）光敏素系統 (The phytochrome system)

光線可經由光合作用而轉入代謝作用之中，然而姑且不論此普遍的機制，光線也能藉其他色素系統及其他的反應機制來調節代謝反應以及發育的過程。由光線控制的發育過程稱爲光形態的發生（photomorphogenesis），相對的，光接受者（photoreceptor）被命名爲形態發生的效應（morphogenetically effective）或是形態發生的色素系統（morphogenetic pigment system）。雖然形態發生的色素 系統並非只有一個，但在過 去十年 來常被仔細 研究的是光 敏素系統 (phytochrome system)。

許多種類的種子發芽需由光來促進（332頁），當收集有關光線對萵苣（lettuce, *Lactuca sativa*）瘦果發芽之作用光譜時發現，紅光 (RL) 促進發芽而紅外光（FRL）則抑制發芽。1950年代，波史維克（Borthwick）及漢垂克 (Hendricks) 仔細從事萵苣發芽的研究，更進一步增加了我們的了解。如果萵苣之瘦果用紅光照射後再以紅外光照射，則紅光的效果被除去；但如先用紅光再用紅外光，最後再用紅光照射，則它們會發芽（圖178）。這種處理可繼續重覆多次，光線對發芽的能力最後終獲得決定：紅光促進發芽，紅外光抑制發芽。其他植物與其他的發育過程也曾發現該類似的效應，例如在花的形成中（389頁），紅光的最大效能在 $660m\mu$，而紅外光在 $730m\mu$，由所有有關數據所得之結論繪圖

圖178: 光敏素（phytochrome）系統爲萵苣瘦果發芽的因子的證明。RL＝紅光，FRL＝紅外光。（仿 Goodwin 1965）

於圖179: 植物細胞形態發生的色素系統可以二種不同形式存在，藉著特殊波長的光線而互相轉換，一種形式之最大吸收光譜在 660mμ，稱爲 P660，它在生理上爲不活性，以波長 660mμ 的紅光照射，使其轉變爲第二種形式，第二種形式之最大吸收光譜在730mμ，因此稱爲 P730，它在生理上具有活性，而開始各種不同的形態發生，例如上面所提到的發芽現象，P730 以波長 730mμ 的紅外光照射時又轉變爲 P660。由於此二種形式間來回的轉換，此一系統也就被認爲是「可轉換的紅光—紅外光色素系統」（reversible red-far red pigment system），今天此名稱幾乎已完全地由另一較短的命名——光敏素系統（phytochrome system）所取代。

光敏素系統雖然含量少但很廣泛地分佈在植物中。它可以很容易地被萃取出來，尤其是從發芽的種子中。在試管中的光敏素懸浮液可經紅光或紅外光照射而由一種形式轉變爲另一種形式。曾經有人證明光敏素

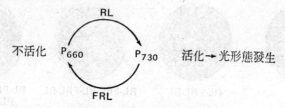

<figure>圖179: 光敏素系統的功能。</figure>

是色素蛋白質 (chromoproteid)，色素蛋白質中色素與蛋白質結合，這與某些藍綠藻及海藻類的色素有關，它是一種藻青素 (phycobilin)，所以本質上四個吡咯環藉著碳原子彼此連成一條鏈狀（圖180）。

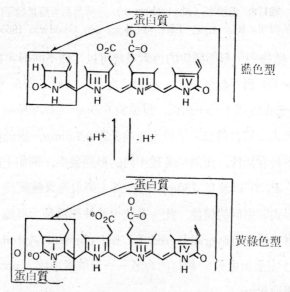

圖180: P660（光敏素之藍色型）、P730（光敏素之黃綠色型）之可能構造及其與携帶者蛋白質之鍵結。(仿 Rüdiger 1972)

（二）光敏素系統與基因活化作用（Phytochrome system and gene activation）

一個有關光敏素系統作用機制的問題至今仍議論紛紛，1965年默魯（Mohr）證明光線可以經由光敏素系統而使基因活化。他以芥菜（*Sinapis alba*）的白色種子做實驗，經照光後發芽種子形成花青素，由進一步的實驗得知，引起花青素合成的是紅外光而非紅光。靠光線合成花青素可以放線菌素 C_1 抑制之，它為轉錄作用的抑制劑是我們已知的（圖181）。然而放線菌素只有早在照射光線前或照射一開始的那一時刻處理方能完全的作用；如果稍後才加放線菌素，如開始照射六小時後才加，則只能使花青素的合成延後而不能制止。所以具有決定性的轉錄作用必然是發生在光線一開始處理的那一片刻。

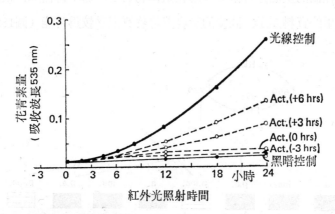

圖181：　遺傳物質參與白種子芥菜幼苗花青素之合成，為特徵形成的一種，由光敏素所控制。Act＝加放線菌素 C_1。（仿 Lange 與 Mohr 1965）

放線菌素非專一性的次級作用是可以消除的，果真如此，稍後才加放線菌素，例如照光後六小時，亦可以抑制花青素之合成。這項實驗結

果加上其他數據提供了首度的實驗證明：光敏素系統具活化遺傳物質的能力，在此例中活化的基因用以合成花青素。

花青素的合成非常複雜，有許多基因參與其中（174頁）。許多學者，如祖克（Zucker）、默魯及任克（Zenk）於1960年間發現光線藉著光敏素而具有刺激苯丙胺水解酶（PAL）合成的能力，所以光線能活化負責苯基丙烷代謝途徑上主要酵素的遺傳物質（158頁）。花青素為活性醋酸及活性桂皮酸衍生物的混合物質，也僅在 PAL 存在並活化時方能形成。由 PAL 到花青素構成一連串的反應，最初的發現指出，該調節酵素的合成部分經由光線，部分由適當的基質誘導產生。

就在同時，許多其他的光形態發生亦有遺傳物質活化的證明，即使如此，光敏素的反應機制嚴格地說起來還是未闡明，至於該一連串由光敏素所控制的反應是否直接作用在遺傳物質上，仍不得而知；根據目前所能引用的資料顯示，間接的影響遺傳物質似乎較為可能（圖182）。光

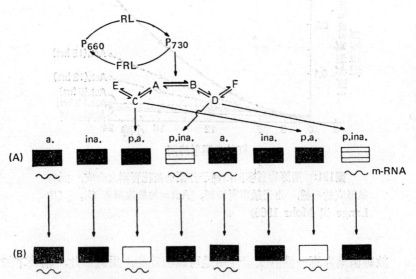

圖182: 光敏素與遺傳物質間關係的代表模式。(仿 Hess 1968)

敏素系統在一個中心代謝反應（或可能數個）中是輔因子，該中心反應的性質未知，然而它與其他反應有連繫，假使中心反應經由光敏素而受到任何影響，則會引起整個網狀反應的廻響，結果引起的變化集中在大多數不同的效應子上，使它能活化或抑制遺傳物質。這個觀念確實與遺傳物質不僅能透過光敏素系統被活化，也會被壓制的事實相吻合，這些也曾屢次被證實。回顧一下，我們可以注意到外界因子如光線、溫度以及植物激素之間作用機制的平行關係，此二外界因子與植物激素皆能影響遺傳物質的活性，而此二種情形之基因活性的控制是屬初級或次級反應，以及到達何種程度，仍然不得而知。

第十四章 分化的基礎——
極化及細胞不等分裂
(Polarity And Unequal Cell Division As Fundamentals Of Differentiation)

後面的數章比較側重於學術性方面，並且是屬於較臆說性的，我們現在急於證明尚未明瞭的分化作用。

我們現在以某種不同的方法來解釋我們的基本問題：一個細胞進入有絲分裂循環，兩子細胞之一，或二者均不經新的有絲分裂循環而開始分化（圖183）。現在的問題是：在最後分裂之前或當時到底發生了什麼情況，使得兩個子細胞或其一不再分裂？又，該事件的發生與先前已討論過的調節機制間有何關聯？

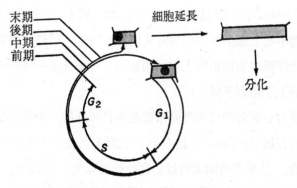

圖183：分化作用的基本問題。

第一節　極化 (Polarity)

極化乃是描述沿著主軸分化的現象，卽軸之一端不同於它端。詳細考慮可將之分成數種不同的極性分化作用（圖184）。

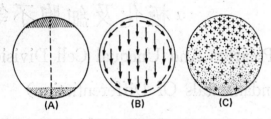

(A)　　　　　　(B)　　　　　　(C)

圖184: 極性分化作用的可能形式。(A)極區極化 (polar field polarity): 不同物質在細胞兩端的聚集，(B)結構上、方向上的極化 (structural, directional polarity): 極性引導結構經內部或沿著周圍透過，(C)階梯分佈的極化 (gradient polarity): 兩極間物質成階梯分佈。(仿 Kuhn 1965)

多細胞與單細胞一樣皆發現有極化的現象，已證實笠藻屬 (*Acetabularia*) 爲單細胞而具有明確極化作用的一個特殊例子。 雖然胚囊中的受精卵也具有極化作用，且它的極化是由緊接在外圍的胚囊所促成，而胚囊的極化乃依它在雙套體生物中的位置而定。由此使我們推想到多細胞之極化系統， 一個我們熟 悉的例子是: 切下一小段柳枝，會在枝條的下端而不在上端生根，如果將枝條旋轉180°，則仍在原來的下端生根，雖然此端現在看來是在上方（圖185）。背腹性是一種特殊形式的極化，卽葉的上下兩面不同。

幾乎沒有一個細胞或多細胞系統是不具極性的，少數的例外之一是褐藻中石衣藻屬 (*Fucus*) 之結合子， 它們不具先天的極性。 對它們做適當的實驗， 結果某些因素可以影響極性的產生， 如溫度、光線、pH值、不同化學成分濃度及隣近的石衣藻結合子均爲影響因素。高等植物

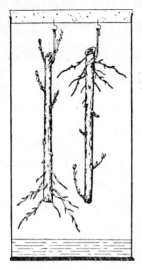

圖185: 由柳枝的再生能力說明極化的現象。左邊爲正常方
向，右邊則上下倒置，二者同置於潮濕的小室中。（仿 Walter
1962）

之影響因子除了以上種種之外還加上地心引力。

　　至於極性之物質基礎我們可以將固定的構造想像如同某特殊物質的
濃度梯度（圖184）。

第二節　細胞之不等分裂 (Unequal Cell Division)

　　現在我們回顧這二子細胞，其中之一不再分裂而開始分化，它們來
自分生組織的母細胞，諸如高等植物之莖頂、根尖，現在此母細胞因它
在分生組織中所具有的位置已經極化，具有不同的兩極，單以此事實雖
不能解決我們進一步的問題，但是當分裂爲兩子細胞時發生了什麼，使

得新細胞的壁與極軸垂直，而導致兩子細胞互異？這種分裂勢必是不等的，此不等並非在染色體的遺傳因子上，而是沿極軸上結構與物質的分佈不等所致，其中可能包含細胞質的遺傳因子，這就是我們所謂的不等分裂（unequal cell division）（圖186）。

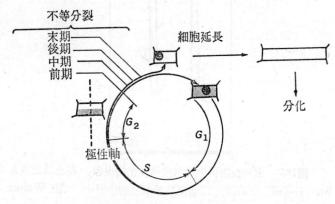

圖186: 細胞不等分裂的說明。

　　極化與不等分裂導致子細胞內物質互異，一旦細胞互異我們就能了解每個細胞中包括基因活性的控制可引發或抑制不同的代謝過程之調節機制，這是因每個細胞中所具有的有效的調節者不同所致。此情形導致兩子細胞的分歧，其一，再度進入有絲分裂循環，另一子細胞則開始分化。

　　讓我們來看幾個不等分裂的例子，並以此解釋由邦林（Bunning）所提出的原理，我們將由例子的本質中了解：不等分裂的發生並不限於頂端分生組織。

一、氣孔的發育 (Development of Stomata)

　　氣孔的發育過程曾是有利學生記憶的題材，已知很多不同的種類，

且有適當的名稱，但是「原葉細胞」(promodial cell) 總是行不等分裂。通常較小且含豐富原生質的子細胞賦有較大的核，經過數次分裂最後形成保衛細胞的母細胞，再分裂成兩個保衛細胞。

此情形在許多單子葉植物中最簡單（圖187），一個原葉細胞不等分裂產生一大一小的子細胞，小者含豐富的原生質，此小的子細胞被確認爲是保衛細胞的母細胞，它沿長軸分裂成兩個保衛細胞，「短細胞」(short cell) 中不發生沿長軸的分裂，而代之以特殊的分化作用，所以相當大量的矽酸可貯存於短細胞中。

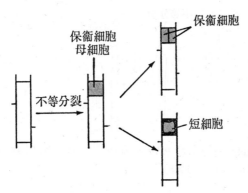

圖187：氣孔及單子葉植物短細胞發育過程中細胞的不等分裂。

二、根毛的形成 (Root Hair Formation)

某些種類，根表皮的每一細胞或幾乎每一細胞皆可發育爲根毛，但是有很多例子，根毛僅由幼根表皮之特殊的生毛細胞 (trichoblast) 分化而來。生毛細胞是細胞不等分裂產生的：幼嫩的根表皮細胞分裂成一大一小的子細胞，小者富原生質，大細胞的命運則有種種不同，它可能繼續分裂數次，也可能不再分裂而進行相當的伸長生長，例如梯牧草屬

(*Phleum*) 的例子，生毛細胞不再分裂——但是它經數次核內有絲分裂 (endomitosis) 而非正常的有絲分裂——且它的延長生長遠不及由它所發出的根毛長（圖188）。以細胞化學研究顯示生毛細胞較其他根表皮細胞具有更多的 RNA 及蛋白質，某些酵素也以比較細胞化學法研究過了。此屬的生毛細胞具有高度活性的磷酸酯酶 (acid phosphatase) 及過氧化酶而別於其他表皮細胞，因其他的酵素如葡萄糖 -6- 磷酸酯酶之活性與其他表皮細胞並無不同，所以歸納出磷酸酯酶與過氧化酶系統在某些方面與根毛的形成有關。

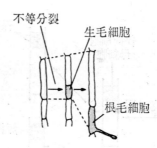

圖188: 梯牧草屬 (*Phleum*) 的根毛形成過程中細胞的不等分裂。(仿Torrey 1968)

三、花粉的有絲分裂 (Pollen Mitosis)

花粉囊內減數分裂立卽產生單套單細胞的花粉粒，接著發生有絲分裂（卽花粉的第一次有絲分裂）使每個花粉細胞產生一個營養細胞及一個生殖細胞，這是一次不等的分裂。營養細胞較大且細胞質中帶有較多的核糖核蛋白，它的核大而鬆散；生殖細胞則小得多，細胞質中帶有較少的核糖核蛋白，核小且緊密（圖189），生殖細胞常完全被營養細胞所包圍。營養細胞在柱頭上發育成花粉管，此時生殖細胞經第二次花粉有

絲分裂生成兩個精細胞或核。

　　紹特（Sauter）及馬果特（Marquardt）仔細追踪牡丹此二細胞之 RNA 及蛋白質的合成與貯藏的組織蛋白的改變，他們發現營養細胞中 RNA 及蛋白質的合成很旺盛，它們的細胞質產生強烈顏色乃是由於位

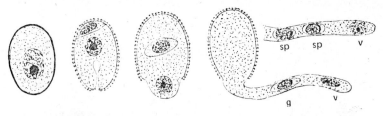

圖189：　百合花粉之第一次有絲分裂及進一步花粉發育的細胞不等分裂。g ＝生殖細胞，v ＝營養細胞。在花粉管向外生長的時期生殖細胞進行第二次有絲分裂，產生兩個精細胞或核(sp)。（仿 Walter 1962）

於核糖體上富含精胺酸的組織蛋白所致。實際上在生殖細胞中無法測出 RNA 及蛋白質的合成，其核由於富含離胺酸的組織蛋白之故，顯示強烈的顏色，這是營養細胞之核所沒有的現象，或許這些富含離胺酸的組織蛋白的功能如同基因活性的壓抑子，而這些基因乃是合成 RNA 與蛋白質的基因。

　　不等分裂的例子很多，最常論及的有裸子植物之篩管及伴細胞的形成，地錢的彈絲（elaster）和孢子母細胞，泥炭苔（peat mosses）之透明蛋白質及葉綠素細胞等。在列舉了這些不等分裂的明顯例子之後我們重回本章開始時所提的問題：不等細胞分裂之意卽子細胞之一繼續分裂而另一開始分化，而分化作用的開始第一步通常是該細胞的延長。

第十五章 細胞伸長

(Cell Elongation)

第一節 現象 (The Phenomenon)

　　生長可定義爲體積之不可復原的增加，伸長乃體積沿著特定軸不能恢復地增加。這個定義通常是可靠的，但不是絕對的。

　　植物外在可見的生長主要靠分生組織之細胞分裂所產生的細胞行伸長作用所致，伸長生長的大小可由下例見到：據報告玉蜀黍根的整個延長部每小時大約增加20%，但是此帶的延長作用並不均勻，在伸長的主要部位每小時可增長40%，其他的部位則大大的減少，以絕對值計，伸長生長的速度範圍爲每分鐘數個 μ，但某些草本或花粉管則例外。我們曾提及伸長有其主要區域，由此帶引我們至一現象，此現象早已爲植物生理學家賈魯思·薩斯 (Julius Sachs, 1832-1897) 所發現並賦與一種意義，卽「生長的主要時期」，發生的次序是這樣的：首先各個細胞稍微伸長，然後至最大速度，最後伸長生長停止，如此每個細胞確實經過一段生長期，各個細胞皆然，由各個細胞組成的器官亦復如此，各器官有一主要的伸長區域，該區域之細胞乃由分生組織供給而進行最大的伸長（圖190）。

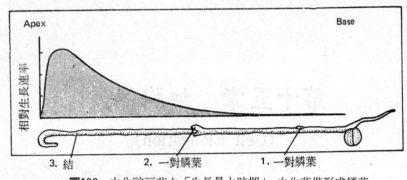

圖190: 白化豌豆苗之「生長最大時期」，白化苗僅形成鱗葉
而不形成具完整功能的葉器官。(仿 Torrey 1968)

第二節　細胞內伸長的過程 (The Process of Elongation Within a Cell)

一、細胞的吸壓方程式 (The Suction Pressure Equation of the Cell)

兩不同濃度之蔗糖溶液小心分層，置於玻璃瓶中，則發生擴散作用，而使兩濃度趨於相等，這是普通的常識。溶劑分子，卽水擴散入較高濃度的蔗糖溶液中，蔗糖分子擴散入濃度較低之溶液中，直至最後得到均一的濃度，此種擴散作用也發生於半透膜，卽所謂滲透作用 (osmosis)。「半透性」(semipermeable) 之意乃生物系統之膜對所有分子的可透性並不相同，一生物膜可能讓溶劑通過但溶於其中的物質卻不能通過，這種膜稱為半透膜。

植物細胞是一滲透系統，有兩個半透膜對水的控制特別重要：緊貼細胞壁內的原生質膜(plasmalemma)及液泡外圍的液泡膜 (tonoplast)。

細胞質及其他胞器就在此二膜之間。我們不能忘記細胞質對細胞內水的
進出也擔當了一個角色，我們也須注意蛋白質膨脹的潛在能力；但是液
泡的內含物更具決定性，因細胞液通常具高濃度的醣類、糖苷類、有機
酸等溶液，有時候也含無機鹽類。在此僅提及一些對滲透作用較具影響
力的成份，細胞之半透膜容許水通過但不容許前面提及的那些具滲透效
應的物質通過，即使有也僅是一點點而已。我們將細胞置入水或稀薄溶
液中，在濃度平衡作用的過程中水直接被吸入液泡中，因此有人說細胞
液具有吸壓。液泡吸水導致細胞膨脹產生膨壓 (turgor pressure)，即
一種腫脹，當然體積不會無限制的增加，只達到細胞液與外界介質濃度
相同時即停止膨脹。由於細胞壁的彈性及周圍細胞和組織的壓力對抗膨
壓，即使濃度仍未平衡亦可促使細胞停止進一步的膨脹，此情形可歸納
細胞吸壓方程式：

$$S_c = S_i - W$$

或者我們可考慮周圍組織的抗壓 (opposing pressure)：

$$S_c = S_i - (W + E)$$

S_c 是整個細胞的吸壓，S_i 是細胞液的吸壓或滲透壓，W是細胞壁的抗
壓，E是周圍細胞產生的外界壓力，細胞質的作用可以完全予以忽略。

　　我們已經相信植物細胞是一種滲透作用系統的事實，此可由原生質
分離的實驗而知，我們以紫萬年青 (*Rhoeo discolor*) 作實驗，去掉葉
子的下表皮，將表皮細胞的空腔 (lumen) 隨意地置於水中，現在液泡
的內容物因含花青素而呈紅色，並且細胞質成一薄層，在一般顯微鏡下
不可見。現在將表皮細胞置於滲透壓高於細胞液的溶液中，例如甘油
中，水將由液泡經原生質管 (plasma tube) 滲透到外界介質中，液泡因
失水而變小，細胞壁不再因細胞內容物的膨壓而腫脹，外界介質經細胞
壁滲入，細胞膜被漸漸變小的液泡拉開而與細胞壁分離（圖191）。細胞

膜與細胞壁分離之過程卽稱爲原生質分離(plasmolysis)。若原生質分離不持續太久細胞就不會造成不能恢復的損害，可藉去原生質分離 （deplasmolysis）之過程恢復，僅簡單的把表皮細胞置入水中卽可，現在由於前述的脫水作用致使液泡內容物濃縮而具高滲透壓，水卽經原生質管進入液泡，使液泡漸漸擴張至恢復原狀爲止。

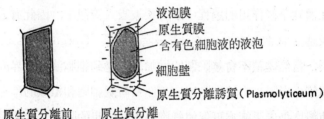

液泡膜
原生質膜
含有色細胞液的液泡
細胞壁
原生質分離誘質（Plasmolyticeum）

原生質分離前　　原生質分離

圖191:　原生質分離 (plasmolysis)，　細胞質管狀的厚度係爲誇大繪製者。

二、細胞伸長的階段 (The Stages of Cell Elongation)

我們似乎離開了討論的本題——伸長作用，但當我們提到在伸長作用中液泡或細胞液的中央空間因吸水而相當地膨大時二者的關係就明顯化了。水分的吸收暗示著細胞吸壓的增加，根據吸壓方程式 $S_o = S_i - W$，增加細胞液的滲透壓 S_i 或減少細胞壁的壓力 W，均可增加吸壓 S_o。

有時可發現細胞伸長的程度與液泡中具滲透效應的物質的濃度有關，但此關係並非絕對的，如此則只剩一個選擇：減少細胞壁的壓力。增加細胞壁柔軟的彈性可以降低細胞壁的壓力，卽當組成細胞壁成分的大分子間之聯繫破壞時細胞壁可彈性地延伸，而在伸長作用發生後又可產生新的聯繫。在燕麥芽鞘延長部之細胞壁發現不同種類的大分子（表

8），它們皆能彼此以官能基互相連結，即它們能形成聯繫。

表8：燕麥芽鞘生長中的細胞壁成分

成　分	%
纖 維 素	25
半纖維素	>51
果 膠 質	3-5
蛋 白 質	10
脂　　肪	4

　　細胞的吸壓因細胞壁彈性增加而增加，如此可導致水流入液泡並促使細胞伸長。

　　在細胞伸長生長及細胞壁劇烈的彈性伸展時，細胞壁中不同的纖維絲彼此分開至某一程度，此時細胞壁的靭度是很重要的，在少數例子中內滋生長（intussusceptive growth）時發現新的細胞壁物質加入因伸長生長而擴張的纖維網孔中。另外常會發生外加生長（appositional growth）的現象，即細胞壁層會沈積於原來伸張的細胞壁上，於是新的纖維網由細胞內加於舊的已伸張的細胞壁網上，因此這種特殊的附添生長稱爲「複網生長」（multinet growth）（圖192）。

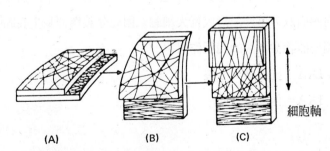

細胞軸

(A)　　　　　(B)　　　　　(C)

圖192：棉毛細胞壁的複網生長。(A)在尖端部位，(B)在毛的尖端及管狀部位的交接處，(C)毛的管狀部分。(仿 Cutler 1969)

細胞伸長生長的階段分爲:

(1)藉鬆弛纖維間的聯繫以增加細胞壁的柔軟彈性。

(2)水流入液泡中，並藉細胞伸長生長而增大體積。

(3)已伸張的細胞壁藉複網生長而強化。

第三節　調節作用（Regulation）

一、分裂與伸長生長間平衡的調節（Adjustment of the Equilibrium Between Division and Elongation）

一個來自有絲分裂循環的細胞，不再進行有絲分裂，而代之以伸長生長（圖183）。它的縱向生長乃分化作用的初步。那些因素對於決定細胞不再分裂而進行伸長生長並開始細胞分化具有影響力呢？漢斯（Hints）以組織培養作實驗，分生組織是可相比的，在某特定條件下，可將其生長維持於分裂但不分化的狀況，菸草的癒傷組織培養獲得下列發現：加抗萎素於組織中，沒有作用或僅輕微刺激細胞分裂；若將抗萎素與IAA混合加入，則發生旺盛的分裂；若僅加 IAA 於培養基中，則分裂停止而細胞向四面八方擴展，形成巨大細胞。因此分裂與伸長生長間轉換的決定有賴於植物激素間的相互作用。

IAA＋抗萎素＝分裂

IAA＝伸長生長

二、IAA 的調節作用 (Regulation by IAA)

(一) 極性的遷移 (Polar migration)

　　IAA在燕麥芽鞘頂端產生，在芽鞘中以極性方向向下遷移，在此極性是指遷移只由頂端往基部而無相反方向者，看幾個簡單實驗即可相信（圖193）。我們先切一段芽鞘，放一小塊浸過 IAA 的洋菜凍於上端的切口，過一段時間可從置於下端的另一小塊洋菜凍中檢驗出IAA；若芽鞘切段倒轉180°，即形態上的上端向下，置於含 IAA 的洋菜上，則只可由上面（形態上的下端）的洋菜測得 IAA，可見地心引力並不能影響極性遷移。只有形態上的上端與底部是重要的，IAA 由形態上的上方遷移至底部，但不作相反方向的遷移。

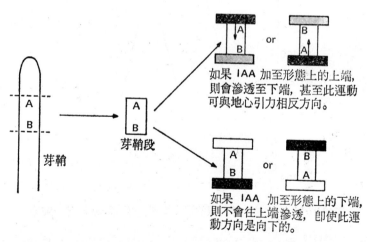

如果 IAA 加至形態上的上端，則會滲透至下端，甚至此運動可與地心引力相反方向。

如果 IAA 加至形態上的下端，則不會往上端滲透，即使此運動方向是向下的。

圖193： IAA 在燕麥芽鞘的極性遷移。（仿 Galston 1964）

　　IAA 的極性遷移尚可以其他材料證明，在「極性」那一章已討論

過, 至於它的原因則尚未明瞭。

(二) IAA 最適量 (IAA optima)

若以 IAA 促進植物器官伸長生長的作用對 IAA 濃度作圖, 此曲線將經過一臨界點, 起初增加 IAA 的劑量, 則伸長生長也增加, 但後來伸長生長達最大極限, 再增加 IAA 的量則反而有抑制作用。

臨界值在一種植物之不同器官間差異很大, 圖194畫出枝、芽、根的平均圖, 枝的臨界點, 例如豌豆枝, 燕麥芽鞘的片段亦同, 約在 10^{-5}M, 根則在 10^{-10} 或 10^{-11}M, 芽在上二者之間。爲什麼會有這些臨界點? 它們的成因至今仍無法解釋 (圖195), 但無論如何, 使用相當大量的激勃素酸並無抑制作用。

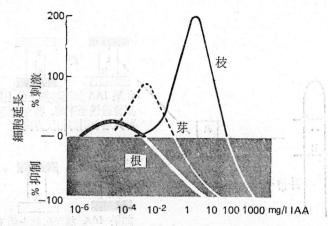

圖194: IAA 在枝、芽、根的濃度範圍。(仿 Janick 等 1969)

前面我們曾指出 IAA 是頂芽優勢的原因之一 (259頁), 枝、芽不同的敏感度使此機制更易於了解。若芽中某種濃度的 IAA 以極性方向向下遷移, 此濃度在枝的臨界範圍內, 但對枝上的側芽而言則落入抑制

生長素刺激作用　　　　　生長素抑制作用

圖195: 生長素作用的二部份連結假說。以合成的生長素2，4－D爲例，類似的情形可推演至天然生長素：生長素只有在其分子連繫於携帶者（carrier）——如蛋白質——的兩個位置時才發生作用，其芳香族系統與其支鏈乃此連結的二個位置，而後者的連繫可能透過共價鍵結。在高濃度生長素存在下，每一生長素分子會佔有携帶者的每一個位置，而導致刺激效應的消失；**事實**上，該複合體甚至可能產生抑制作用，如同二點連結假說，這類情形亦導致形成三點連結假說。（仿 Leopold 1965）

範圍內，283頁曾提及 在此例中 IAA 經次訊息者——乙烯，而產生其作用。

（三）IAA 作用的機制（Mechanism of action of IAA）

• IAA 的快速效應（Rapid effects of IAA）

不同的發現提示我們，在 IAA 影響下基因物質可被活化。然而有一個誘導期（lag phase），即發生於 IAA 誘導以後而酵素形成之前的一段時期，在大腸菌 β－半乳糖苷水解酶誘導作用的例子中，約需三至四分鐘，高等植物的誘導期時間較長，例如玉米的硝酸還原酶的誘導作用，其誘導期爲兩小時，這是高等植物中至今所發現最短的例子。

所以若基因物質被活化，在發生效應前有一段時間測量不出，但曾多次觀察到加入 IAA 後很快即發生伸長生長的作用，以 10^{-13}M 的 IAA 處理，數分鐘後即可查出根毛的伸長生長，燕麥芽鞘幾乎在開始以 IAA 處理時立刻有伸長生長發生。這些 IAA 的迅速效應不能以酵

素或其他蛋白質的誘導作用來解釋，因後者關聯到誘導期的時間。

細胞壁纖維間聯繫的鬆弛也應該與 IAA 的迅速效應有關，這二者有何關係呢？至今仍完全未知，因至少在某些實驗中有效的 IAA 濃度太小了，不足以直接影響細胞壁纖維的聯繫，所以必有另一系統介入 IAA 與纖維之聯繫之間，它能在 IAA 送達纖維聯繫之前擴大 IAA 的效應。我們可以想像，例如 IAA 促發酵素的活性，然後這些酵素分解纖維間的聯繫。

當我們回想已擴張的細胞壁上十分不同的大分子，而且其纖維間聯繫的種類亦不同時，IAA 的迅速效應問題並沒有變得較為簡化。事實上 IAA 與細胞壁各成分間假設的反應順序喚起我們去解釋 IAA 如何切斷細胞壁纖維間聯繫的問題，這些推測增加我們對細胞壁上蛋白質的注意。許多低等及高等植物的細胞壁發現有富含羥脯胺基的醣蛋白（hydroxyproline-rich glycoprotein），被稱為伸展素（extensin），因它可能對細胞壁伸長具有某些功能。根據萊姆波特（Lamport）提出的模式: 伸展素的碳水化合物成分主要為半乳糖和阿拉伯糖（arabinose），而聯結於纖維細絲上(圖195A)，藉不同伸展素分子間的雙硫鍵為橋樑，則不僅醣蛋白分子，還有附在上面的纖維素纖維細絲彼此聯結在一起，若雙硫鍵的聯結被分開了，細胞壁就能擴展開。但前已提及，這僅為模式，沒有任何實驗根據。有關 IAA 對破壞雙硫鍵聯結的可能作用之各種不同的意見亦僅是一些假說而已。

其他細胞壁成分間聯結的斷裂亦復如此，我們不予再提，只是承認雖然 IAA 已發現四十年了，我們對 IAA 在伸長作用中的主要反應機制仍一無所知。

● 持久的縱向生長 （Long-lasting longitudinal growth）

「持久性縱向生長是由 IAA 所誘發」這個陳述是事實，但若非同

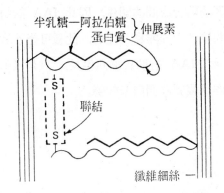

半乳糖─阿拉伯糖
蛋白質 }伸展素

S

聯結

S

纖維細絲

圖195(A): 伸展素 (extensin) 參與細胞壁連繫形成的作用。(仿 Lamport 1965)

時伴有蛋白質合成則屬不可能。 IAA 能活化基因物質, 然後促成蛋白質的合成。第一個證據是1965年由一群動物學家所提出, 他們發現放線菌素 C₁ 抵制 IAA 所誘導的燕麥芽鞘的伸長生長: 芽鞘的伸長生長在 IAA 與放線菌素同時存在時僅如同置於水中的對照組, 只稍微的伸長。

此後其他工作者用其他的材料也有相同的發現, IAA 顯然能刺激與持久性縱向生長有關的轉錄與轉譯的過程, 事實上已發現一種叫纖維素水解酶的被誘導出來, 低濃度的 IAA 促進幼嫩豌豆上胚軸中纖維素水解酶的活性, 該活性的增加可被轉錄與轉譯作用的抑制劑所抑止。此例證明 IAA 如同其他植物生長激素, 能誘導酶的形成, 但很不幸的是此發現在縱向生長上並沒有給我們太大的幫助, 因纖維素水解酶合成受阻時豌豆的上胚軸仍會伸長, 所以纖維素水解酶的活性與伸長生長的程度之間並無平行的關係。

總之, IAA 對縱向生長的影響相當迅速, 以致於不能以基因物質的活化來解釋。蛋白質的合成與基因活性確實在持久性伸長生長上占了一個角色。此例中 IAA 能促進轉錄與轉譯作用, 但迄今尚未發現 IAA

與伸長生長中重要的酶合成間的關係，因此 IAA 對轉錄與轉譯作用的促進作用可能是間接且十分非專一性的，此種可能性實不能予以駁斥。我們可以肯定地說：IAA 有助於縱向生長，只是 IAA 在控制細胞伸長生長時主要的作用機制我們尚未知曉。

第十六章 種子與果實的形成

(The Formation of Seeds and Fruits)

第一節 複雜的發育過程及其調節 (Complex Developmental Processes and Their Regulation)

細胞增長 (elongation) 是一個相當簡單的分化過程，我們將在下面幾章較詳細地考慮一些由許多個別過程彼此連繫而成的複合發育過程，縱向生長 (longitudinal growth) 也參與這些發育過程，但僅爲其中之一。

我們無法在此論及所有的發育過程，只能以因果分析爲出發點，因爲對有關形態發生的事實所知不多，故這些分析離眞相尙遠。由於需要選擇，我們以下列標準爲前導似乎較合所求：

(1)胚旣被賦含有植物所有重要的器官，因而胚的發育在發育時期上具有相當的決定性，當胚發育進行時伴隨著種子的形成，在某些情況下還伴隨果實的產生，故應就此討論。

(2)在植物生命中，從一個發育時期到另一時期間的過渡，常是特具

決定性的時期，愈是如此，過渡愈是需要重新整調。若這種過渡發生的時間或地方不對，則個體或甚至整個族群會受到損害，爲了避免錯誤發育，這些過渡必須有精確的調節。

從休眠期進入活躍期（反之亦然）和從營養期進入生殖期的過渡極爲重要，例如側芽萌發和種子發芽就是休眠到活躍間的過渡，高等植物形成花的過程就是營養期到繁殖期的過渡。側芽的休眠和活躍已被提過一、二次（259, 265頁），故我們應專注於發芽和花的形成。

(3)當多細胞生物發育時，個體大小漸增，需要運輸和連絡系統連結各部分。

這些觀點確定了應辦之事，我們應依所示的順序來討論：

(1)種子與果實的形成，包括胚的發育。

(2)發芽。

(3)維管束系統的分化和功能。

(4)花的形成。

第二節　種子和果實的形成 (Formation of Seeds and Fruits)

芽 (shoot) 和根的構造在種子的胚中早已存在，故主要的分化過程已被實現，在發芽和其後的過程中存在胚中的器官構造只是更進一步分化罷了。我們感到興趣的是胚及器官構造首先如何發育，那就是爲什麼我們現在應該在進入發芽的部分前先得討論種子及果實形成的一些細節的原因。

一、形成的過程 (The Process of Formation)

下面乃摘要自應用於被子植物實驗之結果（圖196）。減數分裂 (meiosis) 開始發生於小孢子母細胞 (microspore mother cell)，每個小孢子母細胞形成四個單套的小孢子 (haploid microspore)。在小孢子中，第一次花粉粒 (pollen grain) 有絲分裂 (mitosis) 形成一個營養細胞 (vegetative cell) 和一個生殖細胞 (generative cell)（298頁）。生殖細胞在第二次花粉有絲分裂時形成兩個精細胞 (sperm cell)，這次的分裂常是到花粉粒落在柱頭 (stigma) 上或到花柱 (style) 內時才發生。營養細胞則發育爲花粉管 (pollen tube) 插入心皮組織 (carpel tissue) 內的胚囊 (embryo sac)。同樣地，大孢子母細胞 (macrospore mother cell) 在構成種子的珠心 (nucellus) 時也經歷減數分裂，不過四個單套大孢子 (haploid macrospore) 中，有三個崩潰消失，第四個形成胚囊，它的核經三次分裂產生八個子核，其中每三個一組各在胚囊兩端形成細胞，這六個單套細胞之一爲卵核 (egg nucleus)。八核中剩下的兩核融合成雙套 (diploid)，就是所謂的次級的胚囊核 (secondary embryo sac nucleus)。

受精作用 (fertilization) 是雙重的，二個精細胞之一與雙套的次級胚囊核融合成三套的胚乳核 (triploid endosperm nucleus)。胚乳核分裂爲許多核，每核與細胞質聯合形成一個細胞，這樣就產生了多細胞胚乳。隨後它能富含貯藏物質——維他命、植物激素和其他發育前及部分萌芽後所需之因子；有些情形像椰子和南瓜的胚乳，全部或部分爲流體。

第二個精細胞與卵核融合，然後雙套接合子 (zygote) 發育爲胚，胚上莖、根的雛形與子葉可辨（圖197）。胚乳是包括植物調節激素的所

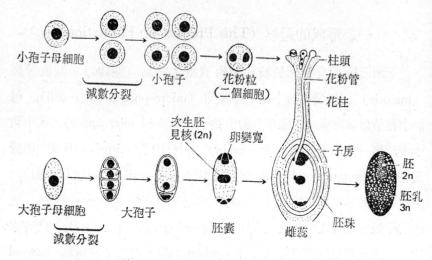

圖196: 受精及胚和胚乳的初步發育。(仿 Steward 1963)

有必需物質的供給者，在胚的發育過程中或許被完全耗盡。幼苗發育所需之物質存在其他部位，像豆類植物的子葉；若種子內的胚乳仍保有極大部位，則發芽所需的物質就貯藏於其中，像禾本科植物。種子的定義是休眠胚被許許多多已發育完全的胚乳及種皮所包圍（圖198），種皮由珠被（integument）而來，珠被是包圍在珠心外面的幾層胚囊。

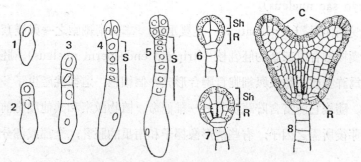

圖197: 薺菜 (*Capsella bursa pastoris*) 胚之發育。c＝子葉，s＝胚柄（最上面的細胞＝垂體 (hypophysis)），Sh＝枝（子葉＋胚芽），R＝根＋下胚軸。(仿 Walter 1962)

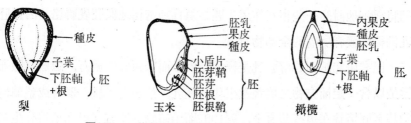

圖198: 一些種子和果實。(仿 Janick 等 1969)

　　種子本身可能爲繁殖單位, 也就是說能產生種子的種類可用種子繁殖, 不過一般常是以果實爲繁殖單位。在果實中, 種子被單獨的一層或主要由心皮而來的許多附加層所包圍, 花序軸和花序部分的葉子也能參與果實的形成。果皮(pericarp)從外到內可分爲外果皮(exocarp)、中果皮(mesocarp)和內果皮(endocarp)。

　　嚴格地說起來果實的發育始於花的形成, 因爲果皮是由花器轉變而來的, 此種轉變從授粉作用開始, 所以果實的發育被認爲從授粉(pollination)開始, 且區分爲下列幾期:

　　(1)結果初期, 始於授粉作用。

　　(2)分裂期, 始於雙重授精。

　　(3)細胞延長期。

　　(4)成熟期。

　　(5)老化期, 也就是逐漸變老, 我們將不在此多談。

二、調節作用 (Regulation)

(一)芽與根構造之分化作用 (Differentiation of shoot and root structures)

● 組織培養之技術 (Technique of tissue culture)

果實、胚乳和胚組織的分化彼此間精密地調和, 這章的其他部分我

們將詳細地討論一些相互作用。胚必須特別密切地與胚乳聯絡，因為胚乳供給胚發育所需的全部物質。

　　已有研究試圖瞭解胚乳是經何等因子而參與胚的發育，這些實驗通常是以含一定補充物之培養基來代替胚乳，然後有組織、器官或整個植物甚至胚培養在這些基質上，圖199 顯示植物的器官（根和頂端分生組織）和組織（從枝的節間得來的癒傷組織）如何在培養基中生長。我們將首先討論癒傷組織的培養。將節間從枝條上切下消毒，置於洋菜培養基中，以後在切面會發育出花椰菜般突出的癒傷組織。有時在此也可以證明極性的存在，卽癒傷組織常在形態上的下端發育較佳，但非永遠如此。

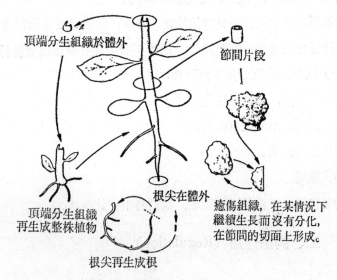

圖199: 高等植物不同部分的器官和組織培養。（仿 Torrey 1968）

　　然後將幾片癒傷組織移到新鮮洋菜上，儘量使它們保持生長，這時期常會有困難發生，特別是在1940年前，癒傷組織的進一步培養僅在特

殊情形下才會成功，例如由組織培養技術之先驅者高什瑞特（Gauthe-ret）所做，它顯示在組織培養中自然或合成的植物激素和維他命的補充對促進細胞分裂極為重要。1940年開始，凡・歐弗貝克（Van Over-beck）發現液體胚乳的椰子汁能滿足大部分器官與組織培養的要求。後來的實驗，特別是史提渥得（Steward）所做，顯示椰子汁富含不同的植物激素，尤其是具有細胞分裂激素效果，因此椰子汁常被加到培養基中，未加椰子汁的溶液則易有某些問題產生。當我們希望儘可能精確地分析植物激素的影響時才不加椰子汁，這是特殊的情況。

● 組織培養中芽和根構造的誘導（Induction of shoot and root structures in tissue culture）

接合子第一次分裂形成兩個細胞，其中一個後來發育為胚柄（sus-pensor），另一個發育為胚（圖197）。第一次細胞分裂時細胞壁的位置由接合子的極性來決定，而這極性是固定的，依胚囊極性而定，前已提及。我們已知隨後的分裂視現存植物激素彼此間的特別比例而定（306頁），但單是分裂還不夠，這些分裂必須使胚的主要器官——芽與根——的構造能夠發育才行。

組織培養的實驗在這方面給予我們幫助，首先必須解決的是胚是否能完全由組織培養中分裂的細胞而來。這種情形確實是存在的，1959年瑞諾（Reinert）在指定的條件下從胡蘿蔔的組織培養中得到胚，自那時起就常有在組織培養中胚誘導成功的報導。如已摘要述說過的，發育的極限是從組織培養中的一個細胞形成完整的植物（225頁），現在是就整個胚而論已經較我們所要考慮的多多了。我們只對在何種情況下胚的主要器官——芽與根——的構造能夠分化，這個較限定的問題感到興趣。在這裡，不同植物激素間的相互作用就如同細胞分裂與細胞延長間平衡的調整一樣，極為重要。1957年史庫（Skoog）與米勒（Miller）

報導，用菸草做癒傷組織培養的實驗（圖200），培養基中IAA與抗菱素的濃度依各個實驗而不同，IAA與抗菱素在某個比例下癒傷組織生長分裂但不分化；若抗菱素的量降低，則根會形成；而抗菱素的比例增加時則芽在癒傷組織中發育；若抗菱素缺乏或太多，則組織的生長停止。

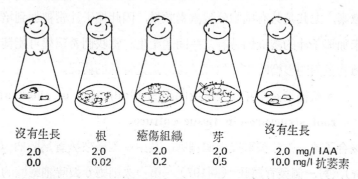

沒有生長　　　　根　　　癒傷組織　　　芽　　　　沒有生長
2.0　　　　　　2.0　　　　2.0　　　　2.0　　　2.0　mg/l IAA
0.0　　　　　　0.02　　　0.2　　　　0.5　　　10.0　mg/l 抗菱素

圖200: 組織培養中器官的發育受定量植物激素的控制。（仿 Skoog 與 Miller 1957）

當然我們可以否定，癒傷組織培養不能單純的與發育中的胚相比。此外有些種類，但非所有種類的組織培養也能獲得相同的結果。不過這對於我們所提出的問題仍能定出一般的法則，這是很合適的：由胚所發育的芽與根構造之分化，乃受由胚乳供應而具良好平衡比例的不同植物激素所決定。

（二）胚的培養（Culture of embryos）

在我們開始明瞭分化作用的決定步驟——芽與根構造的發育——發生的情況之後，胚繼起的發育被認為是次重要的，我們簡要的提一下，因為胚的培養具實用上的重要性。

漢寧（Hanning）在1904年首先完成胚的培養，此園地的另一先驅

者賴堡（Laibach）於1925年報導由亞麻屬（*Linum*）之不同種雜交所得胚的培養。胚的培養在1940年代初期凡・歐弗貝克發現椰子汁的刺激效果後，做起來就容易多了，如今椰子汁和酪蛋白水解產物（casein hydrolysate）常用於胚的培養基中。賴堡不顧實用與否毅然從事胚的培養，於工作時遭遇到雜種繁殖的困難，他以幼胚代替有發芽能力的種子做組織培養而克服了困難，然後將它們移植。

我們採取相同的種間或屬間的雜交程序一樣會發生相同的困難，因為雙重受精時會發生基因重組，重組的基因間及胚乳和胚間原來調和的相互作用受到干擾之故。因此種間、屬間雜交後胚乳不久卽死去或根本不發育的現象經常發生；在這些情況下胚將同樣死亡，或多少受到損傷，不過可將它們分離出來，令其在合成培養基中生長足够的時間，而後再移植。

我們現在提兩個例子：栽培的大麥（*Hordeum vulgare*）對黴（*Erisyphe graminis* var. *hordei*）敏感，而大麥屬中的 *Hordeum bulbosum* 則有抵抗性，於是尋求雜交種。但種間雜交後穎果常缺乏胚乳，胚因此死去。如果將胚分離培養在培養基中，則可獲得繁殖的雜種。

黃香草木樨（*Melilotus officinalis*）完全抗旱，但含結合的香豆素（bound coumarin）而造成牛隻的麻煩，此外其先驅物質會形成極毒的丁香素（dicoumarol）。而其與同屬的白草木樨（*Melilotus alba*）間之雜交混合種幾乎不含香豆素，有育種的價值，但這品種與黃香草木樨雜交失敗，因為胚乳首先死去，然後胚也死去。同樣地，胚的培養可幫助克服這些困難。兩個例子在此顯示出所謂「應用」與「純研究」間的密切關係。

（三）果實的發育 （Development of the fruit）

某些種間、屬間的雜交種其胚乳和胚的發育常呈現擾亂，證明胚乳與胚的發育彼此密切的配合。此外果皮的發育也與它們密切聯繫，特別與胚乳的發育有關。

我們來追溯果實發育的各個時期（317頁），早在1909年，費亭（Fitting）表示果實的發育始於授粉作用而非受精作用那麼晚。蘭花花粉的水狀萃取物使蘭花子房膨脹，後來證明花粉萃取物含 IAA。這些實驗繼續進行，大多數不同植物用植物激素處理時不需經過受精作用即可單爲結果（parthenocarpy）。依植物品種而有不同最具效果的植物激素。多數種類的單爲結果可受 IAA 或作用相似的合成生長物質所促進。薔薇科中的核果如櫻桃、桃、梅則爲例外，它們對激勃素酸而非對 IAA 反應。

因此未來果實組織的改變早在 授粉作用時， 與植物激素 的轉移有關。花下方離層的發育同時也受植物激素的影響而被抑制，以防止未熟果實脫落（260頁）。

果實發育的下一個時期從雙重受精開始。胚乳在這時期形成，胚也因不斷分裂而成長。根據證據這與果實組織內活躍的細胞分裂有關。調節的激素或許 早期來自胚乳， 但晚期則來自胚，在這時期分 析一些果實， 顯示除了 IAA 和激勃素酸外特別包括了細胞分裂激素。

旺盛的細胞伸長發生於第三期，調節的植物激素主要爲 IAA 和激勃素酸。尼曲（Nitsch）在草莓的實驗中特別明白地表示 IAA 能够控制細胞伸長。草莓是許多個別瘦果位在肉質膨大的花托上所構成的聚合果，若瘦果在此期前移開則無法形成漿果；若只移去部分瘦果，則缺瘦果部分的細胞伸長被抑制（圖163），不過若用含生長物質的小點漿糊代替瘦果，則細胞伸長、聚合果的形成均可正常發生。

延長期的後期單醣和寡醣類濃縮在液泡中,此或許與滲透壓有關,而刺激延長。成熟期有某些生化改變的特性: 果膠的甲基斷裂轉變為果膠酸 (94頁), 果膠酸再降解為低分子量的單位; 不同的聚合碳水化合物水解為寡醣類或單醣類; 香味物質增多; 葉綠素崩解; 有時, 像蘋果花青素的合成受光敏素系統等的調節。無論如何, 成熟期的一個特性是呼吸作用顯著地增加, 最後通過頂點, 呼吸作用最活躍的時期叫做更年期 (climacteric), 到達這個頂點果實就成熟了。

控制成熟的因子未確知, 有些假說論及影響呼吸活性的系統。控制成熟的因子常被討論到的是乙烯, 它被認為有促進果實成熟的作用。氣相色層分析和生物試驗顯示, 果實本身也能形成乙烯, 豌豆是做生物試驗的好樣品, 乙烯可抑制它的縱向生長。

在多數情況下, 甚至在更年期之前, 果實就開始產生乙烯, 這可暗示乙烯引起一連串反應, 最後到達成熟, 不過也可想像它是受其他因子誘發的一連串反應之早期副產物, 然後依序促進整個過程。

第十七章 發 芽

（Germination）

要想給發芽下個定義並不簡單，因爲似乎沒有一個定義可以避免例外。通常將胚根（radicle）穿透種皮當做發芽過程的一個標準；不過應用這些標準時，必須瞭解形態效果顯現的前後有較不明顯的過程發生，而這些過程也屬於發芽作用。

通常種子從母株釋出後可立刻發芽，不過有時種子需經一段或長或短時期的靜止後才能發芽，此爲種子的休眠。

這一章我們將 談到有關 休眠的原因 和打破休眠， 然後談到發芽本身。發芽， 自幼苗期開始至光合作用器官發育時完畢， 同時過渡到自營（autotrophy）的時期。關於這個至少可提出數點。

第一節 休眠 （Dormancy）

休眠可由不同的原因引起，我們將詳述其中的一些:

一、不完全胚 （Incomplete Embryos）

當種子或果實從母株脫落時胚尚未發育完全， 在休眠期中可發育完

善。一個來自本地植群的例子是白楊（*Fraxinus excelsior*）（圖201）的種子，其呈現一段休眠期，胚才發育完全。

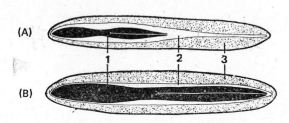

圖201：(A)剛由母株釋出的白楊種子， (B)貯藏在濕地六個月後。 1＝胚， 2＝來自胚乳的黏液層， 3＝胚乳。(仿 Ruge 1966)

二、乾燥的成熟 (Maturation of Drying)

有些種類的種子必須經過一個乾燥程序才能擁有發芽能力。例如玉米種子，只有極少的百分比在收穫後立刻具有發芽能力，一般須經貯藏後才能獲得足夠的能力發芽。這種關聯顯示發芽能力的增加和穀粒水分含量的減少互相平行。為何乾燥後才能獲得完全的發芽能力雖有數個假說，但原因仍未明。

三、對水分與氣體的不通透性 (Impermeability to Water and/or Gases)

沒有水分的吸收和氣體的交換，發芽是不可能的。(看發芽條件)。包圍胚的各層構造多少對水分和氣體有不通透，像胚乳、珠心、種皮或果皮都是障礙。前述的白楊和蒼耳(cocklebur, *Xanthium strumarium*)的種皮對氣體不通透已被發現，此層障礙可用不同的媒介物使其變為可

通透，依障礙的性質來選擇：敲破種子，用濃硫酸、酒精、氰化氫、過氧化氫等處理。在自然界中不通透層可逐漸崩解，特別是受微生物的作用，而溫度和濕度可促進這個過程。

四、抑制劑 (Inhibitors)

種子或果實的任何部分，包括胚本身均含妨礙發芽的抑制劑。例如白楊和蒼耳的胚中發現含有化學組成未明的抑制劑。薔薇科植物，特別是果實中含有核和小粒種子的胚中，含有氰化氫抑制劑的前驅物苦杏仁苷 (amygdalin)，當種子被浸漬時原存的 β-糖苷苦杏仁酶 (β-glucosidase emulsin) 變活潑，從苦杏仁苷打斷兩個葡萄糖 (圖202)，自然分解爲苯醛 (benzaldehyde) 和氰化氫。既然所提到的種類其胚乳對氣體具不通透，則氰化氫也就無法逸出，它抑制發芽，直到胚乳腐爛 (也比較圖203)。

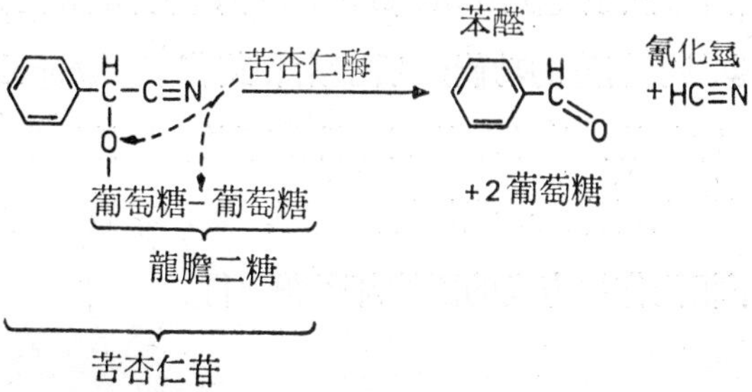

圖202: 苦杏仁苷受 β-糖苷苦杏仁酶分裂的作用。

發生於果肉內的抑制劑是大家特別熟悉的，這些在生態上是很需要的。例如，若沒有抑制劑存在，番茄的果肉可能呈現發芽的最佳條件，但外界條件若不利於幼苗的進一步發育，則萌芽將不幸會失敗。

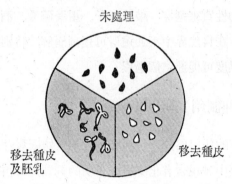

未處理

移去種皮
及胚乳

移去種皮

圖203: 蘋果種子移去種皮和胚乳後的發芽作用。(仿 Ruge 1966)

　　果漿中的種子抑制劑 有時也稱爲抑胚素 (blastocolin)，選用這個字未必恰當，因爲果漿中的抑制物種類相當不同，而此字有「同樣、一律」的意義，但一致性並不存在。下面是幾個例子:

　　野薔薇蘋果的果漿中含有發芽抑制物離層酸；產於美國南部和中美洲，用來做爲橡皮萃取物的菊科灌木罌粟 (*Parthenium argentatum*) 的發芽抑制劑是反-肉桂酸(trans cinnamic)；咖啡酸和阿魏酸在番茄果漿中存在，也具有前述的功能；香豆素和莨菪亭 (scopoletin) 也列爲發芽抑制劑。已知的大量附加的發芽抑制劑其化學性質僅有部分明瞭；不過這些物質的主要特性是能够抑制發芽，這已在實驗室中證明了，但在自然條件下相同作用方式的證據却很難獲得。

第二節　發芽的條件 (Conditions for Germination)

　　正如前述，發芽的障礙是存在胚本身和包圍在它外面的所有外層，若移去這些外層 胚就可以發芽，不過它僅能 在外在條件占 優勢時才發

芽。我們稱使種子確實發芽長成幼苗的外在條件爲發芽作用的發芽條件。

一、水 (Water)

水是非存在不可的條件。乾燥的種子吸收水分開始膨脹這是純粹的物理過程。親水基如$-NH_2$、$-OH$、$-COOH$，吸引偶極性的水分子，就形成包圍它們自己的水化層，而帶有這些親水基的蛋白質和碳水化合物聚合物的大分子因此「腫脹」起來。種子吸水膨脹後再吸水就伴隨有發芽作用發生。發芽作用中的細胞增長，卽是基於吸水性的增強之故。

根據實際經驗，喪失水分可抵消膨脹而不致於嚴重傷害幼苗，但發芽後就非如此，因爲發芽與細胞分裂和細胞延長有關。膨脹的物理過程和由於生化生理活性的發芽過程間的分野有時不像定義中的那麼明顯。因此，有些胚中的 mRNA 甚至在膨脹時就已形成，小麥胚中的 mRNA 在開始膨脹三十分鐘後就形成了。

二、氧氣 (Oxygen)

發芽需要能量，而能量是以 ATP 的有效形式供應，此 ATP 來自受質鏈和呼吸鏈的磷酸化作用 (substrate chain and respiratory chain phosphorylation)。氧是呼吸鏈作用的先決必需物，故也是氧化磷酸化作用所必需，因此氧的存在是發芽作用的一般條件。少數的例外更加強了這個規則的可信度：水稻和某些植物的種子在水中——氧的分壓極小的狀況下——仍可發芽。這乃是因水稻的幼苗配備了不需要氧氣而非常有效的糖解系統之故。

三、溫度 (Temperature)

個別種類對於發芽溫度的需求，清楚地顯示出不同品種其專一性最適條件的重要性。這是因爲所討論的種類其發芽的最適溫與發育所需的外在條件相稱之故。例如由科羅拉多沙漠採得的土壤樣品，確定多季一年生植物（秋天發芽，次年春天或初夏開花結果的一年生植物）在10°C時優先發芽；夏季一年生植物（在一個夏天完成整個發育的一年生植物）則在 26～30°C時優先發芽。因此多季與夏季一年生植物顯示出不同的發芽適溫正好與其進一步發育所需的外在條件相配合。

低溫在膨脹的種子材料上呈現出一個特殊的效果。許多種子爲了發芽和使發芽後的發育不再受抑制，需要低溫處理，即春化作用（vernalization），也就是貯藏在稍高於 0°C 的潮濕基質中。

許多不同的過程都與低溫有關。一方面它能移開抑制劑所加的障礙，使胚有能力發芽。這個特別的溫度效應我們在上一節已提過了。另一方面，在許多場合，種子若不經低溫而發芽，隨後幼苗的發育會被抑制，形成所謂的生理矮種（physiological dwarf）。再觀察詳細一點會發現，上胚軸和下胚軸或僅是上胚軸的生長被抑制，於是說上下胚軸休眠或是上胚軸休眠，這必須以低溫才能打破抑制。此例中用「休眠」一詞實在是錯誤的，因爲它實際上是發育受阻而非休眠。

我們以白楊的胚爲例來說明胚內抑制劑抑制發芽的情形。就我們所知，白楊的胚起初是發育不完全的，在次年夏天才發育得好些，唯有如此第二個多天的寒冷才有效。胚內激勃素含量增高，使抑制被克服，種子才能夠在下個春天發芽。

上胚軸與下胚軸休眠（epicotyl and hypocotyl dormancy）的例子：薔薇科植物的種子需經低溫處理，這特別爲大家所熟知。蘋果的種

皮移去後仍無法發芽（圖203）。不過若將胚乳薄膜也移去，胚就可以發芽。（我們曾提過薔薇科植物的胚乳對氣體不通透，例如使吸水後形成的氰化氫無法逸出。）蘋果及其他薔薇科植物的幼苗顯示上胚軸和下胚軸休眠，除非經過低溫處理，否則不能正常發育。

　　上胚軸休眠的例子：有些種類甚至未經低溫的影響就可發芽，根系也能發育，但上胚軸的生長仍受抑制。未經低溫前一些薔薇科植物像杏（圖204）及一些百合科植物和灌木牡丹（*Paeonia suffruticosa*）的發育嚴重被抑制，受冷後植物則正常生長。這群植物用激勃素處理，可全部或部分取代低溫。那就是爲什麼假定低溫在此例中能誘導內生激勃素濃度的提高之故，正如同白楊的例子一樣。

圖204：（右）經低溫處理和（左）未經低溫處理之杏幼苗的發育。（仿 Ruge 1966）

　　在百合科延齡草屬（*Trillium*）及其他植物中發現一個有趣的現象（圖205）。這裏需兩次低溫，而低溫間需高溫，第一個多天的低溫效果後根系可發育，不過要打破上胚軸的休眠須在第二個多天。

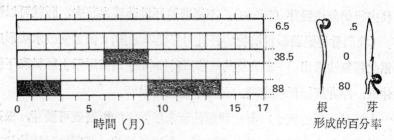

圖205: 延齡草的種子需二次低溫。(上)若無任何低溫處理，僅有一些會發芽。(中)一次低溫處理後根可發育，(下)二次低溫處理後芽也發育。(仿 Koller 1959)

四、光 (Light)

長久以來植物栽培者都知道某些種類種子的發芽可被光促進，而另外的種類則會被抑制。表 9 列出一些種類，其發芽受光促進或抑制。

表9：幾個光照下和黑暗中發芽的種子（受光刺激的種子和受光抑制的種子），重要的實驗植物以斜體字印刷。

光 照 下 發 芽	黑 暗 中 發 芽
毛地黃 (Digitalis purpurea)	紅莧菜 (Amaranthus caudatus)
柳葉菜 (Epilobium hirsutum)	南瓜 (Cucurbita pepo)
克非亞草 (Lythrum salicaria)	黑種草 (Nigella damascena)
萵苣 (*Lactuca sativa*)	田亞麻科的 (Phacelia tanacetifolia)
菸草 (Nicotiana tabucum)	菊科福王草屬的 (Prenanthes
月見草 (Oenothera biennis)	purpurea)

前已提過（286頁），光經由光敏素系統影響發芽能力。光刺激的與光抑制的種子它們的光敏素系統受所含的入射光——紅光或紅外光——反應而顯示不同作用方式。受光刺激的種子 P_{660} 被紅光轉變為 P_{730}，

後者爲光敏素系統的活潑狀態，能誘導發芽。受光抑制的種子在黑暗中似乎具有穩定濃度的 P_{730}，此濃度高得足夠誘導發芽。這一點被爭論的是，在黑暗中 P_{730} 能漸漸轉變爲較穩定的 P_{660}。在黑暗中才發芽的種子於光照處理下紅外光的影響佔優勢，藉著紅外光，原存的或紅光供給的 P_{730} 被轉變爲不活性的 P_{660} （圖206）。

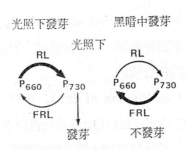

圖206： 有關光敏素系統在受光刺激 或抑制的種子內之作用方式的假說。RL＝紅光，FRL＝紅外光。

　　光在刺激發芽的更進一步的作用機制仍未明瞭。有些種類多少直接與激勃素的產生有關，因爲激勃素在這些種類中可完全或部分取代光的效用，但並非所有的種子均如此。除了光敏素系統外其他的色素系統如藍光吸收系統也很重要，因爲這樣，使得事情更不簡單。

第三節　貯藏物質的流通 (Mobilization of Reserve Materials)

　　當發芽時，在貯藏組織中（子葉、胚乳、偶而是珠心）的貯藏物質必須流通。這些貯藏物質爲幼苗發育出自己的光合器官以前，有效有機物的唯一來源。就此流通性所牽涉的一些方向，便足以提醒我們已討論

過的事實。

主要的貯藏物質是碳水化合物、蛋白質和脂肪。

1、碳水化合物的流通（mobilization of carbohydrates）。碳水化合物藉適當的水解酵素，一部分爲磷酸化酶（phosphorylase），將其分解爲單醣或寡醣類而得以流通。例如大麥粒在激勃素酸的影響下將澱粉分解。

2、蛋白質的流通（mobilization of proteins）。蛋白質的流通包括被蛋白質分解酵素水解爲胺基酸，這些酵素和大麥粒的澱粉酶一樣，有一部分是發芽時在細胞內合成的。

3、脂肪的流通（mobilization of fats）。脂肪的流通是由於脂肪被脂肪酶水解爲脂肪酸和甘油（121頁），脂肪酸再經 β-氧化作用成爲乙醯輔酶A（121頁）。一部分乙醯輔酶A經乙醛酸循環轉變爲碳水化合物，此循環的關鍵酵素是異檸檬酸解離酶和蘋果酸合成酶（125頁）。在某些貯存脂肪的種子發芽時，細胞內可形成這兩種酵素，至於它們的合成是如何調節的則尚未知。

第四節　光合器官的組合（Assembly of the Photosynthetic Apparatus）

光合器官的組合在發育的幼苗期完成。先前談過的典型色素體構造的發育（69頁）只能在光照下發生；在黑暗中發育會畸形。光敏素系統也參與色素體的分化作用。

色素體的構造成分不需對光合作用的所有酵素系統有效。光合作用次級過程中的關鍵酵素是將 CO_2 固定入核酮糖-1, 5-二磷酸的羧基歧化酶，這個酵素在色素體的需光分化之前已經存在，至少在裸麥的幼苗是

如此。雖然如此，光照還是誘導一活化之胞內重新合成作用，而此合成受光敏素系統的調節。

仍有其他調節過程與光合作用活性的開始有關。這是因爲幼苗爲了獲得所需的物質，必須採取不同於自營的，光合作用旺盛的植物所行的途徑。我們回想一下，五碳醣和四碳醣原藻醛糖-4-磷酸能由卡耳文循環供給（64頁），這是某些植物特殊合成作用所需。不過相同的物質也能由葡萄糖-6-磷酸在五碳醣磷酸循環中得來（80頁）。此循環的第一個酵素是葡萄糖-6-磷酸去氫酶（glucose-6-phosphate dehydrogenase）。菲洛本（Feierabend）在裸麥幼苗的實驗中顯示此酶在發芽前已存在胚中。發芽時它的活性首先是急速增加，然後保持不變直到光合作用開始。顯然地幼苗經由五碳醣磷酸循環獲得單醣（所以該循環的第一個酵素葡萄糖-6-磷酸去氫酶具有高度活性），然後在光合作用器管作用之後打開整個有關的卡耳文循環。現在，葡萄糖-6-磷酸去氫酶不再那麼重要了，反而是卡耳文循環的第一個酵素——羧基歧化酶，變得重要，它的活性增加了（圖207）。

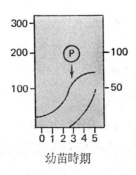

胚中葡萄糖-6-磷酸去氫酶的活性　　胚中羧基歧化酶的活性

幼苗時期

圖 207: 葡萄糖-6-磷酸去氫酶和羧基歧化酶在裸麥幼苗發育中的活性。P＝光合作用的開始。（仿 Feierabend 1967）

第五節 植物激素對發芽作用的調節
(Regulation of Germination by Phytohormones)

到現在為止，我們收集了許多資料，一次又一次地發現有植物激素參與其中。現在讓我們嘗試從植物激素調節作用的觀點概述整個的發芽過程。

首先假定發芽的所有障礙都已除去，種子能夠發芽。然後給予發芽的所有必需的條件(水、氧氣、溫度、光線)。現在我們就可以問了：發芽作用是如何被誘導的？植物激素如何參與發芽過程的各個時期？1968年，凡·歐弗貝克對穀粒如大麥粒有關此問題提供了一個概括性的回答(圖208)。水滲入可透性的種皮而進入種子，甚至進入胚中。胚變活性，不同過程所需的mRNA開始合成。激勃素酸被釋放入糊粉層(aleuron)，在此激勃素酸誘導一些使貯藏物流通之水解酵素的合成，例如其中之一為分解澱粉的 α-澱粉酶。它們也包括分解核酸和蛋白質的酵素，分別分解核酸和蛋白質。核酸分解酵素活動的結果核酸中所含的細胞分裂激素被釋放出來；而蛋白質分解酵素作用釋出胺基酸，其中包括色胺酸，由色胺酸而形成 IAA。細胞分裂激素和 IAA 現在作用在胚上：前者誘導細胞分裂，後者使細胞延長。胚卽如此被誘導生長而突破種皮。若種皮在土壤中尚未被微生物的活動廣泛地腐爛，則分解果膠和纖維素的酵素形成，這對胚突破種皮有所幫助。首先胚根 (radicle) 伸出種皮，然後是芽鞘 (coleoptile)。由於重力的緣故，IAA 移到這兩個器官的下側，由於芽鞘和胚根不同的敏感度，依序使其發生不同的趨地性 (geotropic) 反應。根向下彎，為正趨地性，芽鞘向上彎，為負趨地性。芽

鞘一旦突破土壤，光合器官卽分化，幼苗期隨之完成。

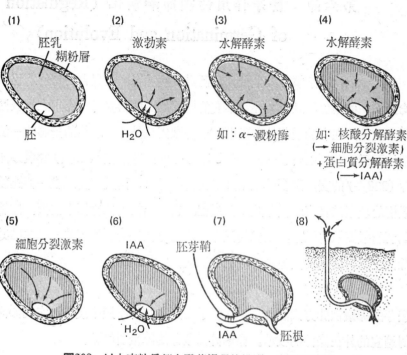

(1)　胚乳　糊粉層　胚

(2)　激勃素　H_2O

(3)　水解酵素　如：α-澱粉酶

(4)　水解酵素　如：核酸分解酵素（→ 細胞分裂激素）+蛋白質分解酵素（→ IAA）

(5)　細胞分裂激素

(6)　IAA　胚芽鞘　H_2O

(7)　IAA　胚根

(8)

圖208: 以大麥粒爲例之發芽過程的模型。 (1)休眠穀粒。 (2)吸水且激勃素從胚進入糊粉層。(3)水解酵素在糊粉層內合成，然後進入胚乳； 在胚乳內分解澱粉的 α-澱粉酶是水解酵素之一。(4)水解酵素的合成——包括核酸分解酵素和蛋白質分解酵素——是在糊粉層，然後進入胚乳。核酸分解酵素藉著釋放嘌呤核苷酸而供應合成細胞分裂激素的先驅物，蛋白質分解酵素釋放色胺酸爲 IAA 的可能先驅物。(5)和(6)由胚乳來的細胞分裂激素和 IAA 刺激胚細胞分裂和細胞延長。(7)生長中的胚突破種皮，芽鞘向上負趨地性生長，胚根向下正趨地性生長 (比較圖159)。(8)幼苗突破土壤暴露於光線下，發育它的光合作用器官。 (仿 Van Overbeck 1968)

　　這看來似乎非常合理，不過事實上有些地方仍是假說，須證明或反駁。

第六節 發芽作用的調節和演化 (Regulation of Germination and Evolution)

討論植物激素頗令人生厭。我們現在獲悉它們在發育的每個過程中均扮演一個角色，且只有非常罕有的情況能明確定義出其作用之初級機制。的確，在有關發芽的方面顯示植物激素只是非常複雜的整體的一個部分而已。我們已列了一個長但絕不徹底的發芽障礙 (325頁) 和發芽條件 (328頁) 的表，那麼做並不是因為喜歡詳細，而是因為這麼一個連鎖機構的積聚確實表示發芽是一個過程，它的調節對植物極端重要。儘管我們僅強調植物激素，我們仍只考慮到部分複雜的調節事件。這章的其餘部分將討論幾個其他調節機制的意義。

發芽作用若在幼植物不能更進一步發育的情況下則表示它的死亡。發芽的障礙依此方式設計，不使種子在外在條件不適下發芽，它們如同對適宜的外在條件的校準。標準計由發芽的障礙所供給。

● 對溫度的校準 (Calibration against temperature)

由科羅拉多州沙漠冬季一年生植物和夏季一年生植物的例子，我們已獲悉各個種顯示不同的發芽適溫。這些例子逐漸增多。因此可知從冷氣候帶來的有用植物在低溫時發芽較佳，暖帶來者在高溫發芽較佳。這些資料指出一個對生存環境的適應性。

若在我們溫度帶中每個種子的發芽適溫為低溫，當這個低溫來臨時種子會立刻發芽，則將對我們造成相當大的傷害。其意為種子會在初冬發芽，除了少數一些冬季穀物可以營養狀態渡過隨之而來的冬季外，大部分植物是無法忍受的。此時發芽之障礙開始作用：除非經過某一段時

間（在自然界中表示在冬季的那些月分）， 低溫生效了種子才可發芽。在前面我們談論春化作用時已先熟悉這個現象了。

這引出標準計是什麼的問題，要回答它只能靠思索了。或許是低溫作用了一個長時期後內生抑制劑的含量降低了。在其他情況像白楊， 促進發芽的物質， 如激勃素，受低溫誘導而含量增加似乎更爲重要。

● 對雨量的化學校準 （Chemical calibration against precipitation）

關於標準計的性質， 就雨量而言即是考慮到發芽的因子——水，我們有較好的報告。特別是在乾燥或半乾燥地區， 雨量是發芽因子。那就是爲什麼文特（Went）、艾文納瑞 （Evenari） 和其他研究人員要用這些地區來的植物做實驗，以調查化學的降雨標準計。

許多一年生的沙漠植物只在降雨量至少 125mm 時才發芽，但適宜的降雨量爲 250～500mm，在這情況下，土壤足夠潮濕以允許植物做更進一步的發育。現在種子所存在的上層土壤在 125mm 的微降雨之後和下了大雨之後一樣潮濕，於此情況下種子如何測出降雨量？

在許多情況下標準計存在胚和周圍層中的發芽抑制劑，它們會被降雨洗掉，而洗掉需要某些最少的降雨量。這洗去的效果在實驗室的實驗中很容易證明，若將種子置於沙上，用至少 125mm 的水從上洒下， 則種子會發芽。不過若同量的水由下面被吸收， 則不發生發芽作用，這是因爲抑制劑無法洗掉之故。

我們只選擇兩個發芽的障礙。一種品種中時時可發現幾個發芽障礙，當這些障礙移去時適當的發芽條件必佔優勢。 此複雜的系統有它的利益： 在任何一特定時間， 一特定品種的種子不會在同時都遇到發芽所需的條件。因此同一年所形成的種子其發芽將會延續一段長的時間，可能爲期數年。若在這幾年中的某年已發芽植物由於某些不可預期之不

利外在條件，而在種子形成前死掉，這些品種是否仍能在此地區生存，尚爲一令人爭議的問題。

我們現在必須提及一個能在乾燥地區重複做的更進一步的觀察。若一年生植物的種子已經發芽了，在外界條件不是徹底不利時所有的植物均可發育、生長。值得注意的是有時它們非常靠近地生長在一起，這時植株較小，花和種子也較少，但彼此不會互相排擠。在不是播種得很密的玉米田也可做同樣的觀察。這例子中的「生存競爭」和有關的淘汰過程均集中在發芽過程中。

所以給予的外界條件的適應臨界點是發芽能力。我們栽培植物，使其迅速地發芽精確地繁殖，如此就不能感覺到這一點。因爲我們決定播種的時間，因此也決定了發芽作用，並使得和野生植物一樣的適應上的需要成爲多餘。野生植物發芽適應性的證明是很清楚的，這使我們了解它們處在嚴厲的淘汰壓力上，發芽了才能繼續發育。在此情況，發芽的調節作用變成淘汰的一個關鍵因子，因此也是演化的因子。

第十八章　維管系統

(The Vascular System)

　　若一個生物僅由一些細胞組成，則從一個細胞到另一個細胞的連絡和運輸可發生，不需要爲這個目的而特別設計系統。若細胞數目及生物大小增加，則有特殊維管系統發育的必要。此需要成爲不可避免的，因爲到目前爲止一個多細胞生物內各個細胞的特化方向極爲不同，一個單獨、高度分化的細胞 若無其他種類已分化 細胞的補充，則既無生活能力，也無作用能力。

　　在動物中，有兩個系統適合此方面的需要：神經系統提供細胞間快速的聯絡；體液系統包括經 由荷爾蒙的聯絡，但也負責管 理物質的運輸。中腦的神經分泌細胞佔據中間的位置，它們是合成荷爾蒙的神經細胞，然後荷爾蒙由神經纖維運送到腦下垂體的後葉。植物中沒有相當於神經系統的構造，在植物物質的聯絡和運輸均由體液系統擔任。植物的維管系統一方面是聯絡的器官，另一方面又是細胞間調節的器官。我們只須想想植物激素由合成部位運輸到作用部位，也應記得某些基質能從一細胞運送到另一個細胞，在此基質是經由維管系統到達接受者細胞，並且引發一個基質誘導（241頁），這個基質誘導將提供一個細胞內和細胞間的調節機制。重要的是這機構顯示與荷爾蒙的調節具有極大的相似

性，此為確實值得試驗的一點；另一方面，植物的維管系統是一個大量運輸（mass transport）的器官。水分和礦物質由根系從土壤吸收，然後在植物體中向上傳導。光合作用活潑的葉中，同化的物質向上輸送到分生組織和延長部及幼小、生長中的葉。同化物質也在莖和根中向下運輸，並貯藏在那兒。

另外一個性質與傳導功能有關。木質部（xylem）——傳導要素的一部分，藉著它們細胞壁的木質化和變硬，對高等植物的機械性質做了一個重要的貢獻（圖102）。

第一節　要素（The Elements）

我們無法在此詳論維管系統，只單純地專注於兩個系統必須被區別的事實。

(1)木質部的導管（trachea）和假導管（tracheid）對物質的傳導是直接地重要。在分化完全的狀態下它們是死的，若無環繞在周圍活的木質部薄壁細胞（parenchyma）則無法保持它們的功能。

(2)靱皮部（phloem）的篩要素（sieve element）——裸子植物的篩細胞（sieve cell）和被子植物的篩管（sieve tube）——與伴細胞（companion cell）有關。傳導要素在完全分化的狀態下雖廣泛退化但仍活著，只是篩管不含有核。在完全分化的篩管中細胞的能量動力場——粒線體也完全或幾乎完全消失。伴細胞接管一些篩管不再能執行的功能，這似乎是個有趣但難以研究的調節領域。

第二節 分化作用 (Differentiation)

　　那些因子負責細胞分化為木質部和韌皮部的要素？重要的資料常從組織培養的實驗獲得。

　　我們已提過癒傷組織最初在高等植物培植體的切面上形成。我們先來看一個木質部的培植體，同樣首先由未分化的細胞形成癒傷組織（圖209），然後形成層囊在癒傷組織中發育。形成層分化，木質部要素在原來木質部培植體的一邊形成，而韌皮部要素在另一邊形成。我們再用來自韌皮部的培植體做相同的實驗（圖209），形成層向著韌皮部培植體的一邊形成韌皮部，於另一邊形成木質部要素。這證明從培植體到癒傷組織間存有一個物質梯度，指定和引導維管組織的分化。

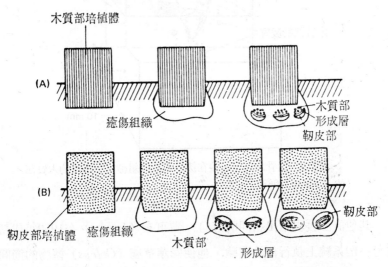

圖209: 木質部與韌皮部培植體在再生作用中木質部與韌皮部位置上的引導效果。(仿 Kuhn 1965)

　　物質在這 梯度上扮 演一個角色，在後來癒傷組織 的實驗上變得清楚。尚未分化的組織若將芽嫁接於其上就可誘導其維管組織的形成，這是1949年卡瑪斯 （Camus） 用菊蒿苣 （*Cichorium intybus*） 和稍後威特莫 （Wetmore） 用接骨木 （*Syringa vulgaris*） 實驗所得的結果。若一個接骨木的芽嫁接在也是來自接骨木的癒傷組織上，則木質部要素在癒傷組織中被誘導形成。首先形成小囊，然後擴大 （圖210），最後與芽的維管系統接觸。若將玻璃紙 （cellophane） 插在芽與癒傷組織間，誘導仍會發生。特別重要的是 IAA 和合成的生長物質能取代芽的事實，甚至在此例中。因此證明 IAA 是能誘導木質部形成的因子之一。

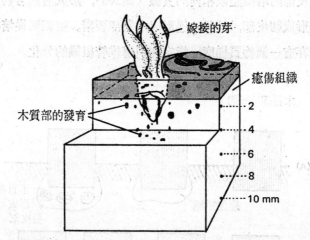

圖210：接骨木之芽嫁接在接骨木癒傷組織後所誘導的木質部。
（仿 Torrey 1968）

　　其他許多發現指出相同的方向。賈可布 （Jacobs） 在1950年代初期在另一個系統上執行他的實驗，他使彩葉草屬 （*Coleus*） 植物的節間受傷，然後研究木質部在所形成的癒傷組織內的發育。癒傷組織內形成新的木質纖維，然後與節間內舊有的木質纖維相連。在這些實驗中也顯示

受傷部位上方的葉子和下方的葉子（程度較少）在木質部的分化上具有強烈的影響力。去掉葉子，則木質部的形成被抑制；若施 IAA 於切去葉子後的葉柄切面上，則木質部的形成重新開始。從傷口上方的葉子向下運輸和由傷口下方的葉子向上運輸的 IAA 含量，與在**癒傷組織內被**誘導形成的木質纖維的數目間有密切的平行關係，更進一步強調了IAA的角色（圖211）。另外，這些實驗也顯示在薄荷中 IAA 的運輸不僅精確地向下，也能發生於反方向，雖然程度很小。

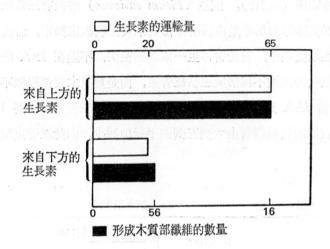

圖211：癒傷組織中生長素的運輸量和木質部纖維的數量間平行，這是以彩葉草屬植物枝條斷片所做的研究。（仿 Jacobs 1956）

　　到現在為止我們只討論木質部，現在必須將維管系統的第二個成分也考慮進去。威特莫在接骨木和賈可布在薄荷上的實驗二者均顯示：若將 IAA 和蔗糖一起供給，則韌皮部可以形成。我們再次遇到一個**熟悉**的**現象**：植物激素影響眾多不同分化過程之非專一性效果，以及調節因子聯合決定分化種類之事實。

同源的誘導 （homoeogenetic induction）。上面所摘要的實驗和許多其他的實驗均專注於已發生的分化可誘導同一種的新分化作用之發育的事實。因此木質部誘導癒傷組織形成新的木質部，然後這些新木質部與原存的木質部相連（例如在菊苣屬（*Cichorium*）、紫丁香屬（*Syringa*）和彩葉草屬中）或排列方向與它有關（圖209）。韌皮部的作用相似。這個現象就是同源誘導。

現在，對於同源誘導的觀念有了異議，其可由陶瑞（Torrey）所做的實驗來說明（圖212）。豌豆（*Pisum sativum*）的根有三弧維管束。三弧、四弧等等的稱呼是由輻射分佈的木質部股數來決定。若使根的片段生長在培養基中，首先會再生一個新的根尖，不過在 IAA 的存在下這些新根尖的細胞不再形成三弧維管束，而是形成木質部股數不同的維管束。當 IAA 為 10^{-5}M 時發育出一個六弧的維管束，若將 IAA 撤消，木質部的股數隨著由六到五到四平行地減少。因此維管束變成五弧和四弧。

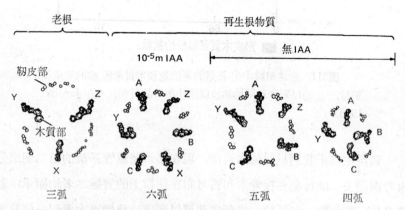

圖212: 再生根尖內所形成的木質部股數依 IAA 濃度而定。
（仿 Torrey 1968）

初見這些資料似乎與同源誘導之說相對，因爲在新形成的根部中木質部的產生證明不受老根片段已存木質部的決定。不過不該忘了我們是在激烈改變的實驗條件下處理分離的器官。因此外加的 IAA 單純地掩飾了一個由原木質部股發出而存在的濃度梯度是完全可能的。

同源誘導這個問題尚有討論的餘地。但我們可明確地說，植物激素不僅在刺激已存在的形成層的分裂方面扮演一個角色 （259、 264頁），也參與形成層增生細胞形成木質部和靱皮部要素的分化作用。像平常一樣，幾個植物激素彼此間及與其他因子間的相互作用決定了分化作用的種類。

第三節 功能 (Function)

一、雙向運輸 (Transport in Both Directions)

在這章的開頭我們提過，在維管系統中運輸由上向下，也由反方向發生。一個簡單的實驗證實了這個陳述 （圖213）。將一棵玉米的一半根系浸在營養液A中，另一半浸在營養液B中，B營養液中含有放射性 P^{32} 的磷酸鹽化合物。在實驗開始時營養液A中全然不含放射性，不過在六小時後在A中可發現 P^{32}。它以特殊的化合物形式先由木質部向上運送，再由靱皮部向下輸送。

二、木質部的運輸 (Transport of the Xylem)

（一）證據 (Evidence)

我們僅能斷言放射性 P^{32} 在玉米木質部中向上移動。現在我們來證

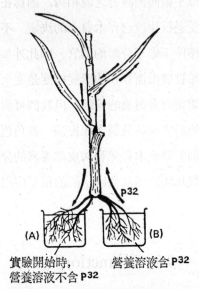

實驗開始時,　　　　　營養溶液含 P³²
營養溶液不含 P³²

圖213: 雙向運輸。營養溶液A於實驗開始時不含 P³²,　營養
溶液B含 P³²。實驗開始後六小時, 可證明 P³² 存在溶液A中。
(仿 Biddulph 與 Biddulph 1959)

明在木質部中向上輸導的事實眞能發生。 在1939年, 史都特 (Stout)
和霍格蘭 (Hoagland) 做了一個實驗 (圖214), 我們舉此例來說明上
述的事實。已證明此實驗是最早放射性追踪劑的利用之一。這些實驗是
用已發根的相思樹 (和一些其他種類) 來做的。在枝的限定部位將木質
部和韌皮部中央插入防油紙 (grease-proof paper) 將此二部分彼此分
開, 然後 K⁴² 經由營養土壤供給植物。 五小時後調查上述枝部分之木
質部和韌皮部 K⁴² 的含量。結果顯示向上輸導幾乎全部發生於木質部,
雖然實驗區的上部和下部 K⁴² 能由木質部進入韌皮部。 此後, 這種不
同物質在木質部與韌皮部間的橫向輸導, 被證明許多次。

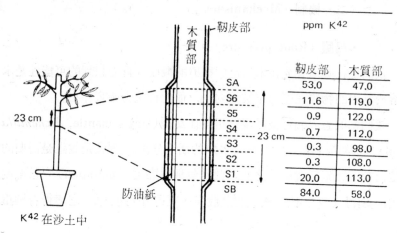

	ppm K⁴²	
	靱皮部	木質部
SA	53.0	47.0
S6	11.6	119.0
S5	0.9	122.0
S4	0.7	112.0
S3	0.3	98.0
S2	0.3	108.0
S1	20.0	113.0
SB	84.0	58.0

木質部　靱皮部　SA　SB　S1　S2　S3　S4　S5　S6　防油紙　23 cm　23 cm

K^{42} 在沙土中

圖214: 礦物元素在木質部中的輸導。在柳條的木質部和靱皮部間插入防油紙，把這二部分分隔。將 K^{42} 施於土壤。五小時後將處理部分切片，每片的木質部和靱皮部分別分析 K^{42}。S1到S6＝防油紙遮蓋區域的部分，SB＝防油紙下面的部分，SA＝防油紙以上的部分。測量值以 ppm 表示。(仿 Stout 與 Hoagland 1939)

　　水和溶解的礦物鹽主要在木質部中輸導，不過在春天也能輸導其他物質，例如糖和一些胺基酸。早在1938年史庫（Skoog）證明 IAA 時就知道植物激素和合成的生長物質也在木質部中輸導（比較圖211）。在許多情形下，植物保護物質也同樣在木質部中輸導。木質部中輸導的證明可由環狀剝皮除去靱皮部而獲得（圖220）。若物質仍被傳導，則木質部為輸導的途徑就有高度的可能性。較佳的技術是測驗由鑽鑿一些木本植物木質部所得的滲出物。在北美洲從糖 楓滲出物或樹液（bleeding sap）的這種汲取已為人熟知且被商業性開發。三月在樹萌葉前，此滲出物含大約３％的蔗糖。從樹的殘幹滲出的樹液和點泌的水滴同樣地被人研究。另外可以真空方式吸取木質部的內含物。

（二）機制（Machanism）

● 根壓（Root pressure）

我們現在必須查究在木質部中輸導的機構。首先想到的可能性是水和溶於其中的物質在壓力下被迫向上，而此種壓力確實存在。

我們都熟悉液滴可被發現懸掛在仕女袍（lady's mantle, *Alchemilla* spec.）和草苗的葉尖。這代表水分的活潑分泌，那就是說這是需要的且是由於活細胞耗費能量之故，此現象稱爲點泌（guttation）。當濕度過大，使得大多數不同種類的蒸散作用變爲不可能時，它變得特別重要。

來自傷口的樹液也被提及。特別是在春天，木質部的液滴由樹樁的新鮮切面慢慢流出。活細胞的一個活性卽是負責這種分泌，且被描述爲樹液壓（bleeding pressure）或根壓（root pressure）。

根壓的大小可以很容易測量，例如單純地將壓力計放在切面上。若我們如此做了將會失望地發現根壓通常少於一大氣壓。因此在多數情況下，它必須恰好足够壓迫木質部導管中的水柱上昇至十公尺高，甚至我們本地產的更高之樹，長葉世界爺（*Sequoia*）和桉樹屬（*Eucalyptus*）就更不必說了。此外，傳導木質部元素之狹窄內腔被細胞壁的局部加強物成關節狀連接於內壁，對於上昇的水會施以相當的阻力。

● 蒸散作用（Transpiration）

我們必須尋找木質部輸導的其他機構。根壓只是一個加強的措施，特別是在春天，當萌葉前和葉的蒸散面尚未存在，而木質部有大量需求時。這暗示我們：一般而言，木質部的輸導作用來自上方的吸力甚於來自下方的壓力。這個吸力的先決條件是蒸散作用。

蒸散作用所引起的失水是經由角質層和氣孔發生的。我們可將其稱

為角質層蒸散和氣孔蒸散作用。角質層蒸散僅在角質層非常薄的植物才有些重要，通常它的量少於總蒸散量的10％，因此氣孔蒸散無疑地是較重要的過程，首先關於量的方面，這是真的如已提過的，由於邊界效應（edge effect）（圖215），一個有著氣孔的葉面有能力滲出比我們所預期更多的水。在多數情況下，蒸散一天的水量相當於植物的重量或更多。

圖215: 氣孔蒸散中的邊界效應，由氣孔逸出的水分子能擴散到旁邊，甚至可擴散到 封閉的水面所 無法擴散到 的死寂處。（仿 Sutcliffe 1968）

　　無論如何，氣孔蒸散特別重要。與角質層蒸散相反的，它能受氣孔的開閉動作所調節。若保衞細胞(guard cell) 完全膨脹，則氣孔打開；若失去膨脹，則氣孔關閉 （圖 216）。一些因子合作調節保衞細胞的膨脹，因此也調節了氣孔的開閉。

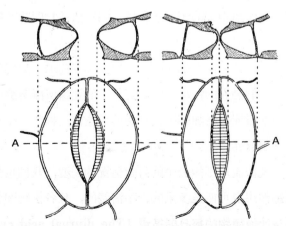

圖216: （左）氣孔的開放和 （右）關閉，（下） 為平面圖，（上）為橫切面。(仿 Walter 1962)

(1)水。水分供應不足，使保衞細胞失去膨脹，且使氣孔關閉。

(2)光線。照光通常使氣孔打開。多數情況下，被一種特殊色素系統吸收的藍光特別有效。不過，在適當的光照下，葉綠素和光敏素系統也能參與。

(3)溫度。高於 25°C 的溫度使氣孔關閉。

(4) CO_2 含量。低 CO_2 分壓使氣孔打開，高 CO_2 分壓使氣孔關閉。

(5)激素的調節作用。凋萎的植物可使離層酸的濃度高達平時的四十倍。離層酸使氣孔關閉，於是防止更進一步的失水。此效果的發生極快，玉米葉放在離層酸的溶液中僅三分鐘後就能反應使關閉氣孔。進行中的實驗闡明離層酸效應實際生效的程度。

有些因子參與調節，不過它們的作用機構仍未知。一個有關討論的公認題目是可能在保衞細胞內對細胞液的滲透壓有影響。因爲保衞細胞通常具葉綠體，這種影響能受澱粉轉變爲糖，或光合作用而發生。最近特別注意到保衞細胞內鉀離子的含量。近年來，利用精巧的細微方法已有可能測出個別保衞細胞的鉀離子含量，它在氣孔打開時較關閉時高出許多，氣孔的打開與鉀離子輸入保衞細胞有關。確實有個仍未明但可能的有機陰離子，同時在保衞細胞中形成或在那裏運輸。只要膨脹增加氣孔就打開。有一個動人的假說企圖將鉀離子的運輸與離層酸的效應連結在一起，這包括離層酸增加細胞膜對鉀的通透性之推想。結果是鉀流出保衞細胞而關閉氣孔。

上述及其他假說均不能公平的針對情況的需要，我們也無法在此更加詳述。調節作用很可能是多重的、不清楚的，且各植物間各不相同。

• 多汁液植物的每日酸循環 (The diurnal acid cycle of succulents)

　　現在我們詳細的來看看與氣孔關閉有關的明顯的適應標記。多汁植物具有適合於減少蒸散作用——包括氣孔蒸散——之異於一般植物的形態和解剖上的裝置。不過一個低蒸散作用的含意不僅是水蒸氣散失的減少，也是整個氣體交換的減縮。若多汁植物在白天燠熱的情況下氣孔完全關閉，則幾乎每個與外界空氣做氣體交換的機會都會受阻。

　　這導致問題產生。水分散失的減少是值得，然而光合作用所需之 CO_2 的吸收被抑制却是不值得的。廣泛分佈於植物界，但在多汁植物發育特別良好的每日酸循環（the diurnal acid cycle）顯然在上述矛盾的適應上提供了一個解決方法。至少到目前為止對多汁植物尚未發現有比每日酸循環更好的解釋。

　　早在1804年，第·蕭索爾（De Saussure）證明某種仙人掌（*Indian fig*）在晚上植物體物質發生酸化作用（acidification），在白天發生去酸化作用（deacidification）。其後在許多其他多汁植物，包括落地生根（*Bryophyllum*）、景天（*Crassula*）、燈籠草（*Kalanchoe*）、燭光菊（*Kleinia*）和佛甲草（*Sedum*）等屬中也有相同的發現。細胞液的 pH 值經常在早晨最低，晚上最高。分析顯示，雖然其他酸大量存在，但大致上酸含量的波動是由於蘋果酸含量的增減所致（圖217）。這種酸含量的週期性改變就是每日酸循環。

　　同位素實驗證明 $C^{14}O_2$ 在酸化作用時併入蘋果酸中。1936年，伍德（Wood）和渥克門（Werkman）發現細菌能將 CO_2 固定入雙羧酸中。現在在高等植物中也發現有相同的 CO_2 固定方式，且藉此供應蘋果酸。通常 CO_2 的固定也能在光照下發生，不過在光照下它受光合作用過程中已固定而積聚的 CO_2 所競爭。因此，形成蘋果酸的 CO_2 固定作用只有在黑暗中才顯得重要。由於這個原因，它被不很正確地稱為「CO_2 的暗固定」。（C_4－雙羧酸途徑，比較67頁）。CO_2 固定作用如何形成蘋果酸？

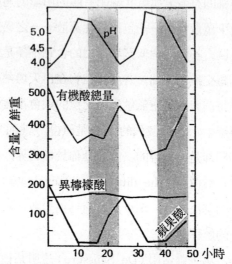

圖217: 落地生根中 pH 值與不同有機酸之量的每日波動。
（仿Steward 1966）

主要是受磷酸烯醇丙酮酸（phosphoenolpyruvate, PEP）的羧化作用
（carboxylation），首先形成草醋酸(1)。下一步，草醋酸受蘋果酸去氫
酶（malate dehydrogenase, MDH）作用與氫化合形成蘋果酸(2)：

1. $PEP + CO_2 + H_2O \xrightarrow{\text{PEP-羧化酶}}$ 草醋酸＋磷酸

2. 草醋酸＋$NADH + H^+ \underset{}{\overset{MDN}{\rightleftharpoons}}$ 蘋果酸＋NAD^+

所需的 PEP 主要來自白天光合作用形成的澱粉。這使我們憶起剛提過
的事實，在光照下光合作用的過程中固定的 CO_2 供它自己使用於卡耳文
循環。現在在 PEP 的羧化作用中平衡完全趨向右邊；此外 PEP－羧化
酶對 CO_2 比羧基歧化酶具有更高的親和力（比較64頁）。因此，光合作
用時的 CO_2 固定實際上必須服從競爭反應。我們從 PEP－羧化酶的活
性，至少在多汁植物中會被蘋果酸抑制的事實中發現了競爭 CO_2 這個

難題的解答。於是，蘋果酸的積聚使 CO_2 的暗固定被抑制，CO_2 可轉而在光合作用的需光過程中被固定。

現在有一個難解決的紛擾。根據機制(1)當 $C^{14}O_2$ 被固定後，蘋果酸之第四碳原子應會被放射性所標記（圖218）。然而在此實驗中，卻在第一碳原子也發現有放射性。確實，三分之二的放射性經常發現於第四碳原子，另三分之一於第一碳原子。爲了解釋此情況，假定 CO_2 固定兩次（圖218）。這一次固定不需光，利用核酮糖-1，5-二磷酸爲 CO_2 接受者。自此接受者得到兩分子的PEP，一個在第一碳原子上具放射性，另一個沒有。因此此反應供給了三分之一的放射性。標記的 CO_2 現在依照反應(1)固定入兩個 PEP 分子中，卽在不需光的第二反應中，此反應說明碳原子其餘三分之二的放射性。白天的去酸化作用是蘋果酸酵素（malic enzyme）引起氧化去羧化作用的結果。

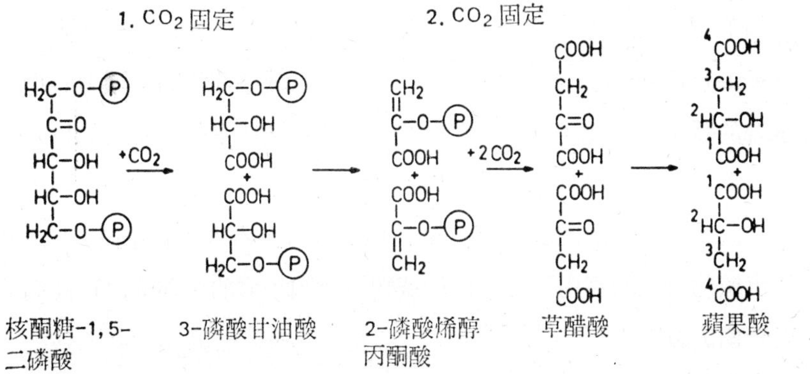

圖218: 在每日酸循環中晚上酸化作用時發生兩次 CO_2 固定（銜接假說，tandem hypothesis）

$$蘋果酸 + NADP^+ \xrightarrow{\text{蘋果酸酵素}} CO_2 + 丙酮酸 + NADPH + H^+$$

因爲晚上積聚的蘋果酸抑制 CO_2 進一步固定入 PEP；受蘋果酸酵素釋

放的 CO_2 可在光合作用中被固定。

　　讓我們現在從多汁植物適應的觀點再來看看整個事件的順序。晚上呼吸作用佔優勢，CO_2 形成，不過不排放到大氣中，而固定在兩個可能的不需光的反應之中存於蘋果酸。白天光合作用發生，同時外界溫度昇高，使得更多更多的水分由於氣孔蒸散作用而散失。然後蒸散作用由於氣孔的完全或部分關閉而受阻，這也隔絕了 CO_2 從外界的供應。現在，植物利用它的 CO_2 貯藏庫——蘋果酸，它崩解形成 CO_2，甚至在氣孔關閉時，被利用於光合作用 CO_2 的固定中。

● 內聚力學說（Cohesion theory）

　　在離開本題進入多汁植物的每日酸循環後讓我們回到木質部水分運輸的機制。已指出根壓僅是次要，而後認出木質部輸導的眞正推動力是蒸散作用。這是因爲葉的薄壁細胞自內部之孔道然後經由氣孔到外面，輸送水分，使葉的薄壁組織中的木質部細微分枝造成水分的不足。在此情形下，吸力施於由根區上至葉的薄壁組織充滿木質部元素的水絲（water filament）上。木質部毛細管中水分子間的高內聚力防止這些水絲的斷絕。因此，若蒸散作用的結果，在這些水絲的上端施以吸力，則整個水柱向上移動。這裏我們提到水分在木質部中昇起的內聚力學說（在此「學說」的說法是正確的，與其他許多特殊場合不同）。此外可測出植物驚人的高內聚力。例如蕨類植物孢子囊的某部分，可高達二百五十個大氣壓！

　　此外水分子對木質部壁襯分子的附著力阻止水絲從導管壁分離，使它們更難斷絕。環繞在傳導的、死的木質部元素周圍的活的木質部薄壁細胞鞘適合一項外加的目的，它防止空氣滲入傳導元素，這些傳導元素在增強的蒸散作用下受到相當的吸力。

　　我們懷疑，並希望至少有幾種證明可用來支持水分上昇的內聚力學

說。假定蒸散作用是推動力，上世紀末所做的下列實驗顯示：內聚力眞的允許液體在毛細管中上昇。一片浸過水的石膏放在充滿水的毛細管頂端，將石膏和毛細管置於含有水銀的碟內。蒸散作用，在今日可利用吹風機而造成。蒸散作用的結果使水銀在毛細管中往上拉。後來用小枝取代石膏，得到相同的結果（圖219）。因此，水分通過木質部被往上吸，正如通過在它下面的玻璃毛細管。

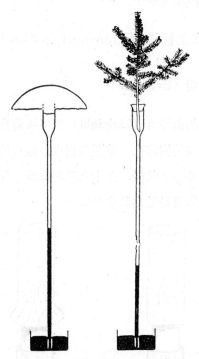

圖219：　一個證明在木質部輸導中內聚力學說之實驗。一塊石膏或一根小枝的蒸散作用使水銀向上吸入玻璃管。（仿 Walter 1962）

若內聚力學說有效，則吸力必開始於植物頂端，水分的移動應從那裏眞正被引發。1936年胡柏（Huber）得到這個證明。調查時利用熱針

挿入傳導系統，則木質部內容物局部被電熱，隨後熱流移動。這在加熱的開始就顯示出來，因此早晨蒸散作用開始時水分移動首先見於枝條頂端，然後是樹幹。

吸力也能測量。由於水柱對木質部壁襯具附著力，當蒸散作用增強時木質部內每個個別的傳導元素會有些微收縮，當然那無法測量，不過所有木質部元素的橫切收縮總量可測: 在正午燠熱下，由於劇烈的蒸散，木本植物的幹徑顯著變小。

三、靭皮部輸導 (Transport in the Phloem)

（一）證明（Evidence）

早在1679年，馬爾畢奇（Malpighi）證明通常物質向下輸導可發生於靭皮部。他從不同的樹移去一整圈的樹皮，觀察後得到環狀上方的樹皮膨脹的結果（圖220）。然後，在十九世紀發現了靭皮部的傳導元素，證實物質的向下方的流動是在其中發生。

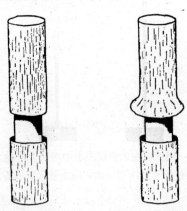

圖220: 環狀剝皮實驗。從木質莖移去一圈樹皮環帶，幾星期後環帶週圍的樹皮膨大，因為物質向下輸導而積聚於此。（仿 Richardson 1968）

　　後來這種環狀剝皮實驗經常被使用。不過，如同在木質部的情形，當放射性追踪 術有了良好 的發展時， 同位素也立刻被 使用於研究韌皮部， 圖221便是這樣的一個實驗。 這個實驗是環狀剝皮和同位素應用的組合。從此實驗可看出環帶阻止同化物質在韌皮部中向下輸導，但不阻止含磷化合物在木質部中向上運輸。因此韌皮部和木質部不僅在枝的橫切面上位置彼此分離，它們相互的功能可完全獨立。

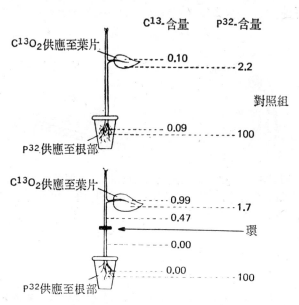

圖221: 環狀剝皮和放射性同位素的組合實驗。 供給一片葉子 $C^{13}O_2$，供給根 P^{32}。在對照組中， C^{13} 標記的同化物質向下移動， P^{32} 向上移動。若環狀剝皮除去韌皮部，則 P^{32} 向上輸導不受阻礙，僅 C^{13} 的同化物質向下輸導受阻。(仿 Rabideau 和 Burr 1945)

　　現在我們必須調查韌皮部輸導物質的性質。這種情報可從施以標記物質後的韌皮部自動放射線照相的研究獲得。螢光染料也常利用。此外，生物學家在此使用了一個蚜蟲技術，就牽涉到的靈敏度和精密度而論，

此技術使每個生化的或生物物理的技術黯然失色。蚜蟲刺穿篩管從植物取走所需的營養。顯微鏡檢查顯示，它的口器常僅刺透一個篩管。我們將調查下的蚜蟲在刺穿篩管幾小時後以 CO_2 麻醉，從口器處將它切去。來自刺穿的篩管的滲出物現在從切面露出，可用微吸管收集，然後做色層分析（圖222）。常被利用的蚜蟲是 *Tuberolachnus salignus*（食害柳樹）或 *Acyrthosiphon pisum*（以蠶豆為食）。盾蝨（*Coccidae*）也可用來代替蚜蟲。

蜂蜜露

吻部

篩管

圖222: 蚜蟲技術。左邊是一隻正在吸吮的蚜蟲，右邊麻醉的蚜蟲被切去。篩管液由僅刺穿一個篩管的吻部流出，且可被收集。

用剛才摘要的方法可確定靭皮部輸導的物質。定量上，碳水化合物佔優勢，蔗糖最重要（圖223）。此外有少量的寡醣類，像棉子糖、水蘇糖和毛蕊花糖（verbascose）。這三個化合物是我們熟知的，毛蕊花糖是水蘇糖加入一個附加的半乳糖單位而形成。至於其他，篩管液除了含各種六碳醣磷化物、胺基酸、胺化物、核苷酸、核酸、毒素粒、植物激素外，還有含引起爭論的開花激素（375頁）和無機離子。

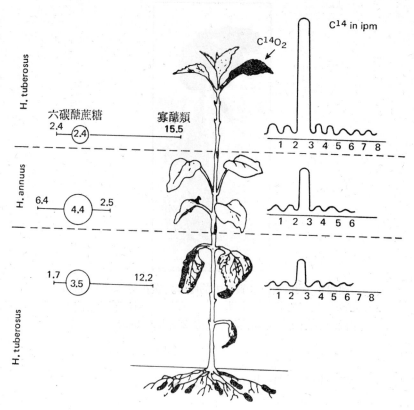

圖223: 蔗糖為韌皮部運輸 最重要的碳水化合物。 塊根向日葵 (*Helianthus tuberosus*) 和重瓣向日葵 (*H. annuus*) 間雙重嫁接 (比較左邊)。 左邊顯示各別嫁接部分的莖中不同碳水化合物的相對含量。右邊是來自各別嫁接部分的不同碳水化合物之相對放射性。(1)果糖， (2)葡萄糖， (3)蔗糖， (4-8)寡醣類，分子量向右增加。不論植物的種類為何， 蔗糖是最重要的被傳導的碳水化合物。(仿 Kursanov 1963)

關於無機離子， 已顯示所有的離子決不能在韌皮部中運輸， 因此， 例如鈣和硼酸鹽顯然只能在木質部中輸導 (圖224)。

圖224: 硼酸鹽在木 質部中的傳導。黃花菸草 (*Nicotina rustica*) 切葉的根系被分開, 右半保持於含硼 酸鹽的溶液中, 左半置於不含硼酸鹽的溶液中。(仿 Ziegler 1963)

(二) 機制 (Mechanism)

篩管輸導的機制仍未明瞭。雖然如此, 大部分已知的發現還是主張贊成曼曲 (Munch) 於1926年提出的團流假說 (mass flow hypothesis) 之修正。根據它, 對流或團流負責篩管的運輸, 正如木質部的運輸或動物的血管系統運輸。篩管中這種團流的推動力是滲透性活潑的物質之濃度梯度在運輸方向中遞減。

讓我們依據曼曲提出的模型將團流假說的原理解釋清楚 (圖225)。覆蓋一層半透膜的兩個倒轉的模型細胞A和B, 彼此以毛細管R相連。細胞A含10%的 蔗糖溶液, 為了使流動物 質可看清楚, 故加入剛果紅 (Congo red)。模型細胞 B 含水。由於高滲透壓, 模型細胞A經過半

透膜從周圍容器吸水。模型細胞A中擴充的超額壓力推動有色的蔗糖溶液經由毛細管R到模型細胞B。水分的確經過模型細胞B下部的半透膜被壓出。

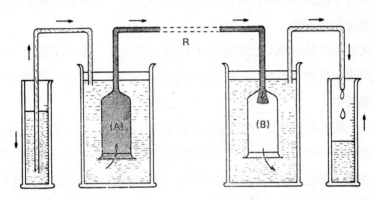

圖225: 曼曲證明團流（mass flow）的模型實驗。（仿 Ziegler 1963）

　　現在，曼曲將模型細胞A與同化作用的部位，主要是有高濃度同化物質的每年會落的綠葉，視為同等。毛細管代表篩管，模型細胞B代表貯藏位置，樹幹或甚至地下貯藏器官，在貯藏位置，同化物質是以高分子——常為固體——的形式貯存，所以滲透性活潑的物質之濃度實際必低。團流在這滲透性活潑的物質濃度不同的兩位置間運輸物質，甚至蚜蟲的實驗就可顯示團流真實地發生於篩管。在此情況下，同化物質從口器流出可持續幾天，這只能勉強解釋為由於物質流動。一個團流所需具備條件的決定性標準乃於1962年由季格勒（Ziegler）所提出：

　　(1)一個滲透的梯度向流動方向遞減。此點在曼曲的原概念（滲透梯度由葉向根降低）中無法證實。不過在篩管中一個滲透活性物質之梯度向流向降低已被發現許多次，此梯度將很充分地使團流成為可能。

　　(2)靱皮部的半透性與周圍組織比較，此周圍組織必須放棄或吸收水

分（在圖225中以容器充滿水分圍繞著模型細胞A和B來表示）。這個條件具備了。

(3)流動液體的傳導系統之連續效能。有關此點的爭論較爲激昂，因爲在篩管中流動的阻礙可眞正以篩板的形式供給。各種添加的假說均企圖克服這個爭論點。

(4)到現在爲止 我們已假定 應該把持 什麼條件。 若團流假說具正確性，則現在我們必須指出某些或許不該發生的事——雙向運輸出現在同一個篩管中。

在一棵植物中具雙 向運輸與團流假 說完全相容， 且已證明過。 因此，來自葉子的同化物質可向上傳導入莖的分生組織，也可向下向根的方向運輸。不過，在同一篩管中的雙向傳導將與團流假說的眞實性相矛盾。

1967年，艾許里曲（Eschrich）在蠶豆上應用蚜虫技術似乎證明它

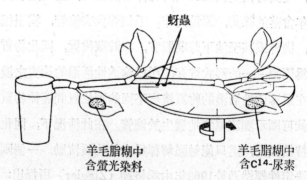

圖226: 在一個篩管中明顯的雙向運輸。 將一株蠶豆橫放，以螢光染料供給下端的一片葉子， $C^{14}-$ 尿素供給上端的一片葉子。 蚜虫置於兩片葉子中間， 牠們的蜜露（比較圖222）收集到下面旋轉的收集器中。在一隻蚜虫的蜜露中發現了兩種物質，因爲一隻蚜虫僅刺穿一個篩管，這個結果首先暗示了一個篩管中的雙向運輸。（仿Eschrich 1967）

是正確的（圖226）。將一種螢光染料——螢光劑（fluorescein）——施於植物基部的葉子，C^{14} 標記的尿素施於植物頂端的葉子，然後將蚜虫引入這兩片葉子之間，檢查每隻蚜虫的蜜露（honey dew）。結果發現有隻蚜虫的蜜露中含有螢光劑和 C^{14}- 尿素兩種物質。因爲每隻蚜虫只刺穿一個單獨的篩管，這個結果似乎强烈地證明雙向流動，且否定了團流假説的正確性。

不過，艾許里曲提出了一個與團流假説相容的解釋（圖227）。在一個篩管中螢光劑向上流動，在另一個中 C^{14}- 尿素向下流動。兩個篩管通過橫向連接而彼此聯繫。經由如此的方式，一個篩管的物質可進入另一個，然後二者的物質被團流沿著兩個方向捲走。

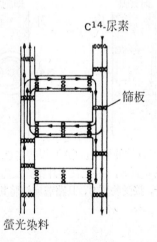

圖227: 解釋圖226顯示的實驗結果，而不將其假定爲同一篩管之雙向運輸: 物質經由橫向連接流至隣近的篩管，在那裏被團流順著反方向搬運。(仿 Eschrich 1967)

• 主動運輸（Active Transport）

木質部和靱皮部的運輸是一種長距離的運輸。我們前面提過，篩板

（sieve plate）為團流假說增加問題。根據某些假說，通過篩板的短距離運輸無法像在篩管中以團流方式達成，而是藉主動運輸達成。這種主動運輸是越過短距離，它的主要特徵是需要耗費能量。

主動運輸可對抗濃度梯度而運送物質越過短距離。當需要通過細胞膜時它特別重要。我們僅需憶起由 ATP 的推動在神經系統中對生物刺激效應不可缺少的鈉、鉀唧筒即可明白。

已發展數個模型來解釋主動運輸通過細胞膜的機制（圖228）。有一部分是建立在攜帶者的存在（攜帶者假說（carrier hypothesis）），它負載一個特殊物質，然後通過細胞膜運輸。

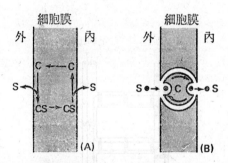

圖228: 主動運輸的模型。（A）攜帶者C，位於細胞膜上，負責載待運輸的物質S，將它從膜外帶到膜內。（B）旋轉系統C位於細胞膜上，接受物質S，且藉著旋轉將其運送到裡邊。（仿 Luttge 1968）

或許主動運輸在根的離子吸收上也扮演一個極重要的角色。溶解在土壤水中的離子首先與細胞壁接觸。通過細胞壁似乎並不引起任何困難，根據水流假說（current hypothesis），水分飽和的細胞壁是一個「顯然自由的擴散空間」，離子在其中可藉著擴散而移動。

反之，細胞膜是一個較嚴重的障礙，必須移去。1932年，朗德佳

(Lundegardh) 提出一個陰離子呼吸假說 (hypothesis of anion respiration)，在當時穩固了離子主動吸收理論（圖229）。呼吸作用的結果形成 CO_2，在水溶液介質中迅速造成 H^+ 和 HCO_3^-。H^+ 受包括携帶者參與的主動運輸之機制引導到細胞膜外，在那裏 H^+ 與其他已擴散通過細胞壁而到達細胞膜的陽離子互相交換。携帶者負載這些離子向原來的反方向通過細胞膜將它們運送至細胞內。在細胞內它們可進行代謝作用，經由原生質絲或適當的主動運輸系統轉移至隣近細胞，或最後分泌進入液泡。依佔優勢的情況，通過液泡膜的運輸或是由於純滲透，或又是一個主動機制。

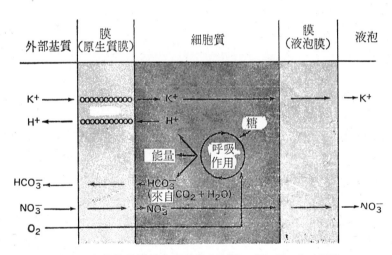

圖229: 朗德佳的離子主動吸收之理論。（仿 Finck 1969）

上述這些似乎留給人非常深刻的印象。不過，還有其他關於根部吸收離子的假說，此事實不應被遮蔽，雖然大部分的事實證明支持離子主動吸收理論之基本正確性。

第十九章　花的形成

(Flower Formation)

第一節　定義 (Definitions)

植物生命中的首要時期是胚的發育，此時塑造了所有主要的營養器官。第二個極重要的時期是發芽，從依賴母株的貯藏物質之幼苗開始，過渡成為有獨立機能、光合作用活化的幼小植物。這個過渡藉許多控制機制來安全保護。

在隨後的營養發育中遭遇到數個重要的新現象。一般而論，那些既存於健壯的幼苗中的構造會更進一步的發育。我們已略詳細地思考過一個在營養生長時期發育特別增強的系統，即維管系統。

花的形成代表另一個過渡，像發芽一樣是極為重要的，因此受到最多不同的控制。花的形成表示從發育的營養時期到生殖時期的過渡。芽的分生組織現在被誘導發育為萼片、花瓣、雄蕊和心皮，而不是葉子。這個過渡只能發生在植物生命的特殊時間，在某些限制內受遺傳的決定：植物必須到達開花的成熟期。各種類間的發生時間非常不同，一旦植物到達開花的成熟期，它就可被誘導形成花。在此過程中，開花的誘

導及花和花序的分化兩個時期必須區別清楚。

　　由開花的誘導，我們意味它是引起芽分生組織的細胞從至今繼續發育的葉器官轉變形成花的整個過程。一旦這個關鍵事件引發轉動開關，則引導花或花序的分化過程接著展開（圖230）。生理學家和植物栽培者對開花的誘導特別感到興趣，這是因為誘導開花之後的分化幾乎全是自動的。控制花的誘導包括控制的形成之意，基於這個理由，我們把榮耀歸於誘導。

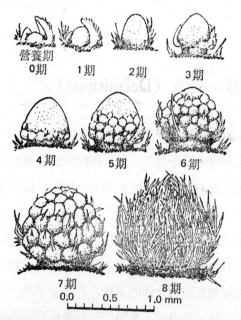

營養期
0期　　1期　　2期　　3期
4期　　5期　　6期
7期　　8期
0.0　　　0.5　　　1.0 mm

圖230: 蒼耳的頂端分生組織在營養狀 態和在花的八個不同分化期。(仿 Salisbury 1963)

　　現在介紹一些術語，在誘導開花時，植物必須暴露於某些外在條件下某定長的時間，這段時間稱為誘導期，此有效的外在條件稱為誘導件。自然誘導的外界條件常可用某些化學藥品處理而取代。使植物仍保

持營養狀態的外界條件叫做非誘導條件。

在下面幾節裏我們將較詳細地討論兩個最重要的外界誘導條件，如特定的溫度和光線。首先我們收集實例，然後試著把各個數據湊配入一個仍屬假說的總圖（overall picture）中。

第二節　溫度與花的誘導：春化作用 (Temperature and Flower Induction: Vernalization)

多季穀物僅在多天受寒後才能結穀粒，這是我們十分瞭解的。1918年，佳思那（Gassner）證實寒冷在發芽時也能有效，他提到一個低溫需要，這低溫也可用實驗的低溫處理來滿足。自那時起數十年中，有非常多的品種以實驗的低溫處理而誘導開花。

我們已討論過許多次低溫在植物發育上的效果：在發芽時(330頁)，在打破上胚軸休眠時（330頁），和在芽休眠或打破芽休眠時（264頁）。所有這些現象，包括有時低溫在誘導開花上的效果，常包含在「春化作用」這個名詞中。下文中，春化作用僅指用低溫處理來刺激不同程度花之誘導的過程。低溫的有效溫度常介於零上幾度到 15°C 之間。

除了多季穀類外，許多其他的多季一年生植物（330頁）和二年生植物都依賴春化作用。通常二年生植物在第一年形成薔薇型的叢生葉附著在土壤，以此過多。在第二年，當白天變得足夠長時，芽抽出，花形成。

現在，讓我們把得自一些更密切調查的植物之事實編纂起來。

一、裸麥 (*Petkus rye*)

最近數十年，葛瑞柯里（Gregory）和普耳維斯（Purvis）特別做

裸麥的研究。已知夏季和多季的種類對溫度的需要不同，顯示其受遺傳的控制。夏季裸麥在我們的緯度開花，對外在因子沒有明顯的依賴性。多季裸麥首先需低溫處理，此低溫由播種後隨之而來的多天所供給，而後再經夏季之長日照才能夠開花。稍後我們將更詳細地考慮日照長度和花形成間的關係（382頁）。

我們已提過幼苗可被春化。然而，仍有些更早的發育時期對低溫的處理有反應：例如僅在母株授粉五天後將其冷却於冰中，就可從事春化作用。此時胚只包含幾個細胞。這個發現是相當重要的，因爲細胞的數目在植物到達花形成時期前增加得相當迅速。雖然如此，但單獨的開花的刺激並不會被急速增加的細胞「冲淡」。這令人無法不想到一個能够完全相同複製的系統之參與，如核酸。這一點我們將會在花形成的討論中遇到很多次。

另一個問題牽涉到低溫處理的作用部位。關於此點的資料可由生長在人工營養基質上的培養獲得。不僅在特定的基質上分離的胚可被春化，而且春化作用也可施於分離的芽尖。植物的開花能力可由受過低溫處理的芽尖再生。在裸麥的情況，頂端分生組織（apical meristem）是低溫處理的接受部位。但不是所有的植物都如此。

裸麥春化的時間愈長開花愈快。只有在春化作用大約持續二十天後，進一步延長春化作用開花的時間才不會伴隨著縮短（圖231）。因此，很顯然地在春化過程發生時它是逐步進行的，最後產生一種特殊的終產物。春化完成後這種終產物愈多，植物就愈快誘導開花。

若春化後再經高溫處理（在裸麥的情形是 40°C 左右，不超過兩天的極限），則春化作用被廢止到某個程度，這稱爲去春化作用（devernalization）。前春化時間愈短，去春化作用愈完全。在此情況也可推知這是一個逐步的反應步驟，產生一個終產物。若春化時期足够長，積聚

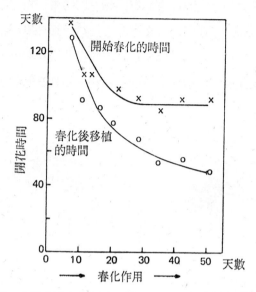

圖231: 多裸麥的春化作用。(仿 Purvis 與 Gregory 1937)

了充足的終產物，則花的形成因而快速發生。必須注意的一點是高溫並不傷害裸麥。去春化的植物可再次的被春化。

二、韮沃斯 (Henbane, *Hyoscyamus niger*)

梅爾却斯（Melchers）選擇韮沃斯（henbane）做它的實驗。韮沃斯是大家所熟知的中古時代巫婆用來引起某些幻覺的藥材之一。不管它可疑的過去，這些品種竟然在春化作用及光週期的研究上極爲有用。

已知一個一年生的和一個二年生的韮沃斯品種。一年生者在播種同年開花，二年生者在第一年只形成附著在地面的薔薇型叢生葉，以此過多。冬季寒冷致使春化後，在第二年倘若白天够長，則形成花（圖232）。夏天在我們的緯度長日佔優勢。一年生和二年生品種間的不同也顯示受遺傳的決定。梅爾却斯首先發現許多事實，然後是朗格（Lang），

我們將只提這些之中一些與此方面有關和有用的事。在二年生植物最重要的發現是必須先給予低溫，再在低溫之後給予長日照。相同的外界條件若以相反的順序給予則無誘導作用。因此在韭沃斯有一連串的連鎖誘導反應，且只依此順序： 依賴低溫的過程和依賴長日照的過程。

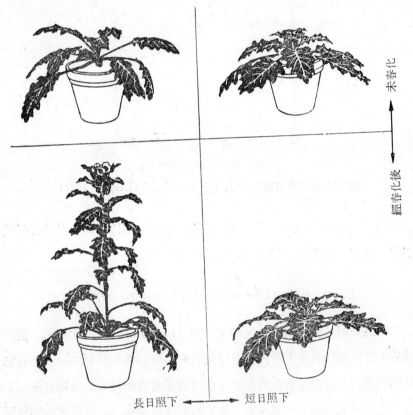

圖232: 韭沃斯的二年生變種在一定的溫度、光線條件下花的形成。(仿 Ruge 1966)

梅爾却斯依沃曲廷（Vochting）在1930年代較早所做的甜菜實驗相同的方式做韭沃斯嫁接的實驗，有了另外的重要發現。韭沃斯的二年生

品種甚至在非誘導的外界條件下可藉著來自一年生品種開花枝的嫁接而誘導開花 (圖233)。 由此結果可導出 「有某種開花激素 (flowering hormone) 或成花素 (florigen) 之生成， 它可從開花的供給者移進營養的接受者，而引起後者開花」之假說。

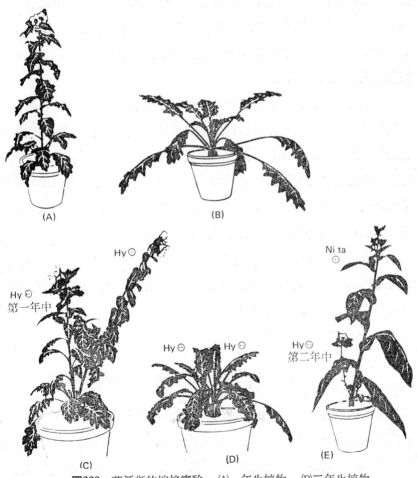

圖233: 韋沃斯的嫁接實驗。 (A)一年生植物。 (B)二年生植物在第一年中。 (C)一年生植物(右)嫁接在二年生植物上， 於第一年中。 (D)對照組: 二年生植物嫁接在二年生植物上， 於第一年中。 (E)菸草嫁接在二年生植物上， 於第一年中。 (仿 Kuhn 1965)

藉兩個並非永遠需要的組織共同長在一塊的事實，使得假定更加合理。有時組織的密切接觸無疑地使成花素從供給者移到接受者爲可能。洋菜似乎也能傳送成花素。

現在嫁接實驗不僅在種內可成功，在不同種的組合中也能成功。因此二年生的韮沃斯在非誘導的條件下，藉來自開花的菸草（*Nicotiana tabacum*）小枝之嫁接也能使其開花。故成花素不是種專一性的。不過其他的發現指出某些種類間開花激素有所不同。嚐試分離開花激素的細節將稍後再討論（387頁）。

我們剛想起低溫在打破種子上胚軸和芽的休眠上之效應，在所有這些例子中，用激勃素處理可取代低溫的效果，至少在許多已試驗過的植物是如此。因此問，是否供給激勃素或許可代替低溫處理而發生春化作用，似乎是合理的。這情形是眞的，因爲1956年朗格不用低溫而以激勃素處理誘導需要春化作用的不同品種，如胡蘿蔔（*Daucus carota*）開花（圖234），另外相似的發現也隨之而來。現在這使我們十分懷疑，激勃素不可能是眞正的作用者，而似一萬能鑰匙，偶然通過春化的鎖。對此可能性的一個異議是內生激勃素含量的改變可由比較春化植物和未春化的植物來證實。這在韮沃斯中也是眞的（圖235）。因此就所有的可能性來說，在自然條件下激勃素也參與春化作用。

三、牛舌旋果花 (*Streptocarpus wendlandii*)

在討論裸麥和韮沃斯中，我們討論到典型的植物，可相當代表其他非常多的種類。現在讓我們來談另外的種類，應使我們想到自然界是無窮盡的在引入新的變種。此外，我們將可進一步擴大各種事實的收集。

牛舌旋果花原產於東非到南非的山脈，是苦苣苔科（*Gesneriaceae*）中的一種。由營養習性觀之它是一種古怪之物：原來的兩個子葉之一早

圖234: 胡蘿蔔以激勃素取代低溫處理。（左）未春化，（中）以激勃素處理，（右）春化。（仿 Lang 1957）

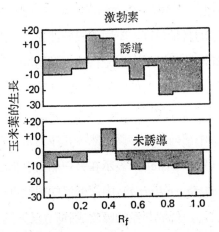

圖235: 低溫誘導及未誘導的韭沃 斯二年生變種的激勃素含量。低溫處理的植物含稍多的激勃素。做放射線自動顯影術，就如同圖167一樣。（仿 Leopold 1964）

死，另一方面，另一片子葉發育爲超過一公尺的長葉尾，是營養植物的唯一葉器官。位於葉面和下胚軸間的邊緣的分生組織供應了此葉的生長。

牛舌旋果花暴露在 10°C 的低溫和短日照下大約八星期就可誘導開花。這個誘導之後發生兩件事情：

⑴葉子開始蓬勃地生長。在八星期的誘導期中，生長完全被抑制。

⑵失去原來負責營養生長的分生組織複合物，花序的發育可由其他一連串的安排下隨著發生。

在裸麥和如韮沃斯的其他種類，低溫的刺激是由莖頂感知，但另一方面，在牛舌旋果花是由葉感知的。歐艾耳可斯（Oehlkers）在1955年的優良實驗證實了此事。牛舌旋果花的葉子可切成狹片，這些狹片很易於形成根和長成新植物。來自營養植物的狹片只在基部形成葉，沒有誘導就不形成花序。來自誘導葉的狹片分成幾組：有些只形成葉，有些先形成葉然後形成花序，還有一些立刻形成花序（圖236）。因此，最後一組應顯示成花素的含量最高。不同期限的開花誘導之後將葉子切成狹片，由立刻形成花之狹片顯示，它是得自短期誘導後的葉中部。誘導的時間增加，使狹片立刻形成花的區域愈向葉基移動。這個結果證明了兩件事：第一，於誘導條件的影響下，成花素在葉內形成而非分生組織。第二，成花素從葉中部向葉基移動，然後花序通常在那裏發育。

威爾連希克（Wellensiek）表示在另一個需春化的植物——薄銀箔（silver leaf, *Lunaria rediviva*）中，低溫的刺激也是由葉吸收。在相同的實驗中獲得啓示，低溫刺激的吸收或許與能够分裂的細胞的存在有關。這顯示與莖的分生組織吸收低溫刺激相似。能够分裂的細胞也確實存在該處。

現在再回到牛舌旋果花。尿嘧啶的構造類似物2-硫尿嘧啶會併入牛

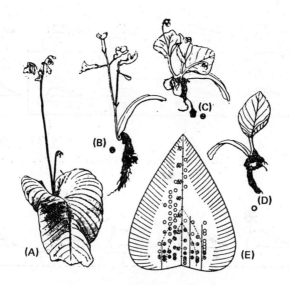

圖236: 牛舌旋果花的切葉實驗。 (A)開花植物。 (B)立刻形成花序的切葉 (cutting)。 (C)先形成葉再形成花序的切葉。(D)只形成葉的切葉。(E)B、 C和D切葉在葉片上的分布。 (仿 Kuhn 1965)

舌旋果花的 RNA 中。若植物在誘導開花時以2-硫尿嘧啶處理，則花的形成完全受阻，或至少嚴重的遲延，然而葉的生長卻不受傷害。因此花的形成是被選擇性的抑制（圖237）。

　實驗的結果可以如下解釋： 在誘導條件下， 誘導開花的基因被活化，形成 mRNA。 併入2-硫尿嘧啶會造成假的 mRNA 而中止了誘導開花的效果。其他基因負責葉子的生長，而其活性在誘導開花時會暫被抑制：葉子無法生長，就是施予植物激素也無法誘導生長。因此在開花誘導時負責葉子生長的基因不形成任何的 mRNA。 這依序意謂以硫尿嘧啶處理不會造成葉子生長的任何假的 mRNA， 現已證明（30頁）有真正對營養生長重要的 RNA 系統。誘導完畢後， 負責葉子生長的基因

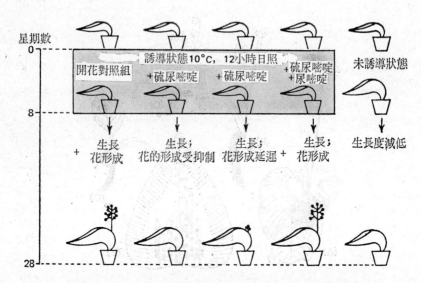

圖237: 在牛舌旋果花中，2-硫尿嘧啶對花形成的選擇抑制。
以乙硫胺酸 (ethionine)——為甲硫胺酸的一種構造類似物——
處理也得相同的結果。(仿 Hess 1968)

再變為活化。若於此時開始供給硫尿嘧啶，則葉的生長和花序的分化均
受擾亂。不過若在後期處理，則開花誘導就不會被中止：所有的植物不
久就開花，除非使用高劑量的硫尿嘧啶處理使得整株植物死去。

這些及其他的發現確證牛舌旋果花在誘導期負責誘導開花的基因變
為活化。除此之外，我們也有一個分化的基因活化的例子。在誘導前，
葉子生長的基因是活化的；在誘導時，誘導開花的基因是活化的，負責
葉子生長的基因則暫被抑制；誘導後，葉子生長的基因再變為活化，另
外那些花序分化的基因也是如此。

自從這些最早在1959年做的實驗以後，使用轉錄和轉譯的抗代謝物
在其他許多同樣需要溫度和長日照的種類上做同樣的實驗，均得到相同
的結果。因此充分證明了遺傳物質參與開花誘導的過程。

四、有關春化作用的假說 (A Hypothesis Concerning Vernalization)

現在讓我們嚐試著將一些事實集合編纂成有關春化作用中所發生事件的假說 (圖238)。兩個重點上彼此相似的假說由葛瑞柯里、普耳維斯和梅爾却斯、朗格提出。

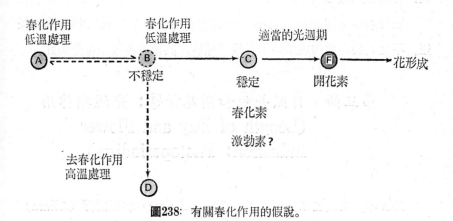

圖238: 有關春化作用的假說。

首先，所有的遺傳背景可視爲當然。因爲我們不知道這些基因活動的個別過程，只好暫時聽任使用這種頗爲含混的說法。在這個遺傳背景之前發生了下列事件: 物質A在低溫時在一個或一個以上的步驟中轉變爲物質B。B不穩定，在高溫時可轉變回A或轉變爲副產物D。這個解釋對去春化作用的可能性是合理的。若低溫持續，則B在一個或多個步驟中轉變爲C。C是穩定的春化作用終產物，我們可稱它爲春化素 (vernalin)。現在這樣就服從了在春化作用時經過幾個反應步驟終產物逐漸積聚的事實。關於C的化學性，有討論到它是激勃素的可能性，如此說的主要原因是因爲激勃素可以取代低溫的效果。

　　不過春化素的形成不足以使春化作用發生，另外還需要合適的日照長：對大部分需春化的植物來說，像多裸麥和韮沃斯需長日照，而牛舌旋果花則需短日照。在適當的光週期下，春化素轉變爲物質 F，眞正的開花激素或成花素。一個可行之道或許是春化素本身不轉變爲成花素，但調節其他的先驅物合成成花素。然後成花素誘導分生組織細胞，通常是那些芽尖分生組織的細胞，採取生殖發育的新方向。開花誘導完畢之後，花的分化過程開始。

　　在討論春化作用時我們不只一次的提到花的形成要依賴日照的長短。不僅需要春化的種類顯示這種依賴性，其他許多種類也是如此。

第三節　日照長短和開花誘導：光週期作用 (Length of Day and Flower Induction: Photoperiodism)

　　1920年，在美國華盛頓附近，賈諾（Garner）和亞拉得（Allard）努力於使一個有特大葉子的菸草植物的變種開花，這個變種稱爲馬利蘭菸草（Maryland Mammoth）。在華盛頓，因爲它每年太晚開花了，使得田野中的種子在多天才形成。若種子或此變種要活下去，則馬利蘭菸草便必須搬入溫室內。在許多沒有結果的實驗後賈諾和亞拉得解決了難題：馬利蘭菸草只有保持在短日和長夜的條件下一定時間才會開花。因此，光週期的現象以一種深刻的形式呈現給科學家。若將光週期當作影響開花誘導的主要作用時，我們也須考慮到由光週期所造成的眾多現象。

一、長、短日照植物，中性日照植物 (Long and Short Day Plants, Neutral Day Plants)

光週期作用一旦成爲事實，科學家立刻能列出需要不同長度的白天或黑夜之植物的長表。除去特殊的情形，我們可區分爲長日照植物、中性日照植物和短日照植物。長日照植物和短日照植物具有一臨界日照長 (critical length of day)，其具有品種的特異性，通常是十至十四小時之間。在開始形成花以前，長日照植物需要一段超過臨界日照長度的照明（十～十四小時以上），中性日照植物顯示對日照長度沒有清楚可認的依賴，短日照植物需要比臨界日照長度短的照明（常少於十～十四小時）。關係密切的親族也有可能屬於極不同的組，因此馬利蘭菸草是短日照植物，而 *N. sylvestris* 爲長日照植物。我們可看出一個臨界日長以夜長的形式來說相當於一臨界的夜長。因爲這個理由，甚至建議短日照植物重新命名爲長夜植物，而長日照植物重新命名爲短夜植物。每一群的一些例子列在表10。

表10: 幾個短日照植物和長日照植物，重要的實驗植物用斜體字印刷。

短　日　照　植　物	長　日　照　植　物
大麻 (Cannabis sativa)	洋葱 (Allium cepa)
菊花 (Chrysanthemum indicum)	燕麥 (Avena sativa)
大麗菊 (Dahlia variabilis)	甜菜 (Beta vulgaris)
塊根向日葵 (Helianthus tuberosus)	胡蘿蔔 (Daucus carota)
長壽花 (*Kalanchoe blossfeldiana*)	韮沃斯 (*Hyoscyamus niger*)
菸草 (Nicotiana tabacum)	菸草 (Nicotiana sylvestris)
山紫蘇 (Perilla ocymoides)	萵苣 (Lactuca sativa)
Soja hispida	罌粟 (Papaver somniferum)
蒼耳 (*Xanthium strumarium*)	蠶豆 (Vicia faba)

二、在開花誘導中的光週期分析 (Analysis of Photoperiodism in Flower Induction)

(一) 葉為吸光的部位 (The leaf as the site of light uptake)

現在我們已熟悉了現象，再來讓我們考慮一些與因果有關的資料。最重要的是: 葉為接受光刺激的器官。 例如若只有一片 *N. sylvestris*

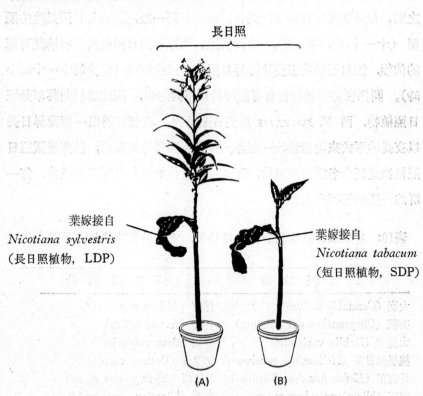

長日照

葉嫁接自
Nicotiana sylvestris
（長日照植物, LDP)

葉嫁接自
Nicotiana tabacum
（短日照植物, SDP)

(A)   (B)

圖239: (A) 短日照植物馬利蘭菸草 (*Nicotiana tabacum* "Maryland Mammoth")在長日照下藉嫁接一片長日照植物菸草 (*Nicotiana sylvestris*) 的葉子而誘導開花。(B) 對照組: 來自馬利蘭菸草的葉子嫁接在馬利蘭菸草上。(仿 Kuhn 1965)

的葉子嫁接在保持於長日條件下的馬利蘭菸草植株上，則馬利蘭菸草被誘導開花（圖239）。另一個是哈德（Harder）在來自馬達加斯加的一種有名的紅色顯花植物——景天科的長壽花（*Kalanchoe blossfeldiana*）上所做的實驗（圖240）。燈籠草屬（*Kalanchoe*）爲短日照植物，除非一定期間每天不接受十～十二小時以上的光照才開花。已知只要保持一片葉子用袋子罩住，保持黑暗，使其在誘導條件的日照長度下生長，則足以用來誘導此葉以上芽之開花。

葉在短日照下

圖240: 葉子吸收光刺激。若使長壽花的一個單獨的葉片保持在短日照條件下，則植株的營養部分開始開花。（仿 Kuhn 1965）

（二）證明開花激素的實驗 (Experiments to demonstrate a flowering hormone)

葉子接受光照的刺激，但關鍵的事件是發生在芽分生組織，這個發

現單獨暗示，甚至在依賴日照長短的植物，都有開花激素的存在，它從葉子移到頂端分生組織。另一個現在將要摘要的實驗指出相同的方向（圖241）。甚至旋花科之一的牽牛花（*Pharbitis nil*）子葉也能被誘導。牽牛花是短日照植物，理瓦亞特（Zeevaart）將植株保持在不同長度的黑暗中，誘導它們，然後除去子葉，將植株攜入光照中。若子葉在十四小時的黑暗後移去，則沒有植株能開花。十四小時的黑暗卽一個單獨的誘導循環，通常足以誘導開花。對照組保留兩個子葉，能在十四小時的誘導後正常地開花。

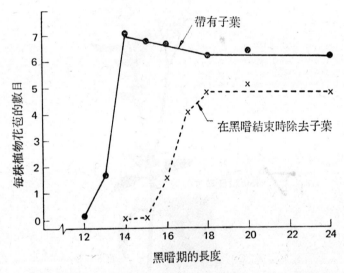

圖241： 牽牛花中開花激素從葉子移動到頂端分生組織的證明。移動的試驗包括在誘導的黑暗期開始後不同的時期除去子葉。牽牛花是甚至子葉也會被誘導的短日照植物。（仿Zeevaart 1966）

　　不過，若在十八小時的黑暗誘導後再移去子葉，則植株可以開花；暗期更進一步地延長不會更進一步提高開花的效果。每株植株只能形成五朵花，而非如對照組的七朵，這是因為我們去掉了在誘導期已充分發

育完全的兩片單獨的葉器官——子葉，而其傷害延續下來之故。除了藉開花激素由子葉移入芽分生組織外，難以解釋實驗的結果。經十四小時的黑暗後開花激素已在子葉中形成，但尚未移出。十八小時的黑暗後，足夠的成花素已離開子葉，保證一個完全的開花效果。

最後，在此嫁接實驗再次地暗示開花激素的存在。如蔡來昌(Tschai-lachjan)和其他的實驗顯示，受日照長短影響的植物若與一根開花的接枝夥伴聯合，則也能在非誘導的光週期下被誘導而形成花。我們已提過菸草和韮沃斯間的接枝（376頁），此例也顯示這些嫁接能在種內或在不同種間實施成功，因此，開花激素並非種間專一性；在需春化的植物方面，藉合適的嫁接也顯示如此。此外，長日照植物能被短日照植物誘導開花，反之亦然，因此長短日照植物中的開花激素應該相同。它的移動發生在韌皮部。現在一棵誘導的植株可嫁接在非誘導的植株上，而使它開花；然後這棵藉嫁接而誘導開花的植物可再嫁接在第二棵非誘導的植株上，使後者開花。這個技巧可一再地重覆，重點是，在這一串系列中植物被誘導開花者都到達了極限，並沒有發生成花素的稀釋。這個提示我們，包含在開花誘導中的那種相同的複製也參與這個過程，到目前為止，沒有任何比它更明確的可能。

由於頗令人心服的開花激素的存在，所以問及是否此物質已分離且被描述其特性是合理的。對於這個問題我們只能給予令人困窘的回答，說植物以機智勝過全世界老練的科學家，而不顧他們所有的努力。到目前為止，在開花激素萃取方面仍無法定義及作複製的實驗，並且無法用它在非誘導條件下誘使植物開花。只有在蒼耳的情形，在1969年末偶而發表一些似乎確實的發現。或許一個轉捩點即將在此出現。

（三）光斷的效果：暗期的意義（Effect of light breaks: significance of the dark period）

若短日照植物遭受一段黑暗，持續的時間將正常地足夠誘導開花，然後用閃光或短時間暴露的光打斷，則植物仍爲營養狀態（圖242）。相反地，一個太長的暗期以致於無法誘導長日照植物開花，若將暗期打斷，則長日照植物開花，就像它們暴露在長日照中。

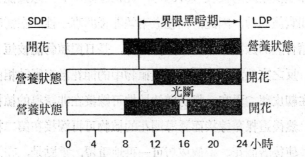

圖242: 於暗期中的光斷對長日照植物（LDP）和短日照植物（SDP）花的形成上的效果。

這些光斷的實驗告訴我們這些決定性的過程發生在甚至於暗期也依賴日照長度的植物上。如已提過的，那就是爲什麼長夜植物和短夜植物的稱呼恰如短日照植物和長日照植物一樣的恰當。最後，我們必須也提到，這些純粹由科學家處理的光斷實驗帶來了經濟上的利益。例如，若我們希望誘使長日照植物在多天開花，則它們不需暴露於連續的光照下，而代以一個短時間的光斷打斷其暗期，則可省電。

（四）光敏素系統的參與（Participation of the phytochrome system）

我們剛學到打斷暗期可防止短日照植物的開花誘導。這些光斷包括

普通的白光，所以白光有效成份的波長就令人感到興趣了。為了這個目的，波史維克（Borthwick）和漢垂克（Hendricks）及其同僚卽用已提過的短日照植物蒼耳來做實驗。

　　白光中的有效成份為紅光，所以光斷中給予紅光，則花的形成無法發生（圖243）。此外也顯示，若暴露於紅光後跟著暴露於紅外光下，則植株開花。紅外光克服了紅光的抑制效果。這種紅光和紅外光間的交替可重覆。若我們現在回想一下，在萵苣種子的發芽上相同設計的實驗（286頁），有相同的結果，則我們可認出共同的因子：光敏素系統也從事開花誘導的活動。下一個問題我們一定會問有關植物色素系統參與的方式。波史維克和漢垂克為短日照植物發展出下列的假說（比較圖244）。用紅光照射使活化的光敏素 P_{730} 形成，它的活性在於經由一個未知的機制抑制開花的誘導。白天呈現的紅光比紅外光多，因此在白天 P_{730} 的濃度被調節高到足夠阻止開花誘導的水準。晚上，P_{730} 在似乎是酵素控制的過程中再轉變為 P_{660}。由大量的發現證明 P_{730} 轉變為 P_{660} 不需照

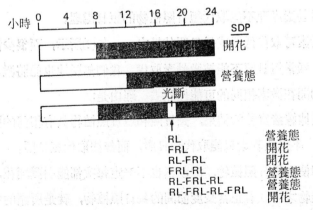

圖243：光敏素系統參與開花誘導。在短日照植物 (SDP) 蒼耳上的實驗。RL＝紅光，FRL＝紅外光。（仿 Galston 1964）

紅外光卽可發生。在晚上，由於這種轉變的結果，抑制劑 P_{730} 的含量降低: 到現在受阻的開花激素之合成，現在可開始了。

我們必須不隱瞞事實，這個假說甚至在某些短日照的植物只有求助於另外的假說才能成爲合理。使它們適用於長日照植物的實驗迄今還未令人信服。

（五）激勃素和開花激素（Gibberellins and flowering hormones）

激勃素在許多需春化的植物上可取代低溫的效果。在依賴日照長的植物上試驗激勃素，似乎也合理。讓我們現在簡短地摘要有關兩種效果的結果:

(1)多數需要低溫處理的種類能藉激勃素處理而誘導開花。

(2)若低溫處理後植物仍需長日照，則通常以激勃素處理只能取代低溫效果而不能取代長日照。

(3)在不需低溫的長日照植物之情況，以激勃素處理可取代長日照。尤其對那些由薔薇型叢葉抽苔而形成花之長日照植物。

(4)激勃素處理不能取代短日照植物的短日處理。

激勃素可取代低溫或長日照效果之一，如(2)所示，而很少能同時取代兩者。通常短日照不能被激勃素取代。我們無疑地也能將激勃素與多方探求的開花激素相同的可能性除去。理由是:

(1)根據嫁接實驗的結果，長日照和短日照植物具有相同的開花激素（387頁），不過激勃素只能取代長日照，而無法取代短日照。

(2)卽使在長日照植物，激勃素也不一定每次都能引發開花，只有在叢生葉植物才可。有正常長度節間的長日照植物，就是所謂的有莖長日照植物則無法被激勃素誘導開花。

因此，激勃素在花的形成中扮演一個角色，但它並非開花激素。我

們將藉理瓦亞特和朗格於1962年在落地生根所做的實驗為此陳述做更進一步的證明。就有關光週期的需要而論，落地生根是特殊的情形，為了要能開花，植物首先需要長日照，然後是短日照，因此它是長日照─短日照植物。激勃素處理可取代長日照：在短日條件下，以激勃素處理誘使植物開花（表11）。另一方面，短日照無法被激勃素取代，因此若植物在長日照條件下供給激勃素，則仍呈營養狀態。所有這些發現與我們上面所做的陳述一致。

表11: 在長日照─短日照植物落地生根中，激勃素與開花素間的關係。LD＝長日照，SD＝短日照，GA＝激勃素，→＝從…到…，－＝無花形成，＋＝花的形成。

處　理	花的形成	開花素的給予者	接木實驗	
			開花素的接受者	花的形成
LD	－	LD→SD	SD	＋
LD＋GA	－	SD＋GA	SD	＋
SD	－	SD（對照）	SD	－
SD＋GA	＋	LD→SD→		
		LD	LD	＋
LD→SD	＋	SD＋GA→LD	LD	＋
		LD（對照）	LD	－

讓我們現在藉嫁接實驗與上面的結果做個聯想。植株在短日照的條件下再以激勃素處理，它們開始開花。然後在嫁接實驗中以這些植株做為開花激素的供給者，它們的嫁接夥伴──開花激素的接受者──現在在長日照的條件下被誘導開花。這是一個極重要的發現：激勃素在落地生根中不能取代短日照，但在另一方面，開花激素的供給者藉激勃素之助可誘導開花。此再次證明激勃素確實參與開花激素的合成，但不與它

相同。

（六）遺傳物質的參與 (Participation of the genetic material)

管制轉錄和轉譯的抗代謝物，抑制依賴日照長的植物開花之誘導，恰如那些需要春化的植物一樣。抑制劑的效果部分在葉中，部分在芽分生組織中產生。就有關它們在葉中的活性而論，它們或許損害了包括合成開花激素的基因。至少它們在芽分生組織的一部份有效性，是作用在隨後花的分化上而非花的誘導上：干擾花分化基因的活性。

此外，沙里斯布瑞 (Salisbury) 和波那 (Bonner) 在蒼耳上的舊發現，及較近奎庫爾 (Krekule) 在另一個短日照植物紅菊 (*Chrysanthemum rubrum*) 上之發現，抗代謝物像5-氟去氧尿嘧啶可能在芽分生組織中抑制了似乎是花誘導成功所需的 DNA 之複製。這裏再次顯示與春化作用相似之物，因為成功的春化作用似乎與有分裂能力的細胞有關（341頁）。分裂的可能性亦含有 DNA 複製的可能性之意。在嚐試解釋這些發現時的確很難理解。

（七）有關短日照植物光週期誘導的假設 (A hypothesis concering the photoperiodic induction of a short day plant)

現在讓我們嚐試著將前幾節中引在一起的資料合併為一個假說。當然這是只有對研究較多的短日照植物才能做的（圖244）。普通的日照含紅光較紅外光多，因此在白天葉中保持穩定的 P_{730} 濃度，且高得足夠使開花激素的合成發生化學上未知形式的抑制。在黑暗中，P_{730} 轉變為 P_{660}；若黑暗持續的夠久，且超過標準暗期，則存在的 P_{730} 太少，開花激素的合成就能開始。它受適當的基因控制，且可被轉錄和轉譯的抗代謝物抑制。激勃素以仍未知的方式牽涉在成花素的合成中。

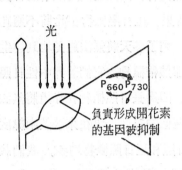
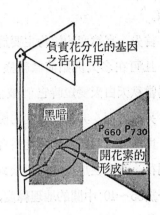

圖244: 有關短日照植物光週期誘導的假說。

植物愈常暴露於誘導的暗期，所形成的開花激素愈多。若予以隨種而異的光暗循環後，存在足夠的開花激素，然後它在韌皮部中通過葉柄移入枝內，且向上運到頂端分生組織，在那裏成花素活化花分化的基因，此基因之活性也能受適當的抗代謝物抑制。當花的分化基因產生作用時，花的誘導過程已結束。顯露的等級在顯微鏡下可見（圖230）。

摘要言之，（必須重覆說的是這只是一個假說），爲了能鑑定情形，我們僅須切記此圖的要點——成花素的存在，尚未被確實的證明。

三、花誘導中的光週期作用是適應的記號
(Photoperiodism in Flower Induction as a Sign of Adaptation)

在發芽作用的討論中，我們建立不同的發芽障礙和條件，顯示對種種不同情況的外界條件之適應。花的形成在植物生命中是同樣重要的過程，因爲花和種子在不合時的時間下形成所受的損害恰如在不利的條件下發芽一樣。一個對外在實體的適應在依賴光週期的花的形成上特別的

明顯。

首先，高緯度的植物主要爲長日照植物。因此它們受逐增的日長誘導，且可在冬天開始前繼續盛開和結果。短日照植物在此將不適宜，因爲當秋天白天變短時它們被誘導，到了冬天將無法避免地到達生殖期。另一方面，非常低緯度的植物，卽熱帶植物，它們若非中性日照植物，則應爲短日照植物，此爲合理的。因爲長日照植物在赤道將無法誘導開花。到現在爲止我們只談到高和極低的緯度，現在來談談中緯度。在介於35～40°中間的地理緯度，長日照和短日照植物均多。我們栽培的植物的資料特別是來自這些緯度。在高緯度是嚴寒的冬天，在低緯度是持久的短日照，均造成適當的適應。在中緯度，另一種普遍的調節：乾燥期。

若我們將事情簡化，則可說在中緯度乾燥期是發生在夏天或冬天。1957年強哥斯（Junges）研究許多作物的原產地、原產地氣候及光週期的行爲。發現來自冬季乾燥的地區，如中國、印度和中美某些地區的作物是短日照植物；而來自夏季乾燥的地區，如中亞、近東和地中海某些地區的作物相反地爲長日照植物。這種配置的意義或許是植物忍受無論何時到來的乾期的永久器官爲種子。因此，在冬季乾燥的地區當白天變短時植物就匆忙度過開花和結果；對夏季乾燥地區的植物來說，漸長的白天是開始儘快有性繁殖的警號。

人類在整個地球表面種植某些作物，甚至在適當時間也不可能開花的地理緯度種植。然而基於誘導開花的光週期知識就可使藉暴露於光線或黑暗而誘導有用植物繁殖的工作變得容易。相反地，對於萵苣結子或防止花的形成亦可做到。

四、光與每日韻律 (Light and Circadian Rhythms)

雖然據我們所知的所有事實，開花誘導的幾節對某些讀者來說是過於假說的，因為有相當多的資料我們仍不曉得。僅僅是關於光週期作用我們就無法不再提出一個主題，雖然資料豐富，主要關係卻仍未明。我們打算簡短地討論每日韻律。

（一）生理鐘的現象 (The phenomenon of the physiological clock)

我們討論過植物為了能開花而需要長日照或短日照。但我們在討論中忽略了一個問題：植物如何真正注意到它們是否保持在長日照或短日照條件下？植物如何測出日照長？因此我們問：什麼是它們的內在鐘？

首先我們必須分辨兩種不同類型的鐘：

(1)滴漏 (the hour-glass)。某過程受刺激而開始行動，且繼續到完成，正如在滴漏中的沙由上半部到下半部慢慢滴流。由此藉一個特殊過程的終止而測出時間。這種鐘在生物中易於想像。

(2)擺鐘 (the oscillating clock)。我們現在正談到真正的生理或生物鐘，邦林 (Bunning) 對植物的生物鐘特別詳細的研究。我們來看一個例子：長壽花的花瓣在早上張開晚上合起來，現在也有可能將它放在完全黑暗中保持一些時候。若植物起先是保持在正常的光暗循環中，則在持續的黑暗中花瓣的運動仍繼續，只有些微的阻滯（圖245）。

在花瓣運動的可見現象後面必定是一個經過相同擺動、精密計時的機構，即一個振動器。一旦這個生理鐘對準了，它就繼續這個固定的節奏。定時受光暗交替所決定之例首先表現於植物，這定時因子稱為速度安放者 (pace setter)。

像這種生理鐘廣泛地分佈於所有種類的生物中。它們聯合為多數不

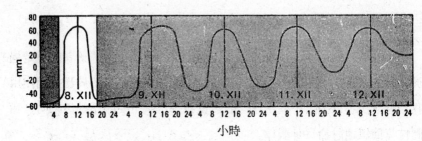

圖245: 長壽花花瓣每日的開展（曲線的向上）和閉合（曲線的降落）受光暗交替引發開始後，可在恆暗中保持動作的持續。（仿 Bunning 1967）

同的韻律（rhythm）。就有關二十四小時的韻律而論，我們慣於說：內生的每日韻律。不過這些韻律立刻被注意到，在恒定的外界條件下，常顯示十八～二十四小時的期限，而不是恰好二十四小時。因此，我們提出每日韻律（circadian rhythm, circa＝about, dies＝day）的稱呼。

（二）花誘導中的光週期作用及生理鐘（Photoperiodism in flower induction and the physiological clock）

讓我們回到我們的特殊問題——花誘導中的光週期作用。在此實例中，時間如何被測，是用狹義生理鐘的滴漏或擺鐘？

根據現存的有效資料，答案似乎很簡單：是用滴漏。由於光—暗交替，一個特別的過程開始行動，而植物藉此過程的進行來測時。這種過程顯然已存在，由此意味著從光亮過渡到黑暗時 P_{730} 開始轉變為 P_{660}。在某些條件下，這個轉變過程或許眞的是植物測量黑暗持續的滴漏。

不過這個滴漏機構只有在滴漏漏下停止後再倒轉過來方可作用：也就是在光暗間必有一個連續的交替。在黑暗期間 P_{730} 轉變為 P_{660}；在光照下 P_{730} 再生，滴漏再倒轉過來開始計時。若植物被放入不變的條件中，如不變的黑暗，則這個精密計時的機構應停止。

　　然而，這是從沒有發生過的事，甚至在恆暗中，植物經過週期性的
再現期，於其中顯示對光不同的敏感度。首先讓我們來看短日照植物中
一個證明的例子（圖246）。如已提過的（圖242），像長壽花的短日照植
物，用光斷打斷暗期可阻止它開花。長壽花在起初蒙受每日的光暗循環
後放入相當延長的黑暗中，每隔一定時間用兩小時的光斷打斷黑暗。因
此，用光斷探查出黑暗對光可能的不同敏感度。如在花形成的效果上顯
示對光敏感度不同的週期性再現狀態（recurring phase）的確存在，甚
至在恆暗中亦然。

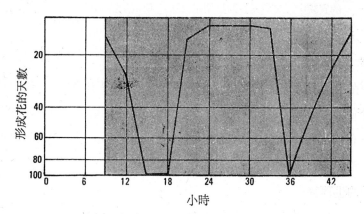

圖246: 短日照植物長壽花 (*Kalanchoe blossfeldiana*) 花
的形成之光週期作用。在各別的實驗中一個延長的暗期用每次二
小時的光斷來探查。如在花形成上的效果顯示，對光敏感度不同
的狀態週期性的再現。（仿 Bunning 1967）

　　現在用一長日照植物做的相同實驗（圖247）。在長日照植物中，像
韮沃斯，花的形成受光斷的刺激（圖242）。在蒙受每日的光暗循環後，
將韮沃斯放入延長的黑暗中，黑暗再用二小時的光斷，探查其對光不同
敏感度的狀態，這種狀態週期性地再現，甚至在恆暗中，表現於花形成
的效果上。

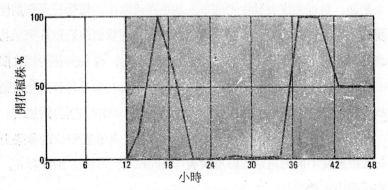

圖247：　長日照植物韮沃斯花的形成之光週期作用。 在各別
的實驗中， 一個延長的暗期用每次二小時的光斷來探查。如在花
形成上之效 果所顯示， 對光敏感度不同 的狀態週期性 的再現。
(仿 Bunning 1967)

在起初蒙受每日 的光暗循環後， 植物於恆亮 和恆暗下， 保持與它
們對光敏感度有關的相同週期性 2 ～ 3 天。至今我們總是說及光週期作
用， 但直到現在我們才明 白我們是多麼正確。 在對光相等 敏感度的狀
態， 確實有週期性的再現。在開花誘導的光週期作用的外表後面有一個
擺動的生理鐘。

（三）有關生理鐘性質的假說（Hypothesis concerning the nature of the physiological clock）

我們不知道生理鐘的性質， 不過至少近年所做的結果允許在動物及
植物上提出假說。 這些假說之一是基於安格斯瑪（Engelsmaa）在胡瓜
幼苗上所做的實驗， 以簡化的方式提出。在研究鐘的情況中， 光， 或更
精確地說， 光暗間的交替再次為速度的安放者。

讓我們回憶一下苯基丙烷代謝的關鍵酵素苯丙胺酸-銨離子-解離酶
（phenylalanine-ammonium-lyase） 或 PAL （158頁）。在某些植物
中它的合成可被光誘導， 其中包括胡瓜的幼苗。 PAL 活性所引起的產

物之一——對-香豆酸，會抑制 PAL 的合成。這種抑制作用的性質是複雜的，一方面，它遵從賈可布—莫諾德模式，表現終產物抑制，但也有新形成的蛋白質參與之間接證據。不過，或許是胡瓜幼苗組織中所積聚的對-香豆酸使 PAL 的合成受抑制。

若胡瓜幼苗首先生長在黑暗中，然後暴露於光照下，則 PAL 的活性快速增加（圖248）。若幼苗再置於黑暗中，經過頂點後活性開始逐漸下降。其理由是 PAL 的合成受當時積聚的對—香豆酸的抑制。

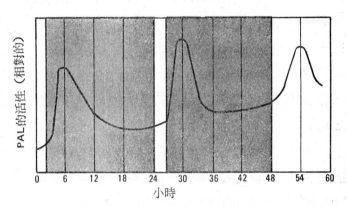

圖248: 照光誘導 PAL 的活性。胡瓜幼苗首先生長在黑暗中。然後在 0 時的時候暴露於一個光期，結果 PAL 的活性突然增進。若我們希望隨後的活性誘導同樣的增加，則我們必須增加光期持續的時間。這是因為光必須抵消對-香豆酸的終產物抑制。暗期以深色表示。(仿 Engelsma 1968)

若我們希望藉重新暴露於光照中引起 PAL 活性的增加如第一次曝光後所得的那麼高，則曝光時間必須延長以克服對-香豆酸終產物的抑制（圖248，24小時後）。第三次嚐試曝光以提高 PAL 的活性亦是如此，曝光時間必須延長更多（圖248，48小時後）。因此，PAL 活性增加的結果，系統對光的敏感度愈低，對-香豆酸的積聚愈多。

到現在我們已討論過一個曝光而開始流動的滴漏。現在我們可以想像如何將這系統轉變成擺鐘。爲了它的發生必須滿足兩個條件：

(1)一個光的單獨誘導促使 PAL 合成的基因處於永久的活化狀態，此活化狀態可以暫時受抑制而不活化。

(2)必須藉消耗或運輸移走抑制的根源——對-香豆酸。

在這些被光誘導的條件下，因物質的消耗增加和基因之活性，對-香豆酸最初的抑制將鬆弛，將能斷言它不必再重新曝光。一段時間後，甚至在黑暗中，PAL 的活性將再增加，而對-香豆酸將積聚。由於對-香豆酸的終產物抑制，PAL 的活性將降低，對-香豆酸將被耗盡等等，至少在原理上生理鐘是以此方式建立起來。特別使我們感到興趣的是對光不同敏感度的狀態會週期性地再現，正如我們在光週期作用中所見。這是因爲高含量的對-香豆酸常常限制了 PAL 合成系統對光的敏感度（比較上面）。

這個假說建立於不堅牢的基礎上。但讓我們別忽略了極重要之點：我們甚至可在如生物鐘般的複雜的分子生物層嚐試一個解釋。這個事實是比發生於現代植物學中的許多其他改革更佳的指示。

索　引

書　　　　　名	著　作　人	任　　　　　職
比　　較　　主　　義	張　亞　澐	政　治　大　學
國　父　思　想　新　論	周　世　輔	政　治　大　學
國　父　思　想　要　義	周　世　輔	政　治　大　學
國　父　思　想	周　世　輔	政　治　大　學
國　父　思　想	涂　子　麟	師　範　大　學
中　國　憲　法　新　論	薩　孟　武	前　臺　灣　大　學
中　華　民　國　憲　法　論	管　　歐	東　吳　大　學
中華民國憲法逐條釋義 (一)(二)(三)(四)	林　紀　東	臺　灣　大　學
比　　較　　憲　　法	郁　文　海	前　政　治　大　學
比　　較　　憲　　法	曾　繁　康	臺　灣　大　學
美　國　憲　法　與　憲　政	荊　知　仁	政　治　大　學
比　較　監　察　制　度	陶　百　川	前總統府國策顧問
國　家　賠　償　法	劉　春　堂	輔　仁　大　學
中　國　法　制　史	戴　炎　輝	臺　灣　大　學
法　　學　　緒　　論	鄭　玉　波	臺　灣　大　學
法　　學　　緒　　論	蔡　蔭　恩	前　中　興　大　學
法　　學　　緒　　論	孫　致　中	各　大　專　院　校
民　法　概　要	董　世　芳	實　踐　家　專
民　法　概　要	鄭　玉　波	臺　灣　大　學
民　法　總　則	鄭　玉　波	臺　灣　大　學
民　法　總　則	何　孝　元	前　中　興　大　學
民　法　債　編　總　論	鄭　玉　波	臺　灣　大　學
民　法　債　編　總　論	何　孝　元	前　中　興　大　學
民　法　物　權	鄭　玉　波	臺　灣　大　學
判　解　民　法　物　權	劉　春　堂	輔　仁　大　學
判　解　民　法　總　則	劉　春　堂	輔　仁　大　學
判　解　民　法　債　篇　通　則	劉　春　堂	輔　仁　大　學
民　法　親　屬	陳　棋　炎	臺　灣　大　學
民　法　繼　承	陳　棋　炎	臺　灣　大　學
公　　司　　法	鄭　玉　波	臺　灣　大　學
公　司　法　論	柯　芳　枝	臺　灣　大　學
公　司　法　論	梁　宇　賢	中　興　大　學
土　地　法　釋　論	焦　祖　涵	東　吳　大　學
土　地　登　記　之　理　論　與　實　務	焦　祖　涵	東　吳　大　學
票　　據　　法	鄭　玉　波	臺　灣　大　學
海　　商　　法	鄭　玉　波	臺　灣　大　學

書　　　　　名	著作人	任　　　職
海　商　法　論	梁　宇　賢	中　興　大　學
保　險　法　論	鄭　玉　波	臺　灣　大　學
商　事　法　論	張　國　鍵	臺　灣　大　學
商　事　法　要　論	梁　宇　賢	中　興　大　學
合　作　社　法　論	李　錫　勛	政　治　大　學
刑　法　總　論	蔡　墩　銘	臺　灣　大　學
刑　法　各　論	蔡　墩　銘	臺　灣　大　學
刑　法　特　論	林　山　田	政　治　大　學
刑　事　訴　訟　法　論	胡　開　誠	臺　灣　大　學
刑　事　訴　訟　法　論	黃　東　熊	中　興　大　學
刑　事　政　策	張　甘　妹	臺　灣　大　學
民　事　訴　訟　法　釋　義	石志泉 楊建華	輔　仁　大　學
強　制　執　行　法　實　用	汪　褘　成	前　臺　灣　大　學
監　獄　學	林　紀　東	臺　灣　大　學
現　代　國　際　法	丘　宏　達	美國馬利蘭大學
現代國際法基本文件	丘　宏　達	美國馬利蘭大學
平　時　國　際　法	蘇　義　雄	中　興　大　學
國　際　私　法	劉　甲　一	臺　灣　大　學
引渡之理論與實踐	陳　榮　傑	外交部條約司
破　產　法　論	陳　計　男	東　吳　大　學
破　產　法	陳　榮　宗	臺　灣　大　學
國　際　私　法　新　論	梅　仲　協	前　臺　灣　大　學
中　國　政　治　思　想　史	薩　孟　武	前　臺　灣　大　學
西　洋　政　治　思　想　史	薩　孟　武	前　臺　灣　大　學
西　洋　政　治　思　想　史	張　金　鑑	政　治　大　學
中　國　政　治　制　度　史	張　金　鑑	政　治　大　學
政　治　學	曹　伯　森	陸　軍　官　校
政　治　學	鄒　文　海	前　政　治　大　學
政　治　學	薩　孟　武	前　臺　灣　大　學
政　治　學　概　論	張　金　鑑	政　治　大　學
政　治　學　方　法　論	呂　亞　力	臺　灣　大　學
政治理論與研究方法	易　君　博	政　治　大　學
公　共　政　策　概　論	朱　志　宏	臺　灣　大　學
中　國　社　會　政　治　史	薩　孟　武	前　臺　灣　大　學
政　治　社　會　學	陳　秉　璋	政　治　大　學
醫　療　社　會　學	藍采風 廖榮利	印第安那中央大學 臺　灣　大　學
人　口　遷　移	廖　正　宏	臺　灣　大　學

書　　　　　名	著　作　人	任　　職
歐　洲　各　國　政　府	張　金　鑑	政　治　大　學
美　國　政　府	張　金　鑑	政　治　大　學
各　國　人　事　制　度	傅　肅　良	中　興　大　學
行　　政　　學	左　潞　生	中　興　大　學
行　　政　　學	張　潤　書	政　治　大　學
行　政　學　新　論	張　金　鑑	政　治　大　學
行　　政　　法	林　紀　東	臺　灣　大　學
行政法之基礎理論	城　仲　模	中　興　大　學
交　通　行　政	劉　承　漢	交　通　大　學
土　地　政　策	王　文　甲	前　中　興　大　學
行　政　管　理　學	傅　肅　良	中　興　大　學
現　代　管　理　學	龔　平　邦	逢　甲　大　學
現　代　企　業　管　理	龔　平　邦	逢　甲　大　學
現　代　生　產　管　理　學	劉　一　忠	美國舊金山州立大學
生　　產　　管　　理	劉　漢　容	成　功　大　學
企　業　政　策	陳　光　華	交　通　大　學
行　銷　管　理	郭　崑　謨	中　興　大　學
國　際　企　業　論	李　蘭　甫	香　港　中　文　大　學
企　業　管　理	蔣　靜　一	逢　甲　大　學
企　業　管　理	陳　定　國	臺　灣　大　學
企　業　概　論	陳　定　國	臺　灣　大　學
企　業　組　織　與　管　理	盧　宗　漢	中　興　大　學
組　織　行　為　管　理	龔　平　邦	逢　甲　大　學
行　為　科　學　概　論	龔　平　邦	逢　甲　大　學
組　織　原　理	彭　文　賢	中　興　大　學
管　理　新　論	謝　長　宏	交　通　大　學
管　理　心　理　學	湯　淑　貞	成　功　大　學
管　理　數　學	謝　志　雄	東　吳　大　學
人　事　管　理	傅　肅　良	中　興　大　學
考　銓　制　度	傅　肅　良	中　興　大　學
作　業　研　究	林　照　雄	輔　仁　大　學
作　業　研　究	楊　超　然	臺　灣　大　學
作　業　研　究	劉　一　忠	美國舊金山州立大學
系　統　分　析	陳　　進	美　國　聖　瑪　麗　大　學
社　會　科　學　概　論	薩　孟　武	前　臺　灣　大　學
社　會　學	龍　冠　海	前　臺　灣　大　學
社　會　學	蔡　文　輝	美　國　印　第　安　那　大　學
社　會　思　想　史	龍　冠　海	前　臺　灣　大　學

三 民 大 學 用 書 (四)

書　　　　　名	著 作 人	任　　　職
社 會 思 想 史	龍冠海　張承漢	前 臺 灣 大 學　臺 灣 大 學
都市社會學理論與應用	龍 冠 海	前 臺 灣 大 學
社 會 學 理 論	蔡 文 輝	美 國 印 第 安 那 大 學
社 會 變 遷	蔡 文 輝	美 國 印 第 安 那 大 學
社 會 福 利 行 政	白 秀 雄	政 治 大 學
勞 工 問 題	陳 國 鈞	中 興 大 學
社會政策與社會立法	陳 國 鈞	中 興 大 學
社 會 工 作	白 秀 雄	政 治 大 學
文 化 人 類 學	陳 國 鈞	中 興 大 學
普 通 教 學 法	方 炳 林	前 師 範 大 學
各 國 教 育 制 度	雷 國 鼎	師 範 大 學
教 育 行 政 學	林 文 達	政 治 大 學
教 育 社 會 學	陳 奎 憙	師 範 大 學
教 育 心 理 學	胡 秉 正	政 治 大 學
教 育 心 理 學	溫 世 頌	美 國 傑 克 遜 州 立 大 學
教 育 哲 學	賈 馥 茗	師 範 大 學
教 育 哲 學	葉 學 志	國 立 臺 灣 教 育 學 院
教 育 經 濟 學	蓋 浙 生	師 範 大 學
教 育 經 濟 學	林 文 達	政 治 大 學
工 業 教 育 學	袁 立 錕	國 立 臺 灣 教 育 學 院
家 庭 教 育	張 振 宇	淡 江 大 學
當 代 教 育 思 潮	徐 南 號	師 範 大 學
比 較 國 民 教 育	雷 國 鼎	師 範 大 學
中 國 教 育 史	胡 美 琦	中 國 文 化 大 學
中 國 國 民 教 育 發 展 史	司 琦	政 治 大 學
中 國 現 代 教 育 史	鄭 世 興	師 範 大 學
社 會 教 育 新 論	李 建 興	師 範 大 學
中 等 教 育	司 琦	政 治 大 學
中 國 體 育 發 展 史	吳 文 忠	師 範 大 學
中 國 大 學 教 育 發 展 史	伍 振 鷟	師 範 大 學
中 國 職 業 教 育 發 展 史	周 談 輝	師 範 大 學
技術職業教育行政與視導	張 天 津	師 範 大 學
技 術 職 業 教 育 教 學 法	陳 昭 雄	師 範 大 學
技 術 職 業 教 育 辭 典	楊 朝 祥	師 範 大 學
高 科 技 與 技 職 教 育	楊 啓 棟	師 範 大 學
工 業 職 業 技 術 教 育	陳 昭 雄	師 範 大 學
職 業 教 育 師 資 培 育	周 談 輝	師 範 大 學

書　　　名	著　作　人	任　　　職
技術職業教育理論與實務	楊　朝　祥	師　範　大　學
心　　理　　學	張　春　興 楊　國　樞	師　範　大　學 臺　灣　大　學
心　　理　　學	劉　安　彥	美國傑克遜州立大學
人　事　心　理　學	黃　天　中	淡　江　大　學
人　事　心　理　學	傅　肅　良	中　興　大　學
社　會　心　理　學	張　華　葆	東　海　大　學
社　會　心　理　學	劉　安　彥	美國傑克遜州立大學
新　聞　英　文　寫　作	朱　耀　龍	中　國　文　化　大　學
新　聞　傳　播　法　規	張　宗　棟	中　國　文　化　大　學
傳　播　原　理	方　蘭　生	中　國　文　化　大　學
傳　播　研　究　方　法　總　論	楊　孝　濚	東　吳　大　學
大　眾　傳　播　理　論	李　金　銓	美國明尼蘇達大學
大　眾　傳　播　新　論	李　茂　政	政　治　大　學
大衆傳播與社會變遷	陳　世　敏	政　治　大　學
行為科學與管理	徐　木　蘭	交　通　大　學
組　織　傳　播	鄭　瑞　城	政　治　大　學
政　治　傳　播　學	祝　基　瀅	美國加利福尼亞州立大學
文　化　與　傳　播	汪　琪	政　治　大　學
廣　播　與　電　視	何　貽　謀	政　治　大　學
廣　播　原　理　與　製　作	于　洪　海	輔　仁　大　學
電　影　原　理　與　製　作	梅　長　齡	前中國文化大學
新聞學與大衆傳播學	鄭　貞　銘	中　國　文　化　大　學
新　聞　採　訪　與　編　輯	鄭　貞　銘	中　國　文　化　大　學
新　聞　編　輯　學	徐　昶	台　灣　新　生　報
採　訪　寫　作	歐　陽　醇	師　範　大　學
評　論　寫　作	程　之　行	紐約日報總編輯
廣　　告　　學	顏　伯　勤	輔　仁　大　學
中　國　新　聞　傳　播　史	賴　光　臨	政　治　大　學
世　界　新　聞　史	李　瞻	政　治　大　學
新　　聞　　學	李　瞻	政　治　大　學
媒　介　實　務	趙　俊　邁	中　國　文　化　大　學
電　視　新　聞	張　勤	中　視　新　聞　部
電　視　制　度	李　瞻	政　治　大　學
新　聞　道　德	李　瞻	政　治　大　學
數　理　經　濟　分　析	林　大　侯	臺　灣　大　學
計　量　經　濟　學　導　論	林　華　德	臺　灣　大　學
經　　濟　　學	陸　民　仁	政　治　大　學

書　　　　名	著作人	任　　　　職
經　濟　學　原　理	歐　陽　勛	政　治　大　學
經　濟　學　導　論	徐　育　珠	美國南康涅狄克州立大學
經　濟　政　策	湯　俊　湘	中　興　大　學
總　體　經　濟　學	鍾　甦　生	西雅圖銀行台北分行協理
個　體　經　濟　學	劉　盛　男	臺　北　商　專
合　作　經　濟　概　論	尹　樹　生	中　興　大　學
農　業　經　濟　學	尹　樹　生	中　興　大　學
西　洋　經　濟　思　想　史	林　鐘　雄	臺　灣　大　學
凱　因　斯　經　濟　學	趙　鳳　培	政　治　大　學
工　程　經　濟	陳　寬　仁	中　正　理　工　學　院
國　際　經　濟　學	白　俊　男	東　吳　大　學
國　際　經　濟　學	黃　智　輝	中　國　文　化　大　學
貨　幣　銀　行　學	白　俊　男	東　吳　大　學
貨　幣　銀　行　學	何　偉　成	中　正　理　工　學　院
貨　幣　銀　行　學	楊　樹　森	中　國　文　化　大　學
貨　幣　銀　行　學	李　穎　吾	臺　灣　大　學
貨　幣　銀　行　學	趙　鳳　培	政　治　大　學
商　業　銀　行　實　務	解　宏　賓	中　興　大　學
現　代　國　際　金　融	柳　復　起	淡　江　大　學
財　政　學	李　厚　高	逢　甲　大　學
財　政　學	林　華　德	臺　灣　大　學
財　政　學　原　理	魏　萼	臺　灣　大　學
國　際　貿　易	李　穎　吾	臺　灣　大　學
國　際　貿　易　實　務	張　錦　源	輔　仁　大　學
國　際　貿　易　理　論　與　政　策	歐陽勛 黃仁德	政　治　大　學
貿　易　契　約　理　論　與　實　務	張　錦　源	輔　仁　大　學
貿　易　英　文　實　務	張　錦　源	輔　仁　大　學
海　關　實　務	張　俊　雄	淡　江　大　學
貿　易　貨　物　保　險	周　詠　棠	
國　際　滙　兌	林　邦　充	政　治　大　學
信　用　狀　理　論　與　實　務	蕭　啟　賢	輔　仁　大　學
美　國　之　外　滙　市　場	于　政　長	臺　北　商　專
保　險　學	湯　俊　湘	中　興　大　學
人　壽　保　險　學	宋　明　哲	德　明　商　專
人　壽　保　險　的　理　論　與　實　務	陳　雲　中	臺　灣　大　學
火　災　保　險　及　海　上　保　險	吳　榮　清	中　國　文　化　大　學
商　用　英　文	程　振　粵	臺　灣　大　學

書　　　　　名	著 作 人	任　　　　職
商 用 英 文	張 錦 源	輔 仁 大 學
國 際 行 銷 管 理	許 士 軍	新 加 坡 大 學
市 場 學	王 德 馨	中 興 大 學
線 性 代 數	謝 志 雄	東 吳 大 學
商 用 數 學	薛 昭 雄	政 治 大 學
商 用 微 積 分	何 典 恭	淡 水 工 商
微 積 分	楊 維 哲	臺 灣 大 學
微 積 分 (上)	楊 維 哲	臺 灣 大 學
微 積 分 (下)	楊 維 哲	臺 灣 大 學
大 二 微 積 分	楊 維 哲	臺 灣 大 學
機 率 導 論	戴 久 永	交 通 大 學
銀 行 會 計	李 兆 萱 金 桐 林	臺 灣 大 學
會 計 學	幸 世 間	臺 灣 大 學
會 計 學	謝 尚 經	專 業 會 計 師
會 計 學	蔣 友 文	臺 灣 大 學
成 本 會 計	洪 國 賜	淡 水 工 商
成 本 會 計	盛 禮 約	政 治 大 學
政 府 會 計	李 增 榮	政 治 大 學
政 府 會 計	張 鴻 春	臺 灣 大 學
中 級 會 計 學	洪 國 賜	淡 水 工 商
商 業 銀 行 實 務	解 宏 賓	中 興 大 學
財 務 報 表 分 析	李 祖 培	中 興 大 學
財 務 報 表 分 析	洪 國 賜 盧 聯 生	淡 水 工 商 輔 仁 大 學
審 計 學	殷 文 俊 金 世 朋	政 治 大 學
投 資 學	龔 平 邦	逢 甲 大 學
財 務 管 理	張 春 雄	政 治 大 學
財 務 管 理	黃 柱 權	政 治 大 學
公 司 理 財	黃 柱 權	政 治 大 學
公 司 理 財	劉 佐 人	前 中 興 大 學
統 計 學	柴 松 林	政 治 大 學
統 計 學	劉 南 溟	前 臺 灣 大 學
統 計 學	張 浩 鈞	臺 灣 大 學
推 理 統 計 學	張 碧 波	銘 傳 商 專
商 用 統 計 學	顏 月 珠	臺 灣 大 學
商 用 統 計 學	劉 一 忠	美 國 舊 金 山 州 立 大 學
應 用 數 理 統 計 學	顏 月 珠	臺 灣 大 學
資 料 處 理	黃 景 彰 黃 仁 宏	交 通 大 學

三 民 大 學 用 書 (八)

書　　　名	著　作　人	任　　職
企業資訊系統設計	劉　振　漢	交　通　大　學
管理資訊系統	郭　崑　謨 林　泉　源	中　興　大　學
微　算　機　原　理	王　小　川 曾　憲　章	清　華　大　學
計　算　機　概　論	何　鈺　威	ＩＢＭ電腦公司系統工程師
電　腦　總　論	杜　德　煒	美　國　矽　技　術　公　司
微電腦基本原理	杜　德　煒	美　國　矽　技　術　公　司
微電腦操作系統	杜　德　煒	美　國　矽　技　術　公　司
微電腦高層語言	杜　德　煒	美　國　矽　技　術　公　司
單晶片微電腦	杜　德　煒	美　國　矽　技　術　公　司
十六數元微處理機	杜　德　煒	美　國　矽　技　術　公　司
PRIME 計 算 機	劉　振　漢	交　通　大　學
PRIME 計算機總論	林　柏　青	美　國　AOCI　電腦公司
COBOL 程 式 語 言	許　桂　敏	工　業　技　術　學　院
COBOL 技巧化設計	林　柏　青	美　國　AOCI　電腦公司
BASIC 程 式 語 言	劉　振　漢 何　鈺　威	交　通　大　學
FORTRAN 程式語言	劉　振　漢	交　通　大　學
PDP—11 組 合 語 言	劉　振　漢	交　通　大　學
RPG Ⅱ 程 式 語 言	葉　民　松	臺　中　商　專
PASCAL 標 準 語 言	杜　德　煒	美　國　矽　技　術　公　司
Z 80 族原理與應用	杜　德　煒	美　國　矽　技　術　公　司
Z 80 組合語言入門	杜　德　煒	美　國　矽　技　術　公　司
8080/8085 原理與應用	杜　德　煒	美　國　矽　技　術　公　司
8080/8085 組合語言程式規劃	杜　德　煒	美　國　矽　技　術　公　司
IBM 個 人 電 腦 入 門	杜　德　煒	美　國　矽　技　術　公　司
IBM個人電腦基本操作 與使用	杜　德　煒	美　國　矽　技　術　公　司
IBM-PC 入 門	何　金　瑞	交　通　大　學
APPLE Ⅱ 6502 組合 語言與 LISA	劉　振　漢	交　通　大　學
MS-DOS 系 統	劉　振　漢	交　通　大　學
中　國　通　史	林　瑞　翰	臺　灣　大　學
中　國　現　代　史	李　守　孔	臺　灣　大　學
中　國　近　代　史	李　守　孔	臺　灣　大　學
黃　河　文　明　之　光	姚　大　中	東　吳　大　學
古　代　北　西　中　國	姚　大　中	東　吳　大　學
南　方　的　奮　起	姚　大　中	東　吳　大　學

書　　　　　　名	著　作　人	任　　　　　職
中 國 世 界 的 全 盛	姚　大　中	東　吳　大　學
近 代 中 國 的 成 立	姚　大　中	東　吳　大　學
近 代 中 日 關 係 史	林　明　德	師　範　大　學
西 洋 現 代 史	李　邁　先	臺　灣　大　學
英 國 史 綱	許　介　鱗	臺　灣　大　學
印 度 史	吳　俊　才	政　治　大　學
美 洲 地 理	林　鈞　祥	師　範　大　學
非 洲 地 理	劉　鴻　喜	師　範　大　學
自 然 地 理 學	劉　鴻　喜	師　範　大　學
聚 落 地 理 學	胡　振　洲	中　國　海　專
海 事 地 理 學	胡　振　洲	中　國　海　專
經 濟 地 理	陳　伯　中	臺　灣　大　學
都 市 地 理 學	陳　伯　中	臺　灣　大　學
修 辭 學	黃　慶　萱	師　範　大　學
中 國 文 學 概 論	尹　雪　曼	中 國 文 化 大 學
新 編 中 國 哲 學 史	勞　思　光	香 港 中 文 大 學
中 國 哲 學 史	周　世　輔	政　治　大　學
中 國 哲 學 發 展 史	吳　　怡	美國舊金山亞洲研究所
西 洋 哲 學 史	傅　偉　勳	美國賓夕法尼亞大學
西 洋 哲 學 史 話	鄔　昆　如	臺　灣　大　學
邏 輯	林　正　弘	臺　灣　大　學
邏 輯	林　玉　體	師　範　大　學
符 號 邏 輯 導 論	何　秀　煌	香 港 中 文 大 學
人 生 哲 學	黎　建　球	輔　仁　大　學
思 想 方 法 導 論	何　秀　煌	香 港 中 文 大 學
如 何 寫 學 術 論 文	宋　楚　瑜	臺　灣　大　學
論 文 寫 作 研 究	段家鋒　孫正豐　張世賢 等人	各　　　大　　　學
奇 妙 的 聲 音	鄭　秀　玲	師　範　大　學
美 學	田　曼　詩	中 國 文 化 大 學
植 物 生 理 學	陳　昇　明	中　興　大　學
建 築 結 構 與 造 型	鄭　茂　川	中　興　大　學